農林水産政策研究叢書　第1号

フランス農政における地域と環境

石井圭一 著

農文協

序　文

　1999年，わが国は食料・農業・農村基本法を制定し，「国は，中山間地域等においては，適切な農業生産活動が継続的に行われるよう農業の生産条件に関する不利を補正するための支援を行うこと等により，多面的機能の確保を特に図るための施策を講ずるものとする」と定めた。これを受けて2000年度より，「耕作放棄地の増加等により多面的機能の低下が特に懸念されている中山間地域等において，農業生産の維持を図りつつ，多面的機能を確保するという観点から，国民の理解の下に」，直接支払いが実施されることになった。

　この中山間地域等直接支払制度は，立案の過程でEU型の条件不利地域補償金制度を参考にしたと言われている。しかし，農業がもつ多面的機能を維持するために，集落協定を媒介にするなど，わが国特有の事情を組み込んだ固有の制度として立ち上げられたといってよいだろう。

　本書は，欧州随一の農業生産国であるフランスを対象として，農村地域の振興や環境保全にかかる政策を，直接支払いである経営補助金という視点から捉え，その展開を跡づけながらその意味を検討したものである。「直接支払い」をはじめて導入したわが国は，施策の成熟に時間を要するだろうが，本書で述べられるEUの一員としてのフランスの経験に学ぶことは，豊かな試行錯誤のための材料を与えてくれるだろう。

　1992年のEU共通農業政策（CAP）の改革や1993年に終結したGATTウルグアイラウンドを経て，農業所得政策における価格支持から直接支払いへの移行は，先進国農政の趨勢である。国際貿易交渉における議論では，直接支払いは生産を刺激せず，自由貿易を歪曲しない農業支持の形態と位置付けられている。

　本書の扱う経営補助金とは，自由貿易にかかわる規範的な議論とは別に，政府や公益団体等が経営体に給付する補助金のうち，所得の一部となる補助金のことを指す。補助金のうち固定資本の形成に対する助成を目的とした投資補助

金とは区別して使用されている。このように捉えた経営補助金は，条件不利地域における補償金や環境保全的な営農行為に対する補助金のほか，CAP改革によって政策価格の引き下げの代償措置として実施された生産補償金やその支払いの要件となる「減反」に対する補償金などを含む。

　この経営補助金は，所得支持の一形態である直接支払いであり，従来の価格支持が地域に限定されない画一的な施策になりがちであるのに対して，様々な給付要件を設定したり対象を特定することができ，多様な形態をとることができる。本書から読みとれる経営補助金のこのような特性は，フランス農政がますます地域に即した多様な展開を見せるのではないかという予感を抱かせてくれる。この点でもおおいにわが国の参考になるだろう。

　著者が言うように，政策の理念や手法が似通っていたとしても，その効果は各国，各地域の社会経済制度によって様々である。このことは十分念頭におかれなければならないが，欧州諸国との比較政策研究は，わが国の農業・農村政策研究において今後発展が期待される分野のひとつである。そのためには，制度比較が可能な分析枠組みを用意しなければならない。著者はそのような視点を必ずしも積極的に示しているとはいえないが，本書がそうした比較政策研究の発展の一助となることを願いつつ，忌憚のない御批判，御教示を乞う次第である。

2002年1月

農林水産政策研究所

目　　次

序　　文

序　章　課題と構成 …………………………………3

1. 課題の背景 …………………………………3
(1) 日仏の農業基本法 …………………………………3
(2) 基本法農政下のフランス農業の展開 …………………………………4
(3) 農業政策の制度的背景 …………………………………6

2. 本書の構成 …………………………………10

第1章　90年代のフランス農政とその方向 …………………17

1. フランス農政の展開
―― 農業構造，所得，農業財政 ―― …………………………………17
(1) 90年代の農業構造 ―― 再編の加速 ―― …………………………………17
(2) 農業政策が抱える諸問題 …………………………………22
(3) 農業所得と補助金 …………………………………24
(4) 農業財政の制約 …………………………………29

2. 補助金の公平性と正当性を求めて …………………………………33
(1) 補助金配分の公平性 ―― 経営補助金の減額措置 ―― …………………………………33
(2) 農業補助金の正当化 ―― 「経営地方契約」 ―― …………………………………34

3. 政策設計の地域化 …………………………………37
(1) 地域の農業振興と環境保全 …………………………………37

(2)　地域化の論理 ………………………………………………………39

第2章　農村地域政策と農業 …………………………………49

　1．はじめに ……………………………………………………………49
　2．国土政策と地方制度 ………………………………………………50
　　(1)　フランスの国土整備 …………………………………………50
　　(2)　広域地方公共団体：地域圏の誕生 …………………………52
　　(3)　農村市町村の零細性の克服 …………………………………54
　3．農村振興の政策手続きとその担い手 ……………………………56
　　(1)　農村整備のねらい ……………………………………………56
　　(2)　地域政策における財源供与の様式──「契約」── ……58
　　(3)　地域圏と農村市町村の新たな関係 …………………………60
　　(4)　小　括 …………………………………………………………63
　4．農村振興政策の実際と課題
　　　── ブルゴーニュ地域圏の農業振興の事例から ── ………64
　　(1)　農村区域振興プログラムと農業 ……………………………64
　　　1)　振興プログラムの枠組み …………………………………64
　　　2)　助成事業の設計の地域化 …………………………………68
　　(2)　農業振興事業の特性 ── 農業構造政策との比較から ──…69
　　(3)　シャティヨネ地方の場合 ……………………………………73
　　　1)　シャティヨネ地方の概観 …………………………………73
　　　2)　助成事業の内容 ……………………………………………74
　　　3)　シャティヨネ地方にみる農業振興の検討課題 …………77
　5．結　語 ………………………………………………………………79

第3章　条件不利地域における直接所得補償の
　　　　　展開論理 ……………………………………………………85

　1．はじめに ……………………………………………………………85

2. フランス農業における粗放型畜産 …………………………………86
- (1) 農業地帯区分による比較 ……………………………………86
- (2) 構造調整のモデル的把握 ……………………………………93

3. 粗放型畜産に対する直接所得補償 ………………………………96
- (1) ハンディキャップ地域補償金の目的と運用 ………………97
  - 1) 導入の目的と経緯 …………………………………………97
  - 2) 補償金の政策的論理 ………………………………………98
- (2) 価格低落に伴う経営補助金 …………………………………101
  - 1) 導入の背景と経緯 …………………………………………101
  - 2) 価格低落に伴う経営補助金の政策的利点 ………………103
- (3) 飼養密度による給付対象の差別化 …………………………106
- (4) 部門間利害の調整と粗放型畜産 ……………………………109
- (5) 小　括 …………………………………………………………111

4. 99年3月CAP改革合意とフランスの利害 ……………………112
- (1) 畜産部門の改革案をめぐる攻防 ……………………………112
  - 1) 改革案の影響予測 …………………………………………113
  - 2) 牛肉部門の改革①
    ── 介入価格の引下げ水準と補償水準 ── ……………113
  - 3) 牛肉部門の改革② ── 各国裁量枠の導入 ── ………116
  - 4) 牛乳・乳製品部門の改革 ── 歳出膨張の回避 ── …117
  - 5) 穀物部門の改革 ── 畜産部門への余波 ── …………118
- (2) 99年CAP改革と農業所得 ……………………………………119

5. 結　語 ………………………………………………………………120

第4章　農業環境プログラムの展開と課題 ……………………131

1. はじめに ……………………………………………………………131

2. EU規則2078/92とフランスにおける適用 ………………………132
- (1) EU規則2078/92の性格 ………………………………………132

(2) フランスにおける適用 …………………………………………………134
　3．環境支払いと農業所得 ………………………………………………………137
　　(1) 農業財政と環境支払い …………………………………………………137
　　(2) 農業所得形成への寄与 …………………………………………………138
　4．農業環境プログラムの実際と課題 …………………………………………142
　　(1) 集約的な耕地利用の粗放化 ……………………………………………142
　　　1) 水質汚染対策 …………………………………………………………142
　　　2) 粗放化 …………………………………………………………………147
　　(2) 粗放的な草地の維持管理 ………………………………………………151
　　　1) フランスの環境保全区域制度の展開
　　　　　── 環境 OGAF とローカル事業 ── ……………………………151
　　　2) 草地奨励金 ……………………………………………………………158
　5．経営補助金の限界と課題 ……………………………………………………160

補論　経営補助金の実際と地域，環境
── モルヴァン地方の調査から ── ……………………………168
　1．モルヴァン地方の概略 ………………………………………………………168
　2．経営所得と補助金 ……………………………………………………………171
　3．農業環境プログラムの取組み ………………………………………………176
　　(1) 地域自然公園 ── 制度と目的 ── ……………………………………177
　　(2) 農業・環境問題の所在 …………………………………………………179
　　(3) 実施上の課題 ……………………………………………………………180

第5章　農業の環境汚染と政策 …………………………………………………187
　1．環境汚染問題の所在 …………………………………………………………187
　2．各種規制と汚染者負担原則の適用の試み …………………………………190
　3．問題協議と合意形成機関 ……………………………………………………194
　4．硝酸塩汚染とローカル・イニシァチブ ……………………………………197

(1) 硝酸塩問題の特徴 ……………………………………………197
　　　1) 問題の地域性 …………………………………………………197
　　　2) 汚染問題に関する農業者の認識 ……………………………198
　　　3) 改善すべき生産手法と政策課題 ……………………………200
　　(2) 汚染防止対策の実際 …………………………………………202
　　　1) EUの「硝酸塩指令」 …………………………………………202
　　　2) フェルティミュー事業 ………………………………………204
　5．結　語……………………………………………………………215

終　章　補助金政策の論理と地域，環境 ……………………227
　1．経営補助金の論理 ………………………………………………227
　　(1) 経営補助金導入の背景 ………………………………………227
　　(2) 政策転換の背景 ………………………………………………229
　　(3) 経営補助金にみる補償の考え方 ……………………………231
　2．経営補助金の課題 ………………………………………………232
　　(1) 環境保全と経営補助金 ………………………………………232
　　(2) 補償から報酬へ ………………………………………………234

図および表一覧 ……………………………………………………237

あとがき ………………………………………………………………239

フランス農政における地域と環境

序章　課題と構成

1．課題の背景

（1）日仏の農業基本法

　わが国の新農業基本法（食料・農業・農村基本法）は，食料の安定供給の確保，多面的機能の発揮，農業の持続的な発展，農村の振興を基本理念に掲げ，1999年に制定された。これを受け，「国は，中山間地域等においては，適切な農業生産活動が継続的に行われるよう農業の生産条件に関する不利を補正するための支援を行うこと等により，多面的機能の確保を特に図るための施策を講ずるものとする」として，「わが国農政史上初」の中山間地域等直接支払制度が，2000年度より導入されることになった。

　新農業基本法制定の機運は，1992年に農水省が公表した「新しい食料・農業・農村政策の方向」において，「市場原理・競争条件の一層の導入を図る政策体系に転換していくことが必要である」ことに加え，農村地域政策とならんで環境保全型農業を新たな農政理念として登場させ，議論を活発化させたことにあるようだ。こうした動きの中で，中山間地域に対する「直接支払い」の導入の是非が議論される過程において，EU諸国における条件不利地域政策，農村地域政策，農業環境政策の実態に関する研究が数々報告されてきた。本書もそうした流れから生まれたものである。

　さて，1999年7月，フランスでは1960年を嚆矢として，その後1980年と続き，3度めの農業基本法が制定された。その第1文には，「農業政策は持続的発展の観点から，農業の経済的，環境的，社会的な機能を斟酌し，国土整備に参画する」とある。主要農産物について確固たる輸出国の地位を占めるフラン

スの場合，食料の安定的供給の確保はもはや農政理念に含まれていない。しかし，これを除けばわが国の新農業基本法が掲げた基本理念にほぼ重なるのがわかるだろう。

わが国で1961年に制定された農業基本法は，「他産業との生産性の格差が是正されるように農業の生産性が向上すること，及び農業従事者が所得を増大して他産業従事者と均衡する生活を営むこと」を目的とした。

フランスでも同様，その前年に，他部門との均衡発展，所得の均衡，貿易収支の均衡を掲げて農業基本法が成立した。これらの政策目的を達成するために実現されるべき施策は，農業の生産性の向上，農業の近代化，流通・加工部門の条件改善，労働と資本に対する他部門と同等の報酬の確保，農業経営者や農業労働者に対する社会保障，地域に適した生産の方向づけ，家族的形態の農業経営構造の促進であった。

農業基本法の理念を見る限り，わが国とフランスの農政の方向に大きな違いを認めることはできない。

（2）　基本法農政下のフランス農業の展開

しかし，その後のフランス農業，農政の到達点について要約するならば，以下の点を指摘することができるだろう。

第1は，フランスにおける農業構造政策の成功である。1960年代には高い経済成長に支えられて，農村から都市に余剰労働力が移動することで，農業の生産性が高まる環境が整っていた。

政策的には，まず，離農終身補償金制度により，低所得かつ高齢の農業者の離農を促した。また，農地の拡大や新たな農業者の経営取得の円滑化を図るために，農地や経営資産を買い上げ再譲渡することができる土地整備農事創設会社（SAFER）が設立された。新たに経営者になろうとする若手の農業者に対しては，初期投資の軽減を図るために青年農業者自立助成金も制度化された。世代交替を推進することは，フランスの農業近代化政策の大きな柱の一つであり，今日でも重要な政策として生き続けている。

1960年代に,「自立経営」として育成すべきフランス農業の担い手は20～50haの経営であったが,1970年代になると,この経営規模層に集まる農地は減少し始め,1990年代後半において,農地が集積される経営規模層は100haを超えるようになった。

第2は,生産性の向上に支えられた農業生産総量の飛躍的な拡大である。1958/59年,すなわちECの設立条約が調印された直後において,フランスの主要農産物の自給率は,小麦109％,粗粒穀物99％,砂糖104％,チーズ104％,牛肉・子牛肉100％であり,100％を若干上回る程度であった。92/93年にはそれぞれ,273％,270％,235％,117％,122％である。

この間,小麦の単収は26t/ha（1959年）から69t/ha（1991年）へ[1],搾乳量は2.3t/頭から5.5t/頭へ増加した。酪農の生産性の向上はわが国に及ばないが,穀物生産の生産性の上昇は秀でている。とりわけ,小麦の単位面積当たり収量は北米の主要地域の3～3.5倍であるから,平均的な穀物経営の規模は1/4倍強であっても[2],大規模化を進めた経営の中には,北米との競争に自信を深める経営も登場しているのである。

1970年代以降,フランス農業は川下の食品産業とともに,貿易収支の黒字に貢献する産業に仕立てられた。農業構造の改善と農業・食品部門の輸出産業化は,フランス農業の光の部分といってよいだろう。

しかし,このような成功はフランス農業の一面を捉えたにすぎない。

第3は,農業生産立地の地域分化がいっそう進行したことである。パリ盆地や南西部の平野部における穀作,ブルターニュ半島や大西洋岸の集約型畜産,中山間部の草地依存の畜産や酪農,地中海岸の果樹・園芸である。比較優位原則がはたらいた結果といえるが,それは大きな地域格差となって表れた。このため,農産物別の部門政策もそれぞれ特化した地域における地域農業政策の側面を持ちうる。したがって,農業所得の地域格差問題は部門別の所得格差問題と表裏をなすことになる。地域視点に立脚した条件不利地域政策や農村地域政策は,草地畜産,草地酪農の所得問題から要請されたといっていい。本書においても,地域政策と部門政策による経営補助金が,重層的に農業所得の形成に

寄与していることが明らかにされる。

第4は，農業生産が引き起こした環境問題である。養豚，養鶏といった施設型畜産や，濃厚飼料多投型の集約的な酪農が集中的に立地するブルターニュ地方において，地下水や表流水の硝酸塩汚染や，沿岸の富栄養化が顕在化したのが最初であった。

畜産施設にみる点源汚染だけでなく，耕種生産においても窒素肥料や農薬の多投により，地下水や表流水から硝酸塩，農薬成分，重金属が検出され，非点源汚染問題として世論の関心を呼ぶところとなった。また，放牧地を耕地化するときや耕地整理の際に，耕作にはじゃまな垣根や石積みを撤去した。これは農村景観の単調化を招き，野生動植物の生息地を奪うことになった。

他方，山間地における限界地では放牧地の放棄が問題となってきた。開放空間を構成する放牧地に植林したときに生じる閉塞感や，荒地化したときの荒廃感により，景観の評価はいちじるしく低くなる。また，適度な飼養密度を維持することにより，放牧地特有の希少植物の生息環境が整い，森林火災の延焼や山間斜面の雪崩を防止することができた。これらはいずれも，農業政策に環境的配慮が必要とされるようになった背景である。

（3）　農業政策の制度的背景

わが国において，農村地域政策とならんで環境保全型農業の推進が新たな農政理念として打ち出されたとき，農村地域政策や環境保全が行政文書にはじめて登場したことを評価する反面,「市場原理・競争条件の一層の導入を図る政策体系に転換していくことが必要である」こととの整合性に，多くの疑問や矛盾が指摘された[3]。農村地域政策や環境保全型農業の推進と市場原理・競争条件の一層の導入はどのように調和しえるのだろうか。

中山間地域等における耕作放棄の発生を防止し多面的機能を確保する観点から，2000年度より実施された「直接支払い」制度はわが国にとって新しい政策手法であり，その運用にあたっては試行錯誤がどうしても必要となる。その過程で,「直接支払い」について20余年の実績をもつEU構成諸国の経験を踏

まえることは，試行錯誤の内容を豊かにするに違いない。ただ，試行錯誤の過程で EU 諸国の経験を参照する場合，留意すべき点は少なくない。それは西欧とわが国においては，市場原理が機能し，政策介入が作用する社会経済構造に違いがあるからである。そこで，土地，労働，資本の三つの生産要素をめぐる社会規範，もしくはその構造的特質の違いについて簡単に述べておきたい。

第1は土地をめぐる社会慣習である。「計画なければ開発なし」といわれるように，土地利用に関する転用圧力を計画的に調整する手段として，土地利用計画（plan d'occupation des sols）の存在が知られている[4]。農村部の市町村による土地利用計画の策定は任意であるが，これがなければ都市化区域以外の建築は禁止される。また，基幹道路整備などにおける公的な収用時において，建設予定地を含む広い範囲で耕地整理事業を行う制度もある。農地の公共性に対する社会規範が実定法に反映していることが窺えよう。その結果，「フランスの地価が非農業部門からの影響を比較的受けることなく，農業内の諸要因，とくに単位面積当たりの収益性（あるいは生産性）に規定される性格が相対的に強い」[5]のである。

1960年代，わが国においても農地の効率的な利用を推進するために，農地管理事業団構想が法制化されようとしたが，頓挫した経緯がある。このモデルともなった SAFER の機能について，原田は次のような指摘を行っている[6]。「SAFER の行う事業は日本の農地保有合理化法人のそれに類似した制度であるが，地価規制機能を伴った先買権を有している点では決定的な違いがある。というのは，そのような先買権を付与された SAFER の存在は，『農地はあくまで農地として適正な価格で取引され，構造政策の目的に即した経営の生産基盤として効率的に利用されなければならない』という原則の確立を意味しているからである」。わが国の事情とは大いに異なると言わねばならない。

第2は労働をめぐる社会規範である。それは近代化農政以降，形成された農業職能倫理といってもいいだろう。フランスを含む多くの西欧諸国では，専業的な自立経営が構造政策の目標として掲げられた。そして，過剰労働力と小規模の低所得経営の存在という構造問題に対処しようとしたとき，兼業農業に対

しては否定的な評価を下すのが普通であった[7]。このことは農政の対象を絞り込むことに帰結した。

例えば，利子補給は山間地域の副業的な農業経営に対して一定の条件のもと認められるものの，農業を主業とする経営者が対象である。農業を主業とする経営者とは，労働時間の50％以上を経営に投入し，所得の50％以上を農業活動から得る農業経営者のことである。もちろん，この定義からでは完全専業主義を導き出すことはできない。一つは，労働時間，所得ともに，50％未満の兼業（あるいは副業）は妨げにならず，二つは，世帯所得でみた兼業が論じられているわけではないことである。しかし，経営者が勤労所得を得る「安定兼業」が除外されることは明らかであろう。また，山間地や条件不利地域を対象としたハンディキャップ補償金も，山間地域における一定の世帯所得に満たない場合を除けば，その給付対象は農業を主業とする経営に限られる。

農政当局として兼業農業に対して否定的だっただけでなく，これは近代化志向を強めた農業者の態度でもあった。むしろ，かような農業者らの農業観，農業職能観が反映したものと言ったほうがいい。1960年の農業基本法の成立に際して，CNJA（全国青年農業者センター）が活躍したことは，数々の場で言及されてきた[8]。彼らは，農業の近代化に不可欠な離農を促進することで，中小経営の適応を促すという考えをもっていた。そして，不可欠な離農の過程を「人道的」に進める（humaniser l'exode rural）必要を説いた[9]。こうして成立していくのが，SAFERや離農終身補償金制度のほか，最低自立面積などの農地保有制度であった。これらの政策措置を指して，単なる構造政策ではなく社会—構造政策といわれるのは，このような「人道的」な離農策を起源としているといってよいだろう。

第3に，わが国の農業経営，農政との比較の上で指摘しておきたいのは，資本形成の問題である。

農業生産部門に投下される政府の投資的経費を見ることで，生産資本の形成の趨勢を捉えることができる。フランスの農業関連歳出のうち[10]，投資的経費について長期の推移を見ると，第2次大戦後の農業復興期において著しく膨

れ上がり，1950年頃には農業関連歳出の4割に達した。終戦直後の戦争被害の復興経費が一巡すると，交換分合，農道整備，水利改良，飲料水供給，電化などの農村整備や，食品産業，農業経営の近代化に公共投資が向かった。農業部門における投資の多くはマーシャルプラン（1953年の第1次経済計画終了時まで）により可能になった。1950年代前半まで投資的経費は，農業関連歳出の40～43％で推移した[11]。

計画経済政策が目標の一つとした農業・農村のインフラ整備などの大規模な公共事業が完了するにつれ，公的歳出は個別農業経営の近代化投資助成に移行した。投資的経費は1960年には農業関連歳出の25％，1970年には15％を割った。個別農業経営に対する投資助成は主として利子補給である。1970年代初頭には，投資的経費のうち利子補給が5割を超えた[12]。

1979年まで農業関連歳出は実質ベースで増大するが，国家予算に占める割合は1976年以降減少し始めた。1970年代にはEUレベルの農業構造政策がスタートしたが，投資的経費は下降線をたどった。投資的経費は実質ベースで減少し，1980年代は農業予算の10％程度に過ぎない。国の主導による経営施設や農業に関連したインフラに対する多大な助成は，1970年代にほぼ終息したと言われている[13]。

1980年代後半から市場利子率が低下し，利子補給にかかる経費が節約されたため，農業関連歳出のうち投資的経費はさらに減少した。また，交換分合，排水・灌漑にかかる投資助成も1980年代後半以降，減少が著しい。この背景には，一つに1980年代前半に一連の地方分権化に関する法律が制定されてから，農村整備にかかる責務が地方公共団体の一つである県議会にあることが明示され，交換分合，排水・灌漑等の農業基盤の整備から国は手を引き始めたこと[14]，二つに，1960年の農業基本法下における農業近代化投資の終息段階にあり，政策目的に掲げられた生産性の向上が後景に退いたことを反映したといえる[15]。

今日においても，とりわけ水田に見るわが国の生産基盤整備が，社会資本（公共財，集合財）として公共補助事業となるのに対して，西欧における生産

基盤整備の費用は，決して経営体にとって負担できないほど高くはなく，私経済の領域に属するといえる。

このように，本論に先立って指摘しておきたいのは，農業外の要因の影響を比較的受けずに農地価格や地代が形成されること，農業労働は専業労働的性格が強いこと，農業生産資本の形成は私経済の領域に属することである。このため，安定的な投資が継続され，農業経営が存続するためには，強く農業所得に依存するのであり，農業生産の維持発展や格差構造の是正にかかる主たる政策的関心は，農業所得が基底であり続ける[16]。

2．本書の構成

農業所得政策の主要な手段は価格支持であった。しかし，92年のCAP改革以降，それは直接支払いによる所得支持に移行する過程にある。

価格支持による所得政策は，市場を一つにする範囲で共通の価格が設定され，政策変更の余地は政策価格の上げ下げしかなく，かつ，必然的に中央集権的に実現されなければならない。他方，直接支払いによる所得政策は，行政コストを無視できるのであれば，給付対象や給付単価，給付要件の設定次第で設計の仕方は多様であり，中央集権の制約を免れる。中山間地域問題や農業環境問題にみられる問題の地域的な固有性を考えると，地方もしくは地域のレベルが農業政策の立案や利害調整を担う局面は増すであろう。

本書の関心は，フランスでは中山間地域問題や農業環境問題に対して，どのような経営補助金が活用され，それがどのような役割を担ったかにある。ここで経営補助金とは，政府や公益団体等より経営体に給付される補助金のうち，所得の一部となる補助金を指し，固定資本の形成に対する助成を目的とした投資補助金と区別された補助金のことである。

わが国の中山間地域は，農林統計上，林野率と耕地率を基礎に田畑の傾斜度を加味して区分された「中間農業地域」「山間農業地域」に属する市町村を指す。しかし，「中山間」という用語が使われる農政上の施策には，既往の地域

振興立法の指定地域を対象とするものが多い。他方，フランスには農林統計上の「中山間」地域に相当する概念は見当たらない。本書において，わが国の中山間地域と重ねつつ念頭に置くのは，フランスにおける条件不利地域政策や農村振興政策の対象地域である。

以下，本書の構成を示しておきたい。

第1章では，99年に制定された新農業基本法の背景について，90年代における農業構造と農業財政の展開，補助金と農業所得の関係の実態を通して明らかにする。

1992年のCAP改革や1993年に終結したGATTウルグアイラウンドは，農産物の価格支持から直接支払いによる農業所得政策への移行に踏み出した。90年代のフランス農業，農政はこのような政策転換に適応を迫られた。「多面的機能」「付加価値の創造」「農政の地方化」「農業補助金の正当性と公平性」「農地は少なく，もっと隣人を（"Plus de voisins et moins de terres !"）」といった基本法案の準備段階や審議の過程におけるキーワード，スローガンは，その適応の方向を示している。また，農業政策の中で環境保全や地域振興といった政策課題が重要性を増すことによって，経営補助金を媒介に政策設計の地域化が進行する論理を示したい。

こうした農政転換の方向性が示される中で，第2章では農政の地域化の枠組みとなるフランス固有の地方制度と農村地域振興の政策手続きを扱う。第3章では，フランスの条件不利地域において支配的な草地畜産を中心とした経営補助金を取り上げる。次に第4章と第5章では，今後の農政の道筋の中でも一層その重要性が増すであろう環境と農政の問題を扱う。まず，第4章では環境保全を目的とした経営補助金，そして第5章では経営補助金とは異なる政策アプローチによる汚染対策を取り上げる。

さて，フランスの農村制度を眺めるとまず特筆されるのが，数十人から数百人程度の人口で構成されるコミューン（わが国の市町村に相当する基礎的自治体）の零細性である。わが国であればどんな小さな村役場でも，農業振興や経済振興を所管する産業課が存在する。そこには，産業振興の企画や立案に携わ

るスタッフがいて，村単独の事業や，県や国の補助事業を実施している。フランスの農村における市町村レベルの公共団体には，このような産業振興の企画や立案を行う機能はもともとない。

　第2章では，フランスの農村地域振興における制度的背景や，その変遷について整理した後，このような地方制度を前提に進められる地域振興政策の枠組みについて検討を進めたい。

　また，選別型の農業構造政策が，直接，農業者個人を対象としたのに対して，農村地域振興における農業関連施策では，最終的には個人に帰属する補助金であっても，地域，あるいは集団を媒介とした施策の立案が模索されている。農村振興政策を推進するとき，農村部の組織化を同時に振興していくことが不可欠となっている。

　第3章では，フランスの条件不利地域において支配的な草地畜産を中心に，種々の経営補助金の導入の経緯と，農業所得への寄与について明らかにする。経営補助金は条件不利地域政策，農業環境政策，農村振興政策の枠組みだけで活用されるわけではない。むしろ，それは生産物ごとに構築された部門政策における重要な政策手段である。農業所得問題との関連を検討する際に，それぞれの政策枠組みで活用される経営補助金が重層的に農業所得の形成に寄与することが見逃されてはならない。

　1984年より生産割当てを実施しつつ，価格支持による所得政策を維持した酪農部門と異なり，生産過剰を背景にいち早く介入価格の引下げと併せて，所得補償的な経営補助金が導入されたのが草地畜産部門であった。ハンディキャップ地域補償金の単価の引上げや後の農業環境支払いの導入などは，その名目はどうあれ，需給均衡を目的とした介入価格の引下げがもたらす所得の低下を補う機能を発揮した。

　第4章では，1992年の共通農業政策（CAP）の改革とともに再編，強化された農業環境プログラムの実際について明らかにする。これは，環境保全を目的とした経営補助金による農業環境政策である。フランスにおける農業環境プログラムは，第3章で述べる粗放型畜産を政策対象の中心に位置付けたことで

あるが，給付単価の設定の仕方，対象区域の設定の仕方など，実施上の問題点は少なくない。また，集約的な農業に対する経営補助金は，CAP改革以降の穀物生産補償金の水準と競合するという問題がある。

経営補助金を活用した農業環境政策に対して，第5章では集約的な農業による硝酸塩汚染問題に対する施策として，規制や指導・啓発措置について検討する。とりわけ，農業者と基礎的自治体，農業指導機関，飲料水監視当局等による対話を促す施策に注目する。農業環境プログラムによる経営補助金が経済的誘因措置の一形態であるとすれば，対話による汚染の削減や防止は「社会的誘因措置」といってよいだろう。

終章では，農業政策の展開における経営補助金の含意について，また，環境保全に対する経営補助金をはじめ，現行の経営補助金の問題点について整理しながら本書の結びとしたい。

注(1) Ardouin et al.〔2〕。
  (2) イル・ドゥ・フランス（農業経営面積124ha，平均収量7.7t/ha）とカナダ・サスカチュワン州（同じく450ha，2.15t/ha）で比較してみた。サスカチュワン州のデータは，Charvet〔5〕による。
  (3) 例えば，大内編〔15〕。
  (4) 農村開発企画委員会〔14〕，原田ほか〔6〕「第2部 フランス」などの研究がある。
  (5) 是永〔11, 241-242ページ〕。
  (6) 原田〔7〕。
  (7) 松浦ほか〔13, 363ページ〕。
  (8) 邦文により紹介されている文献として，ジェルヴェほか〔9〕，北林〔10〕，セルヴォラン〔16, 94-95ページ〕，がある。
  (9) Muller〔12, pp.69-76〕。
  (10) 農業に対する公的歳出の範疇には，市場政策や構造政策だけではなく，農業教育制度（農業高校，大学農学部に相当する高等専門学校）から農業者社会保障制度までが含まれる。フランスにおける農業政策は，産業としての農業生産に限定されるのではなく，職能（professionもしくはmétier）としての農業者を包括する体系をなしていることを表している。社会政策がビルトインされた農業政策（構造政策，市場政策）といえるのではなかろうか。
  (11) Alphandery〔1〕。
  (12) Boyer〔4〕。

(13) Alphandery〔1〕。
(14) 1992年について，農地・水利整備にかかる国の歳出が5.1億フランであるのに対し，地方自治体（県議会，地域圏議会）は23.8億フランの歳出がある（Berriet-Solliec〔3, p.108〕）。
(15) Boyer〔4〕。
(16) Jégouzo et al.〔8〕は，農業部門に見る貧富の格差について，農業所得だけでなく，農外所得を含めた農家世帯所得や，農家資産にも眼を向けながら分析している。フランスにおいても，農家世帯ベースで論じれば，とりわけ配偶者の農外就業が増加しつつあり，所得問題を農業所得問題だけに還元できない。しかし，農業所得の分析を行える統計は，農業を主業とする経営者による経営を対象としている。このため，わが国に比べれば明らかに，農業所得だけを取り出して議論する弊害は少ないであろう。

〔参 考 文 献〕

〔1〕 Alphandery, P., "Les concours financiers de l'Etat à l'agriculture française de 1945 à 1984." *Economie rurale*, n.184-185-186, mars-août 1988.

〔2〕 Ardouin, V., Bisault, L., Redor, P., "Des excédents agricoles difficiles à maîtriser", *Economie et statistique*, n.254-255, 1992.

〔3〕 Berriet-Solliec, M., *Les interventions decéntralisées en agriculture*. L'Harmattan, 1999.

〔4〕 Boyer, P., "La dépense publique en faveur de l'agriculture française en longue période." *Notes et études économique*, n.10, DAFE/SDEPE, Ministère de l'agriculture et de la pêche, octobre 1999.

〔5〕 Charvet, J-P., *Le blé*. Economica, 1996.

〔6〕 原田，広渡，吉田，戒能，渡部編『現代都市法 —— ドイツ・フランス・イギリス・アメリカ —— 』（東京大学出版会，1993年）。

〔7〕 原田純孝「フランスの新『農業の方向付け法案』を読む」（『農政調査時報』第511号，全国農業会議所，1999年）。

〔8〕 Jégouzo, G., Brangeon, J-L., Roze, B., *Richesse et pauvreté en agriculture*. INRA/Economica, 1998.

〔9〕 ジェルヴェ M，セルヴォラン C，ヴェーユ J（津守英夫訳）『小農なきフランス』（農政調査委員会，1969年）。

〔10〕 北林寿信「農業政策の形成過程 —— フランスの事例と研究から —— 」（『レファレンス』第431号，国立国会図書館，1986年）。

〔11〕 是永東彦『フランス農業構造の展開と特質』（日本経済評論社，1993年）。

〔12〕 Muller, P., *Le technoctrate et le paysan*. Les éditions ouvriers, 1984.
〔13〕 松浦利明，是永東彦編『先進国農業の兼業問題』（農業総合研究所，1984年）。
〔14〕 農村開発企画委員会「フランスの農村整備（5）――村整備の計画制度とその運用――」（『農村工学研究』58，1995年）。
〔15〕 大内力編「『新農政』を斬る」（『日本農業年報』39，農林統計協会，1993年）。
〔16〕 セルヴォラン C（是永東彦訳）『現代フランス農業―家族農業の合理的根拠』（農文協，1992年）。

第1章　90年代のフランス農政とその方向

1．フランス農政の展開 ―― 農業構造，所得，農業財政 ――

(1) 90年代の農業構造 ―― 再編の加速 ――

　1950年代から60年代に政策目標として掲げられた農業の近代化が，着々と達成される一方で，農村における農業就業人口の割合は著しく低下した。

　1955年の農業就業者数は614万人，就業人口総数の28％を占めていたが，1988年には203万人，1995年には151万人に減少した[1]。1995年の総就業人口に占める農業就業者の割合は5％である。戦後，40年で3/4の雇用が農業から失われた。農業経営数も1955年には231万経営を数えたが，1988年には102万経営，1995年には73万経営に減少した。50歳以上の経営者の2/3は，後継者の確保がなされていない。

　農業経営の減少により，平均経営面積は1955年の14haから1995年には37haに拡大した。1960年代に，家族経営のモデルと位置付けられた20～50haの中規模経営は，1955年から70年代前半にかけて増加したが，1980年代には減少し始め，1995年には全経営数の1/4に過ぎない。50ha以上の経営は1955年に9.5万経営，すなわち全経営数の4％に過ぎなかったが，1988年には18万経営（17％）に達した。その後は，50～100haの経営も減少し始めた。代わって，1988年から1995年の間に，70～100haの経営は5.1万経営から6万経営に，100ha以上の経営は4.4万経営から7万経営にそれぞれ増加した。1995年には100ha以上の経営が総農地面積の4割を占め，20～50haの経営が占める割合は7％に過ぎない。

　フランスにおいて，農業経営数の減少や大規模層への農地の集中は，今に始

まったことではない[2]。しかし，1999年農業基本法の制定の背景を検討する上で，1980年代後半以降の10年間にその速度が増したことは重要である。

1997年の構造調査によれば，農業経営数は68万経営であるという。1992年にフランス農林省統計調査部（SCEES）は1980年代の減少率が1990年代も持続すれば，1999年には70.9万経営にまで減少すると予測したが，それを上回る速度で農業経営は減少したことになる。1988年から97年の9年間に，農業経営数は33.7万経営減少した。79～88年の減少は24.6万経営，70～79年のそれは32.5万経営だから，近年の著しい減少が明らかであろう[3]。1990年まで増加を続けた50～70haの経営層は90年以降は減少に転じ，70～100haの経営層も95年以降増加を止めた。農業経営数の伸びは100ha以上の経営層に限られる（第1-1表）。100ha以上の経営への農地の集積は90年の26.7％が97年には43.1％に高まった（第1-1図）。

第1-2表は，90年代における上位の規模階層への農地の集積をよく裏づけている。CAP改革の実施期間中に相当する93～95年の間に，経営地を拡大した経営は34％で，平均拡大面積が9haであったのに対して，50ha以上の経営のうち経営地を拡大した経営は5割を超える。95～97年になると，経営地を拡大した経営の割合と平均的な拡大面積はともに下がっておりCAP改革が実施されている期間の構造変化の大きさを示唆している。

このような急激な農地構造の変化について，まず需要側の要因は，CAP改

第1-1表　各経営規模の農地集積速度（年農地増減率）

(単位：％)

	5～20ha	20～50	50～70	70～100	100ha＜
1970－79	－4.17	－0.38	1.93	2.83	2.41
1979－88	－4.23	－1.75	0.91	1.96	2.57
1988－90	－8.41	－4.64	0.07	2.90	5.30
1990－93	－8.75	－7.13	－1.49	2.93	8.59
1993－95	－7.06	－6.63	－3.73	1.22	7.73
1995－97	－7.51	－5.02	－2.10	0.62	4.54

資料：SCEES, Enquête sur la structure des exploitations agricoles（90, 93, 95, 97年）．Recensement général de l'agriculture（70, 79, 88年）．

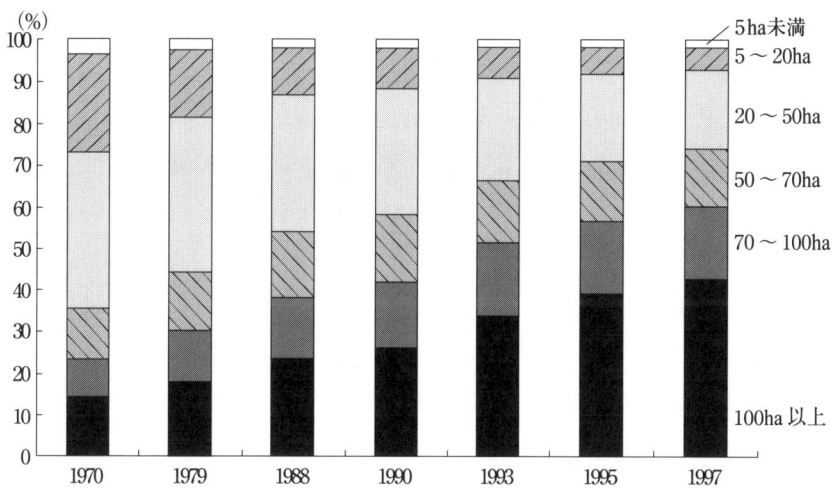

第1-1図　農地面積の集積

資料：第1-1表に同じ.

第1-2表　経営地を拡大した経営の規模

	93〜95年		95〜97年	
	経営数 (%)	平均取得面積 (ha)	経営数 (%)	平均取得面積 (ha)
5ha 未満	15	2	15	2
5〜20	26	4	25	3
20〜50	40	7	37	7
50〜100	51	12	46	10
100〜200	54	16	48	14
200以上	50	24	46	18
全体	34	9	32	8

資料：SCEES, Enquête sur la structure des exploitations agricoles.

革に対する経営の対応として規模拡大に走ったことを指摘すれば十分である。このため，穀作地帯を中心に70年代末期以降，長期的な低落過程にあった地価が上昇に転じた。例えば，1994年にオーブ県で4.6％/年，マルヌ県で4.8％/年上昇した。1995年には，1979年以降はじめて全国平均で0.4％の上昇を記録した（耕地で0.4％，自然草地で0.3％上昇）。しかし，経営補助金の算定基準

となる基準収量が低く設定された県では，地価は下落したままである(4)。

　他方，農地構造の変化の供給側の要因として，第1に1922～1932年生まれの農業者世代が，1980年代に引退年齢に差し掛かったことがあげられる。

　第2は，1980年代後半に農業年金受給年齢が65歳から60歳に下げられた影響がある。1986年以降，年金受給年齢は毎年1歳ずつ下げられ，1990年には農業年金制度も60歳が年金受給年齢となった。こうして，1982年に55～64歳の農業経営者は40.9万人を数えたが，1990年における65歳以上の農業経営者は3.3万人に過ぎない（1982年，1990年は人口センサス実施年）。わが国の昭和一桁世代にほぼ相当する世代が，引退年齢を迎えたこととあわせて，高齢農業者は速やかに生産人口から退出していった。

　第3は，1992年からの3カ年（後に97年まで延長）に55～60歳の農業経営者を対象とした早期引退年金を復活したことである(5)。早期引退年金は92年共通農業政策（CAP）の改革の付随措置として位置付けられたのに先立ち，フランス独自で復活を果した背景には，89，90年の干ばつや畜産市況の悪化を要因とする所得低落を受けて農業者が大規模なデモを繰り広げたのがきっかけであった。このとき一連の救済措置の中に，早期引退年金制度が組み入れられた。低所得かつ高齢の経営者に対して，好条件で離農を促す一方，規模拡大による経営の安定化を促すねらいであった。この措置により有資格の農業経営者（1933～39年生）12.8万人のうち，23.4％が給付を受けた。

　高齢農業経営者の引退を促す措置は，農業経営の減少を速め，経営規模の拡大を進めたが，このことは農業経営者の年齢構成に大きな影響を与えた。第1-2図は，1990年代の農業経営者の年齢構成を図示したものである。55～59歳のピークはこの間にほぼ消失したことが明らかである。1990年に55～59歳の経営者の経営面積は502万ha（総農用地面積の17.8％）であったのに対し，1995年には359万ha（同12.7％），1997年には303万ha（同10.7％）に過ぎない（第1-3表）。CAP改革への適応や，それに先立つ所得の低落への適応としてありえた規模拡大による経営安定化策は，今後これまで以上に期待できない。また，経営者が若ければ，たとえ十分な経営規模に達していなくても，離

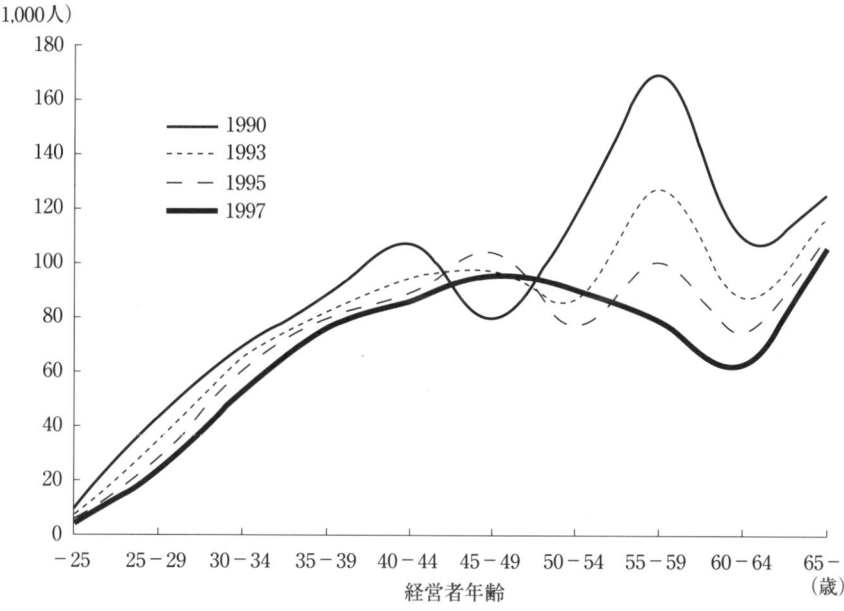

第1-2図　農業経営者の年齢構成

資料：第1-2表に同じ．

第1-3表　高齢経営の農地保有

(単位：1,000ha)

	1990	1993	1995	1997	平均面積（ha）
55～59歳	5,019	4,221	3,586	3,028	38.3
60～64歳	2,295	1,740	1,601	1,427	22.5
65歳～	1,391	1,260	1,164	1,100	10.3
計	8,705	7,222	6,351	5,555	

資料：SCEES, Enquête sur la structure des exploitations agricoles.

農を促すことは高齢経営の場合よりはるかに困難が伴うこととなろう。

ここに，99年3月に妥結を見たCAPの新改革や，その後に控えたWTOの貿易自由化交渉を前にして，フランス政府が量的あるいは面的拡大による適応よりもむしろ，農産物の付加価値化による農業経営の適応をいっそう重視しなければならない背景がある[6]。農業経営の減少や大規模経営の農地集積が，農村にこれまで「農」だけを残し，農村社会の脆弱化に帰結しただけでなく，

高齢の低所得経営の引退を促し，農地の流動化を円滑に進めてきた社会―構造政策が隘路に直面したといえる。

（2） 農業政策が抱える諸問題

　農業政策の展開を振り返ってみよう。主要農産物の自給を果し，国民に十分な食料を供給する生産力を備えると，フランス農業は国際化の時代を迎えた。

　国際化の第一段階は，1960年代のEU共通農業市場と共通農業政策の形成である。共通農業政策は価格・市場政策および構造政策を2本の柱として形成された。しかし，その後の共通農業政策では，その歳出の9割以上が価格・市場政策に偏重するものであった。価格政策重視の農業政策は，将来的に次の二つの問題の発生を予期するものであった。

　第1に，価格支持により生産が触発されることで，速やかに域内の主要農産物の自給が達成されるとともに，自給水準を超えると，やがて農産物の過剰問題が発生することである。とりわけ顕著にこの問題が発生したのは，穀物と牛乳・乳製品である。穀物の過剰の契機を象徴するのは，1964年の共通農業政策下の小麦価格の決定であり，このとき主要生産国であったフランスの支持価格水準を大きく上回り，生産を刺激する結果になった。

　この背景には，EU（当時EC）設立6カ国の穀物支持価格の間に大きな格差があったため，共通価格を設定するために，ドイツなどの支持価格が高い国と相対的に支持価格の低い国（フランス）の間で，政治的な決着が図られたことがある[7]。また，酪農については，フランスをはじめ，いずれの国においても数多くの経営が，小規模な酪農生産を行っており，これらの経営の所得支持が政治的にも社会的にも，重要視されたことに連なる[8]。

　第2は，産出の多い相対的に大規模な経営ほど，価格支持制度から利益を引き出せることである。これは農業経営間，地域間，構成国間の農業所得の格差を広げることに寄与し，所得再分配の観点からは，農業政策が逆分配の機能を持つことを意味する。また，農産物ごとに，価格支持に対する介入の強弱があり，農業政策が所得に与える寄与は異なる。農業構造の違いもさることながら，

穀物，畜産を主体とする北部ヨーロッパと，果樹を中心にした地中海諸国との間に，農業財政の配分の格差を生み出すものであった。1992年に合意されたCAP改革は，農業財政の膨張を解消するとともに，補助金付き輸出に伴う農産物貿易摩擦の妥結をねらいとしたが，価格支持政策から帰結する所得分配の不公正の是正についても，課題の一つと考えられていた[9]。

　もう一方の柱である構造政策は，将来的な農産物過剰の到来に対する懸念を表し，構造政策の必要性を説いた1968年マンスホルト・プランを受けて，1972年から徐々に形成されることになった。それは，中間層の経営近代化を進め，上位層にキャッチアップするための投資を助成する一方で（EC指令159/72），高齢経営の引退・離農を促す点（EC指令72/160）にあった。高い生産性を達成できる経営を選別し，離農を促進することで農地の流動化を図るものである。このような政策誘導は，供給過剰の到来とともに，抑制的な介入価格を背景とすることで効果を発揮することができた。1970年代以降の実質農産物価格の傾向的な下落は，近代化途上の農業経営に規模拡大の誘因を与え，引退間近の経営に対しては離農の誘因を与えたからである。

　農業経営の近代化と，経営面積の拡大により効率化する農業は，さまざまな技術の発展と普及が作用することで，飛躍的に生産性を伸ばす一方，やがて農産物の過剰処理問題に直面した。そして，フランス農業，ならびにEU農業は，第2の国際化を迎えた。過剰農産物は補助金付きの輸出で処理されたため，輸出量の増大がおき，アメリカとの農産物貿易問題に発展したことである。対外的な問題だけでなく，過剰農産物の補助金付き輸出，域内の余剰農産物の買上げとともに，財政負担は拡大した。

　1980年代には共通農業政策（なかでも市場政策）に対して，EU財政の7割強が費やされることで，次の二つの問題が生じた。

　一つは，他分野へのEU共通政策の展開を阻害することである。1980年代の南欧諸国の加盟に引き続き，今後中東欧諸国へ加盟国の拡大が見込まれる。このため，より後進的な地域のキャッチアップを促すために，地域政策を拡充することが不可欠となる。

二つは，市場政策中心の農業財源の配分バランスの問題である。従来の共通農業政策による歳出は，穀物および畜産部門への帰属が大半を占め，地中海農産物に対する配分が少ない。そして，価格および市場政策が中心であるため，規模の大きな経営の利得が大きくなることで，農業財源の公平な配分が損なわれてきたことである。

今日の農村社会経済の構造は，食料供給を最重要課題とした1950年代の増産誘因政策や，1960年代以降の農業生産構造の効率化を重要な政策課題とした時期とは大きく異なる。主要農産物について，国内需要を十分満たすことが可能な供給力を備える一方で，資本集約化や規模の拡大により，農業経営の効率改善は顕著に進んだといえるからである。

こうして，1990年代後半を期間とした第11次国家経済計画の準備にあたった「農業，食料，農村振興」部会による中期展望レポートでは，農業部門の発展は食料供給のみを目標とするわけにはいかないと指摘している[10]。その背景にあるのは，共通農業政策の改革やGATTウルグアイラウンド合意による農業生産増に対する大きな制約である。

（3）　農業所得と補助金

92年のCAP改革が農業所得に及ぼす影響についてフランス農業漁業省は，農業構造と物価水準が不変のもと，介入価格の引下げに連動して市場価格が低下すると仮定し，91年のデータから96年の農業所得を推計した。用いられた統計は農業簿記調査で，一定規模以上のいわゆる「プロフェッショナル」な経営が対象である。

これによると，穀物生産専門経営の農業所得（経営粗余剰）は対91年比で－19％，肉牛経営の場合＋18％，酪農経営の場合＋9％と推計された[11]。実際には，穀物・油糧種子経営の経営粗余剰は19％増，肉牛経営のそれは42％増，酪農経営のそれは23％増となった[12]。いずれも経営規模の拡大が寄与した。

しかし，介入価格が引き下げられたにもかかわらず，穀物の国際価格は堅調に

推移した。補償金の算定単価は引き下げられた介入価格をベースとしたため，多くの穀物経営を過剰補償することになった。このことは農業者団体も認めるところである[13]。肉牛経営の場合には，ビーフサイクルの中で供給が引き締まった時期にさしかかり，介入価格の引下げが市場価格に反映しなかったことが影響した。酪農経営の場合には，自給穀物，とりわけサイレージ用トウモロコシに対して，穀物相当の補償金の給付を得られたことが所得増に貢献した。

CAP改革による価格支持から直接支払いへの移行は，農業所得の構成を一変させた。フランスにおける経営補助金の69％が穀物，油糧種子の補償金や休耕補償金である。第1-4表は，経営当たりの経営補助金総額と可処分所得[14]に対する各種経営補助金の比率を示したものである。これも「プロフェッショナル」な経営の平均である。

第1-4表 経営当たりの各種経営補助金の内訳

経営組織	EUおよびフランス政府支出				地方公共団体による経営補助金(%)	計(%)	経営補助金計		可処分所得に占める割合(%)
	畜産関連補償金(%)	耕種関連補償金(%)	ハンディキャップ補償金(%)	環境支払い(%)			経営当たり(フラン)	ha当たり(フラン)	
穀物・油糧種子・蛋白作物	3	96	0	0	0	100	244,642	2,493	95.0
その他畑作	5	90	0	0	0	100	153,198	1,913	49.7
酪農	15	60	12	6	3	100	54,583	1,070	29.5
肉牛	65	13	9	10	2	100	125,561	1,842	89.4
乳肉複合	37	50	7	4	1	100	97,938	1,399	47.9
羊・ヤギ	53	14	19	9	2	100	118,674	1,955	88.2
養豚・養鶏	17	74	1	1	2	100	57,268	2,099	24.4
全フランス	20	69	4	3	1	100	109,265	1,835	49.9

資料：Blanc, C., Les aides directes: montant, répartition, et poids dans le revenu. *Notes et études économiques*, n.4, DAFE/SDEPE, Ministère de l'agriculture et de la pêche, juillet 1997.

注．「プロフェッショナル」な経営もしくは農業を主業とする経営，およそ43万経営を対象．
表の見方：たとえば，経営組織「酪農」は酪農を主とする経営の平均を表したもの．各種補償金の％表示は，経営当たり経営補助金を100％としたときの構成を示す．ha当たりの経営補助金は，経営当たり経営補助金を各経営組織に含まれる経営の平均面積で除したもの．

第1-5表 農業所得に対する経営補助金の割合（農業所得階層別，1995年）

(単位：1,000フラン)

農業所得	<0	0〜100	100〜200	200〜300	300〜400	400<	計
農業経営の構成比（％）	5.3	22.6	30.6	17.9	9.2	14.4	100.0
経営補助金（フラン）	66,768	62,196	84,109	113,948	151,240	219,499	109,265
農業所得（フラン）	-94,468	58,639	146,481	246,706	346,817	623,161	218,982

農業所得に占める経営補助金の割合 (単位：％)

経営補助金計	—	106.1	57.4	46.2	43.6	35.2	49.9
うちCOP*生産補償金	—	53.4	33.2	31.3	33.6	29.9	34.3
畜産生産補償金	—	34.0	15.2	9.5	7.0	3.2	9.8
環境支払い	—	5.4	2.5	1.3	0.6	0.2	1.3
ハンディキャップ補償金	—	7.8	3.7	1.7	0.9	0.3	1.9

資料：第1-4表に同じ．
注．＊穀物，油糧種子，蛋白作物．

　CAP改革の影響を特に強く受ける穀物，油糧種子等生産経営では，24万フランを超える経営補助金の給付を受けている．穀物，油糧種子等生産経営への経営補助金の高さは，経営規模に依存することに加えて，面積当たりの支払額が高いことも寄与している．可処分所得に占める比率も95％に達した．条件不利地域や山間地域に多数が立地する肉牛経営や羊・ヤギ生産経営でも，その比率は極めて高い．また，可処分所得に対する経営補助金の割合は，可処分所得が低い経営においていっそう高くなる（第1-5表）．

　農業所得10万フラン以下の農業経営の場合，各種経営補助金の受取額が農業所得を上回った．農業所得が赤字となる経営とあわせて，このような低所得経営は「プロフェッショナル」な農業経営のうち28％を占めている．フランス農政において，農業所得問題が，今もって重要な課題であることは明らかである．畜産関連の経営補助金のほか，農業環境支払い，ハンディキャップ補償金の構成比が，低所得な経営ほど高くなっている点も指摘しておかなければならない．

　主要な農業経営組織について，所得階層別に補助金の依存度を見たのが，第1-6表である．穀物・油糧種子等生産経営では，可処分所得が10万フラン以下

第1-6表　農業所得に対する経営補助金の割合（経営組織別，1995年）

(単位：％)

経営組織	農業所得の階層					全体
	0～10万フラン	10～20万フラン	20～30万フラン	30～40万フラン	40万フラン以上	
穀物・油糧種子・蛋白作物	185.3	114.4	98.2	86.9	77.0	95.0
酪農	53.2	31.8	24.2	23.9	23.7	29.5
肉牛	141.4	85.5	66.9	58.0	—	89.4
乳肉複合	106.5	59.0	39.7	38.1	33.8	47.9
羊・ヤギ	153.1	79.9	61.3	59.2	—	88.2

資料：第1-4表に同じ．

の経営では185％に達するのに対して，40万フラン以上の経営では77％である。また，肉牛経営では同じく10万フラン以下の経営で141％，30万フラン以上の経営で58％である[15]。小規模経営の存立は，相当な額にのぼる補助金なしには考えられないのが実態であるといえる。

　経営補助金の対象は一部の生産物に偏っており，また面積や頭数当たりで支払われるため，当然配分の格差が生じる。経営補助金の高額受給経営の上位10％が経営補助金総額の35％を占める一方，下位10％が給付されるのは1％に過ぎない。前者の典型が穀物等の畑作経営で，その1/4が30万フラン以上の経営補助金の給付を受ける一方，後者の多くは果樹，野菜・花卉，ワイン等に特化した経営である[16]。

　経営補助金の配分の地域格差を理解するために，可処分所得に占める経営補助金比率が85％のサントル地方と86％のリムザン地方を取り上げよう。サントルはパリ盆地の南に位置する穀倉地帯で，経営補助金の89％が穀物・油糧種子にかかる補償金である。他方，リムザンはそのさらに南の中央山地に位置し，面積の約半分が山間地域に属し，84％が畜産関連（ハンディキャップ補償金，農業環境プログラム含む）の経営補助金で占められる。サントルの可処分所得25.8万フラン（年間労働力1.66人）に対し，リムザンのそれは14.0万フラン（同1.46人）である。地域の生産力格差とそれに応じた経営組織の立地がもたらす格差である。

農業補助金の正当性や公平性が，新農業基本法の成立過程でキーワードとして登場した背景には，穀物経営や畜産経営にみられる所得に占める補助金比率の高さがあり，農業補助金が穀物経営を中心とした一部の経営に偏って配分されている現実がある。しかし，このような事態はCAP改革の前でもあったはずである。改革前の支持価格によって得られた所得を補償するように補償金単価が設定されたわけだから，CAP改革自体が政策から帰結する所得分配の構造を変えることはない。改革前の支持価格水準において，輸出補助金等によって過剰農産物を解消するときの歳出を生産量に応じて各経営に帰属させれば，各経営の所得に対する寄与を明らかにできる[17]。このとき，規模の大きな経営において農業歳出の寄与が大きくなり，農業歳出の配分は一部の経営に偏ることは明らかである。

　それではなぜ，農業補助金の正当性や公平性がキーワードとして登場したのだろうか。以下の点が複合的に作用したように思われる。

　一つは，農政が透明化したことである。経営補助金に一部移行したことにより，各経営に対する農業歳出の配分が金額で正確に表されたことである。価格支持から帰結した財政負担は，生産部門に対する財政負担であったが，経営補助金によるそれは，所得政策の対象である農業経営に対する財政負担となるからである。二つは，農業構造の再編がさらに進み，規模の大きな経営が増加したため，経営当たりの農業歳出寄与が拡大したことをあげることができる。三つは，農産物の政策価格の防衛は，たとえ大生産者の利益が大きくとも農業者の共通の利益であり，政治的目標であった。価格支持から経営補助金への移行は，少なくともこのような均衡を破る契機となりうるからである。

　さらにいえば，価格支持政策による所得政策は，農業歳出の配分の不平等を解消できない。他方，直接支払いへ一部移行した後に，正当性と公平性の問題がキーワードとして登場したのは，行政コストを無視できるのであれば，所得政策の手段としての経営補助金には，政策決定によって無数の所得分配のパターンがありうるからだともいえるだろう。

1．フランス農政の展開

（4） 農業財政の制約

92年CAP改革において，支持価格引下げの対象となった穀物，油糧種子，牛肉は，フランスの生産シェアが高い農畜産物である。たとえば，96年の特化係数（フランスの当該作物が国内農業最終生産に占める割合を，EU全体のそれで除した値）は，小麦1.64，トウモロコシ2.08，油糧種子2.02，牛肉1.26である。なお，牛肉の場合には，フランスの繁殖メス牛補償金の対象頭数がEU全体の35％であり，飼養密度の低い肉専用種の構成比が高いのが特徴である。

第1-3図は，1980年代（1979－91年の平均）と，CAP改革の実施期間中である1994年におけるEU主要国の産品別のFEOGA（欧州農業指導保証基金）

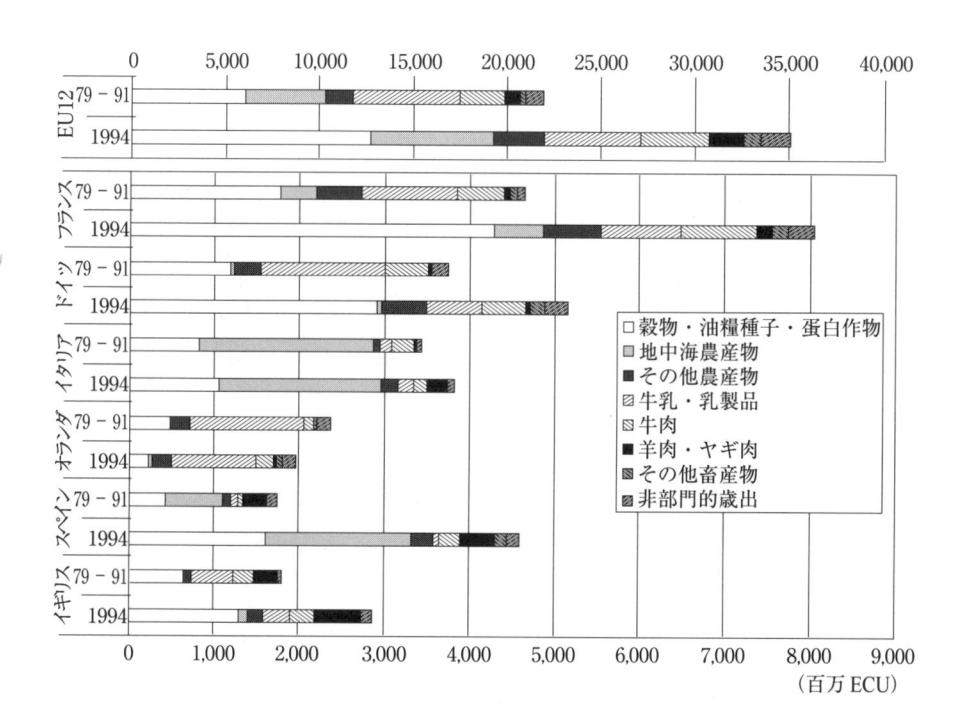

第1-3図　EU主要国におけるFEOGA保証部門歳出

資料：Bonnet, A., Delorme, H., Perraud, D., La politique agricole commune et les transfers entre agriculteurs de la CEE; Analyse empirique d'une phase de transition. *Notes et études économiques*, n.2. DAFE/SDEPE, Ministère de l'agriculture et de la pêche, septembre 1996.

保証部門歳出の内訳を表している。CAP改革により，穀物・油糧種子・蛋白作物の歳出割合は，1980年代の28％から94年には36％に，歳出額では60億エキュから127億エキュに拡大した。他方，牛乳・乳製品部門の構成比は，26％から15％に低下した。歳出額ベースでは，57億エキュから52億エキュへ減少した。

そして，CAP改革はEU主要国のFEOGA保証部門の歳出構成を大きく変えた。1980年代にEU加盟を果たし，一定期間，CAPへの移行の過渡期にあったギリシャ，スペイン，ポルトガルを除けば，CAP改革はとりわけフランス向けの歳出を高める結果となった。EU12カ国全体の歳出増が61％であったのに対し，フランスへの歳出は74％増であり，イギリス（66％増），アイルランド（48％増），ベルギー（46％増）がそれに続く。他方，オランダに対する歳出は唯一減少し（17%減），イタリア（12％増）やドイツ（39％増）もEU全体の増加率には及ばない。オランダは92年CAP改革の対象となった牛乳・乳製品部門の構成比が高く，イタリアは地中海農産物部門（歳出ベースで7％減）の構成比が高いことが，その主要な要因である。

第1-4図は，90年代における主要国の歳出構成を示している。フランスに対する歳出比率は1990年の19.4％から1995年には24.4％へ上昇した。FEOGA保証部門のうちフランス向けの歳出が他の構成国にもまして，膨らむ結果が明らかである。

第1-7表は，1990年代のフランスにおける農業関連歳出である[18]。社会保障・共済関連経費を除く農業関連歳出は，1990年以降増大し，1997年には1990年の1.4倍になった。しかし，歳出の伸びに寄与したのは，EUの財政負担であって，フランス政府の財政負担増は3.7％であり，実質ベースで見れば減少している。特に，農業経営に対する投資助成や市場支持関連経費や各種経営補助金を含む農業生産対策費をみると，フランス政府の歳出は152.8億フランから122.0億フランへ著しく減少した。1996年の歳出増は狂牛病発生に対する緊急対策であり，これを除けばほぼ一貫して削減の道をたどっていることが明らかである。

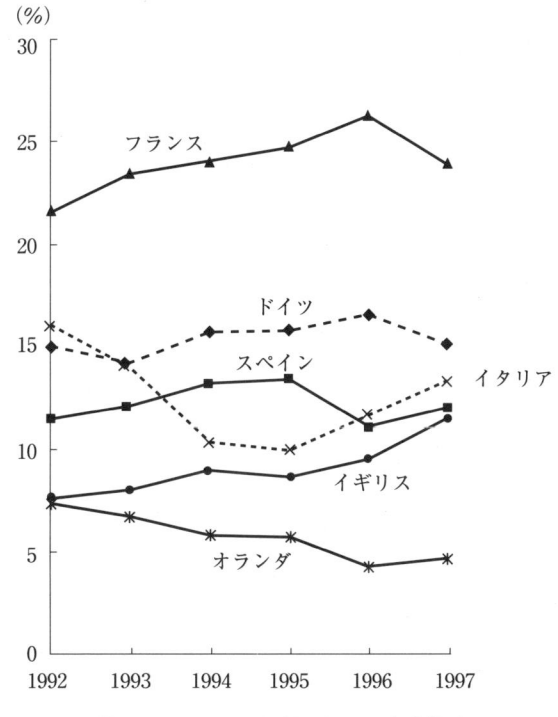

第1-4図　FEOGA保証部門の歳出構成

資料：European Commission, *Financing the European Union*, 1998.

　このように，EU負担によるフランス国内の農業関連歳出が拡大する一方，フランス政府の農業関連歳出が圧縮される状態において，フランス政府独自の財政投入を伴う農政改革は極めて限定されていた。ところが，1999年に合意したさらなるCAP改革をめぐる加盟国間の交渉において，価格支持から直接支払いへのよりいっそうの傾斜に伴う新たな財政負担問題が発生した。そこでは，ドイツをはじめとしたEUへの財政的貢献の出超が著しい諸国が，直接支払いの一部加盟国負担（renationalizationとよばれる）を主張した。これに対して，フランスはCAPの根幹を揺るがすものという大義名分のもとに，強硬に反対したわけだが，92年以降の対フランスの歳出比率の高まりや，国内の財政事情のもと，それを容認することは到底できなかったのである。

第1-7表 フランスにおける領域別農林公的供与

(単位：億フラン)

		1990	1991	1992	1993	1994	1995	1996	1997 (90年=100)
第1領域	農業生産対策費	518	580	636	840	715	715	764	731 / 141.1
第2領域	食品産業関連費	10	10	10	11	8	8	8	10 / 98.2
第3領域	馬産振興関連費	6	6	6	9	8	9	9	9 / 149.8
第4領域	林業生産関連費	15	15	15	15	14	14	12	13 / 86.8
第5領域	農村・林野空間関連費	17	21	26	29	30	24	24	25 / 146.8
第6領域	研究・教育費	69	74	81	87	91	96	101	105 / 152.7
第7領域	一般行政費	53	55	58	61	64	65	68	69 / 128.4
第8領域	社会保障・共済関連費	641	663	699	737	742	742	732	731 / 114.0
純供与計		1,329	1,423	1,532	1,789	1,671	1,673	1,718	1,692 / 127.3
純供与計(第8領域を除く)		688	761	833	1,052	929	931	986	961 / 139.7
うち FEOGA		373	469	534	739	613	610	650	634 / 170.2
うちフランス政府歳出		315	292	299	313	316	321	336	327 / 103.7
対前年比(%)		///	-7.4	2.3	4.9	0.9	1.7	4.6	-2.7
インフレ率(%)		///	3.3	2.3	2.4	1.8	1.6	1.3	—
第1領域純歳出		518	580	636	840	715	715	764	731 / 141.1
うち経営補助金		50	52	97	277	332	392	429	416 / ///
穀物等生産補償金		1.5	1.7	35.7	198.8	227.9	277.3	289.8	300.4 / ///
畜産生産補償金		33.7	35.6	42.1	47.3	69.5	78.7	96.2	75.5 / 224.2
ハンディキャップ地域補償金		14.5	14.4	18.4	20.1	20.7	21.1	26.9	21.6 / 148.6
農業環境プログラム		0.0	0.0	0.3	10.8	13.9	15.0	16.0	19.0 / ///
うち FEOGA		366	450	507	714	588	597	626	609 / 166.6
対前年比(%)		///	23.1	12.5	41.0	-17.7	1.5	4.9	-2.7
うちフランス政府歳出		152	129	129	126	127	119	138	122 / 80.1
対前年比(%)		///	-15.0	-0.2	-2.4	0.5	-6.4	15.9	-11.3

資料：フランス農業漁業省資料等により作成．

注．第1領域の内訳は，経営自立・近代化（利子補給，青年農業者助成），市場調整（市場支持，直接支払い），生産調整（セットアサイド），ハンディキャップ地域補償金，農業環境プログラム，負債対策経過措置，災害時補償等，農業生産に関連する歳出である．

2．補助金の公平性と正当性を求めて

（1） 補助金配分の公平性 —— 経営補助金の減額措置 ——

99年3月のベルリンサミットで合意したCAP改革では，補助金の配分格差の是正に一歩踏み出した。CAPの直接支持に関するEU規則1259/99号は，農業者に対する経営補助金を所得水準，労働力，給付額に応じて，経営当たり20％を限度に減額し，CAPにおける「農村振興」にかかる措置に充当できることを定めた[19]。

減額の基準の設定は加盟国の裁量にあり，フランスでは標準粗利益（Marge Brute Standard: MBS）が50,000エキュ以上[20]の経営のうち，経営補助金受給額（ハンディキャップ補償金，農業環境プログラムは除く）が30,000ユーロ以上[21]の経営について，30,000ユーロを超える受給額の3％を一定率で減額し，さらに同じく30,000ユーロを超える受給額について労働力の多寡を加味した上で算定される可変率を乗じた減額を行うこととした[22]。この算定手法によれば，EU規則による減額率の上限，すなわち20％の減額の適用を受けるのは，MBS150,000エキュ以上の経営で，105,000ユーロ以上の直接支払いの給付を受ける経営となる。算定方法は若干複雑だが，これにより農業所得水準，直接支払受給額，労働力あるいは雇用量を加味した減額率が算定される。

1997年の経営簿記調査（RICA）で捕捉される「プロフェッショナル」な経営40.6万経営のうち，約5.7万経営（14％）が経営補助金の減額の対象になると見込まれている[23]。平均的な減額率は5％で，およそ経営当たり1.7万フランの減額となる（第1-8表）。減額対象となる5.7万経営のうち，74％は減額率5％以下であり，経営当たりの減額は5,000フランにすぎない。他方，2,000経営弱に対する減額措置により，減額総額の15％をカバーする。このような所得水準や直接支払給付額が高位の経営群は，平均して経営面積275ha，減額前可処分所得が535,000フランであり，減額率18％，13.1万フランの減額を受けることになる。直接支払いの減額総額のうち，78％は「穀物・油糧種子・

第1-8表 生産補償金の減額措置

(単位:1,000フラン)

生産補償金受給額	200 - 400	400 - 800	800<	計
経営数	40,058	16,139	824	57,021
年間労働単位	1.55	2.15	2.97	1.74
うち雇用労働	0.28	0.57	0.97	0.37
改革完了後生産補償金受給額(フラン)	279,500	508,700	1,079,400	355,900
可処分所得(〃)	262,800	412,300	954,400	315,100
生産補償金の減額(〃)	6,900	35,800	142,600	17,100
減額率(%)	2	7	13	5
所得減少率(〃)	-3	-9	-15	-5
減額総額(百万フラン)	278	578	118	973
(%)	29	59	12	100

資料: Blanc, C., Mathurin, J., Blogowski, A., Agenda 2000: Les conséquence de l'accord de Berlin pour l'agriculture française. *Note et études économiques*, n.11, DAFE/SDEPE, Ministère de l'agriculture et de la pêche, avril 2000.

第1-9表 生産補償金の減額措置 (経営組織別)

経営類型	穀物・油糧種子・蛋白作物	その他大規模畑作	肉牛	大規模畑作+草食家畜
経営数	31,409	7,461	3,838	8,157
改革完了後生産補償金受給額(フラン)	388,300	325,100	308,000	324,000
可処分所得(〃)	302,100	419,000	253,500	281,500
生産補償金の減額(〃)	24,000	12,000	6,000	9,000
減額率(%)	6	4	2	3
所得減少率(〃)	-8	-3	-2	-3
減額総額(百万フラン)	745	90	24	70
(%)	78	9	3	7

資料:第1-8表に同じ.

蛋白作物」経営であり,「肉牛」経営は3%に過ぎない(第1-9表)。減額措置は農業部門内における所得の地域間格差の是正に,一定程度寄与することが理解されるであろう。

(2) 農業補助金の正当化──「経営地方契約」──

フランスの農政は,これまでのような農業経営の規模拡大による適応が期待

し難いこと，追加的な財政措置の余地がほとんどないという制約のもとに，農業補助金を正当化し，政策目的に添って有効に活用しなければならないという課題を背負った。そこで新しく成立した農業基本法のなかで，先にあげたキーターム，スローガンを反映した売り物が「経営地方契約（contrats territoriaux d'exploitation）」である[24]。これは一つに農業の多面的機能を認知し，公平に公共財源すなわち補助金を配分することをねらいとした。農業所得が高く，経営補助金の給付額も多い経営に対して，減額措置を講じることにより得られる財源がここで活用されることになっている[25]。

また，農業者に求める社会のニーズはもはや生産活動だけではない。生産以外に社会的に認められる付加価値，すなわち農業，農村における雇用の創出，自然資源の保全や国土管理，公益的な活動が求められることを背景とすれば，公共財源が農業の生産性や生産量にリンクして配分されることは正当性を欠く。「経営地方契約」は，農業経営もしくは農業者集団が雇用労働力を増やしたり，高品質の農産物の生産にチャレンジする場合の補助金や，環境保全や国土管理に寄与する農業行為に対して報酬を供与する仕組みである。

「経営地方契約」は，第1に経営経済・雇用関連分野の契約事項として，①追跡調査の実施体制（トレーサビリティ）の確立，品質ラベルの取得，有機農業への転換など高品質生産部門への参入，②新たな生産分野（ニッチマーケット）への進出，③直販などによる生産物の付加価値化，④民宿，貸し別荘などグリーンツーリズムの展開，⑤雇用の維持・創出，⑥安全基準や環境基準を満たすための投資助成，等であり，県レベルで県農業振興指針を定めた上で，独自に助成項目を策定する。第2に，環境・国土保全分野の主な契約事項として，①エロージョン防止，②水質保全，③生物多様性の保全，④希少家畜種の保護，⑤農村空間・景観の保全管理，⑥草地の有効利用，等について，同じく県レベルで課題を特定し，農業者が講じるべき営農行為を定める。これら経済・雇用関連分野と環境・国土保全分野の契約事項をセットにして，農業者が任意に契約する仕組みである。新たな経営展開に必要な助成を受ける場合に，環境保全的行為を要件とするわけである。

「経営地方契約」は、助成対象として地域的に差別したり、特定生産物部門を差別したりはされず、一定の年齢と一定の技能水準があればすべての農業者が対象となる[26]。しかし、経営経済・雇用関連分野の契約事項と環境・国土保全分野の契約事項をセットにする必要がある。後述の農業環境プログラムの実績から明らかなように、集約的な農業経営には大きな制約となりうるだろう。

　第2のねらいは、農業者が社会のニーズに目を向けるよう動機づけることにある。農業者の所得に占める補助金の比率が極めて高いことを示したが、これらは毎年一定の時期に経営の所在地に始まり、家畜の登録番号、各圃場の作付け計画などを記入した申請用紙を届け出ることで給付を受けられた。これに対して、「経営地方契約」は農業者もしくは農業者の組織が、今後の経営の展開に合わせて、どの分野の社会的ニーズを提供するかという構想力を問うている。農業者は農業指導員等に依頼しながら経営診断を行い、経営構想（projet）を作成した上で契約の申請を行わなければならない。

　他方で、農業者による社会的ニーズをみたす活動の認知は、農業社会の外からも得られなくてはならない。県レベルの農業構造や農業生産の基本指針に関する諮問を受ける県農業基本委員会（commission départemental d'orientaion de l'agriculture）は、「経営地方契約」の契約事項について、実質的なコンセンサスを得る機関として位置付けられた。ここに、農業者団体、行政当局、自治体等の代表に加えて、技能自営業（artisanat）、食品関連業界、消費者、認可環境保護団体の代表が加わることになった。農業生産以外の農業活動の機能について社会的な認知を必要とすることは、農業政策のコンセンサスがより開かれたところで形成されなければならないことを意味する。

　「契約」という手法は、このように形成されたコンセンサスを媒介に、農業者に対する助成の根拠を社会に対して明らかにし、国民を代表する国と農業者の契約により助成の正当性を高める役割を担うものといえる。

　第3のねらいは、農政の「地方化」である。食料不足下の生産性の向上や、食料の供給は国民的課題であり、生産物の共通市場の管理はEUレベルの課題

である。他方，自然環境の保全，地域農業の発展や産地形成，農村地域社会の維持・振興は，いわば "site specific" な課題である。経営地方契約の具体的内容はこの "site specific" な課題を対象とすることから，各県段階で企画立案される仕組みになっている。

第4のねらいは，将来的に，農業者に対する多くの助成金を「経営地方契約」に統合し，補助金政策を簡素化することにある[27]。

以上のような政策的ねらいを通して，CAP改革の過程，すなわち，農業所得政策の手段として，価格支持から直接支払いに移行する過程において登場した「経営地方契約」の含意を，以下のように捉えることができる。

価格支持による所得分配は，生産される数量に応じて機能する一方，市場を一つにする範囲で共通の価格が設定され，必然的に中央集権的に実現されなければならない。他方，経営補助金による所得分配には多様なパターンがありうるという特性があり，中央集権的な一元性の制約はない。そして，行政コストを無視できるのであれば，その多様化には際限がない。99年新農業基本法で導入された「経営地方契約」は，そのような経営補助金がもつ多様性を，価格支持による所得政策の画一性に対する長所として取り込んだ上で，手続きを一元化することにより，多様性の弊害の克服を目指した政策手法であるといえよう。しかし，これは一朝一夕に完成するものではなく，試行を繰り返しながらフランス農政の重要なツールとして育っていくのではなかろうか。

3．政策設計の地域化

（1） 地域の農業振興と環境保全

1960年の農業基本法下における農業構造政策は，「人道的」な離農政策を包含することにより，経済効率と社会的公正の両輪を配することで成立した。このような政策体系は，社会―構造政策とも呼ばれる。これは効率性をもとめ，集約化し農業総生産を引き上げるとともに，離農を促すことで1人当たり，もしくは1経営当たりの所得を向上させ，他部門との均衡な所得水準を達成し，

農業者の厚生を高めることを意味した。しかし，他方で，生産本位の効率化による生産立地の集中や，集約化による環境破壊を招いた。

さて，1999年の新農業基本法が理念とする持続的発展（経済，社会，環境）の視点では，このようなプロセスにどのような修正が施されようとしているのだろうか。

簡潔にいえば，社会的配慮とは農業構造のいっそうの再編を望まないということであり，環境的配慮は投入財依存型の集約化を望まないと言い換えてもいいだろう。農業構造の調整余地については，これまで以上に小さくなっていることを指摘した。このように経営面積の拡大と集約化に制約がかかり，かつ生産物の市場価格の低落傾向が見通されるならば，労働集約性を高めるような経営適応が重要な選択肢の一つとなる。

労働の生産物には，市場で評価される生産物と市場で評価されない生産物，すなわち環境財・サービスがある。市場で評価される労働集約型の生産物は，高品質，高付加価値型のそれであり，環境財・サービスの生産に寄与する環境保全的行為も，労働集約的である。

このような労働集約的な生産物は地域的な個性をもつものが多く，大量取引されないため，価格を操作する市場介入という政策手法は成り立たない。こうして，緻密な単価設定や政策設計のローカル化が可能な経営補助金が，構造調整後の所得政策の手段となる。

1999年のフランス新農業基本法では，農業の多面的機能を認知し，付加価値を創造する農業経営に対して助成することをねらいとして，「経営地方契約」の実施を定めた。これは，環境保全に寄与する営農行為や，特定の投資を媒介にした経営展開について約束することで，はじめて農業者が給付を受けられる制度である。「経営地方契約」は，環境保全にかかる経営補助金と，品質向上や経営の多角化などに要する各種経営投資に対する助成の抱き合わせで成り立っている[28]。

「経営地方契約」における投資助成は，品質の向上であり，労働条件の改善，雇用量の増大，経営の多角化，一定基準以上の環境保全に関連する投資に限定

3. 政策設計の地域化

される。市場が飽和している生産物の数量増に帰着する投資が対象外となるとともに、農機類の更新や通常の営農に必要な農機類、もしくは施設に対する投資は対象とならない。そして農業環境政策における経営補助金の一部は、この「経営地方契約」の手続きに統合され、実施されるようになった。

第4章で述べるように、農業環境政策における経営補助金は、環境保全に寄与する行為により生じる所得の損失、もしくは費用の増分に限定されるべきものである。また、「経営地方契約」における投資助成は農業経営の展開を付加価値型に方向づける一方、投資助成を介した所得補填を回避する仕組みになっている。このように「経営地方契約」は、所得を補填もしくは補償するという位置付けにはなっていない。したがって、「経営地方契約」の枠組みをもって、構造調整後に残った農業所得問題に対する処方箋が準備されたとはいえない。

現在、農業経営が給付を受ける経営補助金の大半が、CAP改革による生産補償金である。この生産補償金が恒久的に給付され続ける必然性はない。しかし、上述したように比較的高い所得をあげる穀物経営や、所得の低い草地型の畜産経営の農業所得は、生産補償金に大きく依存している。とりわけ、条件不利地域や山間地域に立地する草地型の畜産経営や酪農経営にとって、畜産部門の生産補償金なくして存続は極めて困難である。

面積当たりもしくは頭数当たりの単価をもとに給付される生産補償金は、かつての所得を補償するために、蓄積された生産資本量とそれが生み出しえた価値に応じて所得を分配する役割を担っている。かつての所得が補償されることが既得権化する前に、投下される労働の量や性格に応じて配分されるような政策設計を必要としていよう。

（2）地域化の論理

地域振興と環境保全という政策課題は、農業経営における農業生産の自己完結性が破られたところに発生する。ここで農業生産の自己完結性とは、個別農業経営が他の経営と協力することによって得られる個別の利益、もしくは社会的利益がないこととしておこう。わが国における水稲作をみると、生産手段で

ある水利設備は,不可避的に一農業経営の支配を超えたところにあるし,生産調整は多数の零細な経営が個別に対応したのでは著しく効率が阻害される。また,中山間地域において深刻ないわゆる担い手問題は,個別経営が再生産される条件が整わず社会的な利益を損なっているところに表れる。こうしてわが国における個別経営の自己完結性の破れを前に,集落を媒介にした施策に期待がかけられている。

　他方,フランスにおいて,不可避的に個別経営の支配を超えた生産手段は見当たらないし,生産調整の制約は個別経営内における生産体系の修正により吸収される。また,限界地域における担い手問題は,個別経営の再生産,すなわち離農経営と青年農業者による経営数のバランスを回復させることが課題であり,経営規模の拡大を制限しつつ農業経営の多角化を通じて所得機会を拡大し,個別経営の存続を確保する条件整備が政策課題となっている。

　しかし,不可避的に個別経営の自己完結性が損なわれるのが,一つに,高品質生産物を基礎にし,産地を新たに形成したり,それを強化する局面であり,産地固有の生産規範を作り出す場面で表れる。二つは環境保全である。伝統景観の維持や水質保全,ビオトープの保護は,一定程度面的な集積が必要であり,それが確保できなければ,個別経営の取り組みは大きく減殺される。第4章で述べる農業環境プログラムの給付対象は,あくまでも個別経営の営農行為のあり様であるが,ローカルレベルにおける「共同取組み」[29]を媒介とすることが要請される理由である。

　このように,農業環境プログラムの適用や第2章で述べる農村区域振興計画はともに,事業実施に先立って地域の実態把握から,事業構想,立案,実施などの政策過程において,ローカルレベルの協議体が果たす役割が大きい。環境保全や地域振興はともに,地域の固有性を念頭においた上で,有効な政策実施が必要とされるためである。したがって,農業の多面的機能に関する政策は,ローカル指向の政策であると言っていい。これは市場政策がブリュッセルで決定されてきたことと対照的である。

　農業環境プログラムや振興計画について,導入の当初から政策評価の問題に

強い関心が払われてきた。その理由の一つは，EUから加盟国政府へ，また中央から地方政府もしくは地方自治体へ，大きな裁量が付与されるようになったからである。EUや加盟国政府は，農業環境政策や農村振興政策を打ち出し，重要な財源の出し手となるが，施策の企画，立案，実施について，地方の政府機関や地方公共団体など，下位の機関が大きな役割を担う。財源の出し手は，自ら標榜する政策目的に対して，財源が整合的に，効率的に活用されているか監視しなければならないからである。しかし，政策評価への関心が高まる背景として，このような裁量権の移転に伴う監視，管理の側面のみを，強調するのは早計であろう。

政策評価に関心がもたれる第2の理由は，万全の政策手法が明らかでないからである。講じられた措置が農業者にどの程度の誘因を与えているか，また環境保全に期待通り寄与するかどうかなど，未知の部分は多い。とりわけ事後の評価作業の役割は，次世代の農業環境プログラムや，振興計画の立案，実施にフィードバックさせ，政策自体を発展させることにある。すなわち，政策決定の無謬性を前提にして，政策評価は成り立ちえない。

EUレベルで形成される政策の範囲の選択やその決定は，「当事者に最も近接したレベルで取り扱えない問題のみを上位レベルに託する」という補完性（subsidiarity）原則に基づく。これはフランスで進められてきた地方分権，すなわち国から地方自治体への権限委譲（décentralisation）や，同じ国の権限であっても中央にある国の機関から地方の国の機関へ，権限や裁量の委譲（déconcentration）を進める政策理念にも貫かれている。

補完性原則の可能性は，多数の試行や実験が繰り返されるところにあり，組織間の競争関係を生み出しつつ，試行や実験の成功が他の組織の模倣に役立つところにある。政策や施策の手法に不確実性が伴う場合，このような補完的組織関係の役割は大きい。

環境保全や汚染防止の場合，技術的に効果的，かつ効率的な手法は十分明らかになっていないし，汚染する権利や良質の環境を享受する権利の多寡といった社会的権利調整が不確定である。農業環境プログラムにおけるローカル事業

や，第5章で述べる水質保全対策として実施されてきたフェルティミュー事業は，補完的組織関係を活用した施策であるといえる。また，振興計画においても，多様な経済構造を呈し，社会関係が存在する中で，ローカルレベルで企画，運営にかかる協議を繰り返しながら，下位の機関の自立性と創意工夫が欠かせない。そこでは，小さな間違いを繰り返し是正しつつ，成功例については他の組織が速やかに模倣できるように，政策や施策に対する評価の役割があるといっていい。

注(1) 以下，本節におけるデータは，Houée〔12, pp.45-47, pp.49-55〕，Hervieu〔11, pp.57-64〕，Béteille〔2〕，SCEES〔19〕による。
(2) 1980年代までのフランスの農業構造の変化については是永〔16〕が緻密な分析を行っている。
(3) 1970, 1979, 1988年は農業センサスが実施された年である。直近の農業センサスは2000年に実施された。
(4) Vermersch〔26, p.44〕。
(5) Allaire et al.〔1〕。
(6) 元老院における農業基本法案審議（99年1月19日）においてグラヴァニ農相が同主旨の発言を行っている。
(7) Servolin〔25, pp.165-169〕。
(8) Servolin〔25, pp.147-152〕。
(9) Commission de la Communauté Européenne〔7〕。
(10) Commission Général du Plan〔8〕。
(11) SCEES〔18〕。経営粗余剰（excédent brut d'exploitation）は，農業簿記調査（RICA）で用いられる所得概念の一つで，農業販売額±在庫形成－中間消費－賃料－保険掛金＋付加価値税還付＋補助金＋災害保険金－租税公課－人件費で表される。
(12) 91年と95年の農業所得が農業簿記調査から比較されている（Blanc et al.〔4〕）。なお，肉牛経営については，96年3月に狂牛病と人体への影響の可能性について公表された直後から価格は暴落し，緊急助成が実施された。
(13) 例えば，農業会議所議長エルヴュー氏に対するインタビュー（Agra Presse, n.2696, le 18 janvier 1999）。
(14) 可処分所得は経営粗余剰から利払いと長期負債償還を差し引いて得られる。
(15) Blanc et al.〔4〕。
(16) SCEES〔21〕。
(17) ここでは輸出補助金等によって過剰農産物を処理する財政費用について議論しているのであって，内外価格差から算定される消費者負担分については念頭においていな

い。
(18) フランスの農林業にかかる政府歳出は，農林部門公的供与（Concours publics à l'agriculture et à la fôret）という概念により整理，公表されている。水産関連を除いた農業漁業省所管事業歳出に加えて，その他政府農林関連事業歳出が組み込まれ，国庫特別会計の一部（上水道整備基金（Fonds national de développement des adductions d'eau），林野基金（Fond forestier National），馬産振興基金（Haras）），農業者社会給付補完基金（Budget annexe des prestations sociales agricoles），そしてCAP財源（Fonds européen d'orientation et de garantie agricoles）が算入されている。

農林部門公的供与は「農業生産」，「食品産業」，「馬産振興」，「林業生産」，「農村・林野空間」，「研究・教育」，「一般行政費」，「社会保障・食料援助」の8領域に分類される。農林部門公的供与の構成の中で，わが国農林関連予算と大きく異なる点は，農業者の年金制度，社会保障制度にかかる歳出，農業高校および農業高等教育機関（日本の大学の農学部に相当するグランゼコール）の運営にかかる経費が計上されていることである。フランスにおける農業漁業省が産業としての農業ではなく，職能（profession もしくは métier）としての農業を，管轄していることの表れである。以上，農林部門公的供与1,697億フランのうち，「社会保障・食料援助」が43.2％（このうち食料援助にかかる経費は1.5％程度），「農業生産」が46.2％である（1997年）。以上8領域のうち農業生産者の所得に直接寄与するのが「農業生産」領域である。これは以下のように8項目に細分類される。

① 「経営の自立と近代化」：青年農業者助成金，投資助成（利子補給，土地整備および水利工事に対する補助）の他，SAFER，OGAFに対する補助金が含まれる。このうち6割強（1997年）が利子補給にかかる経費である。

② 「市場調整・生産誘導」：価格支持にかかる経費で，公的・民間在庫助成などの介入費用，脱脂粉乳の飼料仕向けにかかる奨励金や農産物の工業利用仕向けにかかる奨励金などの需要対策，輸出補助金のほか，CAP改革による価格引下げにともなう補償金がここに分類される。

③ 「供給制限」：過剰生産の抑制，作物転換の奨励にかかる経費で，92年CAP改革により導入された穀物部門のセットアサイドのほか，牛乳生産割当ての買戻し，ブドウ抜根奨励金が含まれる。

④ 「ハンディキャップ，特殊な制約に対する補償」：条件不利地域，山間地域に対する助成（いわゆるハンディキャップ地域補償金や山間地域等の機械化投資助成など），農業・環境関連の補償金にかかる経費で構成される。

⑤ 「生産物にリンクしない過渡的助成」：負債農業経営に対する助成や低所得経営に対する経過的措置にかかる経費である。

⑥ 「農業災害」：自然災害被害を受けた農業者に対する補償金で構成される。

⑦ 「植物防疫・家畜衛生対策」

⑧ 「その他」：農業者に対する中途研修が主である。

(19) 99年CAP改革において，従来の構造政策，条件不利地域政策，農業環境措置，地域指定による農村振興プログラム等を包含した政策体系を「農村振興政策」として括り，CAPの第2の柱として位置付けた。第1の柱とは，市場介入，輸出補償，価格引下げにかかる直接所得補償等の市場支持にかかる政策のことである。

(20) 標準粗利益はRICAデータをもとに農業経営の経済規模を算定し，異なる経営組織間の比較を行うときの所得概念である。標準粗利益は，地域ごとに面積当たり，もしくは家畜単位当たりの平均的な「所得」に，各経営の実面積，実家畜単位数を掛け合わせて算出される。なお，エキュ表示となっているのは，標準粗利益の算定対象期間が，欧州の通貨ユーロが誕生する前の1993～1995年の3カ年のデータを用いているためである。フランスの穀作地帯であるサントル地方の場合，1haの小麦生産の標準粗利益は約1,200エキュに相当する。

(21) ユーロを採用する国の通貨の対ユーロ交換レートは1999年1月以降，固定されている。1ユーロに対して，6.55957フランス・フランである。

(22) GAEC（共同経営農業集団）の場合，MBSと直接支払受給額はともに経営者数で除して算定される。可変の減額率の算定は，雇用労働力がある場合，22,500ユーロを上限に賃金と社会保障費をMBSから差し引いた後（家族労働力については一律7,500ユーロの控除），0.25×（調整済みMBS − 50,000）/100,000で得られる（なお，可変減額率の上限は25％）。すなわち，MBS160,000エキュ，直接支払受給額75,000ユーロの経営の場合，3％の定率減額により1,350ユーロ，可変率減額0.25×（160,000 − 50,000）/100,000 = 27.5％→25％により11,250ユーロ，合計12,600ユーロの減額で，直接支払受給額の16.8％が減額されることになる。

(23) Blanc et al. 〔5〕。

(24) 「経営地方契約」ならびに99年フランス農業基本法に関する論考は，拙稿〔13〕のほか，原田〔10〕，北林〔15〕，是永〔17〕などがある。なお，「Contrats Territoriaux d'Exploitation」は2000年農業白書の表現にあるように「経営に関する国土契約」と訳されることがあるが，本論では「経営地方契約」とした。「le territoire」は，「領土」，「国土」の意味で用いられるほか，地域，および「national（全国）」に対する地方の意味をもつ。形容詞「territoriale」は一般に「national」に対して，「régional（地域圏）」，「départemental（県）」，「local（地域（県以下の市町村レベル））」を総称することから，本論において「地方」とした。ほかに「l'administration territoriale（地方行政）」，「les collectivités territoriales（地方公共団体）」などの語がある。

(25) フランス農業漁業省の推計では，直接支払いの減額措置により，およそ10億フランの財源が見込まれる。むしろ，農林省は「経営地方契約」の目標契約数として，2000年には4万経営，1契約当たりおおむね5万フラン見当を想定しており，減額措置の算定方法は「経営地方契約」の財源確保のために決定された。「経営地方契約」の年間財源20億フランのうち，減額措置による調達分10億フランはEUの負担額であり，残り10億フランをフランス固有財源から捻出しなければならない。

㉖)「経営地方契約」の対象要件は以下の通りである。① 21歳以上, 55歳以下の農業経営者(農業を副業とする場合の要件については検討中で, 99年は主業とする農業者のみ。55歳以上60歳未満の場合, 青年農業者への経営譲渡を見込むことが条件)。② 契約期間中に農業活動を営むこと。③ フランス国籍もしくはEU構成国籍を有する者, もしくは国際協定による措置に基づく者。④ 契約に定める構想の実現に必要な見識, 技能を取得していること。農業職業教育終了資格(中等後期2年, 通常18歳), 農業生涯教育証書取得者(18歳以上の者が, 1～3年間に900時間研修を受けて取得する資格), もしくは, 農業活動5年の経験, もしくは, 同等の見識, 能力を証明できること。⑤ 諸規則を遵守していること(構造規制, 汚染指定施設規則, 社会保険料の納付, 衛生規則, 水系管理規則)。なお, 法人経営の場合, 出資の50％を②に該当する農業者が保有し, ①, ③, ④を満たす経営構成員が1人以上存在し, ⑤の義務を満たすことが要件である。

以上の要件の中で, 農業者の年齢要件が最も注目しうるところであろう。「経営地方契約」のそれは, ハンディキャップ補償金や農業環境プログラムの助成金の年齢要件よりも上限が低い点である。

㉗) 政府は将来的に政策価格引き下げや自然による制約の代償となる補償金以外の助成金を, CTEに統合していくことを目指している。1999－2000年は農業環境プログラム(草地奨励金については2003年から), 有機農業の奨励, フランス単独の投資助成がCTEに統合される。当面は青年農業者助成(DJA), ハンディキャップ補償金, 農業起源汚染削減プログラム(PMPOA)はCTEに統合されない。また, EU構造政策の制度である施設改善計画にかかる投資助成は, 2000年からの統合が見送られた。一般に, 投資助成がCTEに統合されることは, 環境制約が課されることを意味するため, 農業団体の反対が強いことが背景にある。

㉘) この点については拙稿〔14〕参照。

㉙) "démarche collective" もしくは "action collective" の訳語を「共同取組み」とした。

〔参 考 文 献〕

〔1〕 Allaire, G., Daucé, P., *Etude du dispositif de préretraite en agriculture (Rapport final)*. INRA, 1995.

〔2〕 Béteille, R., *La crise rural*. P.U.F., 1997.

〔3〕 Blanc, C., "Les aides directes: montant, répartition, et poids dans le revenu". *Notes et études économiques*, n.4, DAFE/SDEPE, Ministère de l'agriculture et de la pêche, juillet 1997.

〔4〕 Blanc, C., Blogowski, A., Boyer, Ph., Chantry, E., "L'évolution des exploitations agricoles française de 1991 à 1995: une analyse à partir des résultats du RICA". *Notes et études économiques*, n.4, DAFE/SDEPE, Ministère de l'agriculture et de la pêche, juillet

1997.

〔5〕 Blanc, C., Mathurin, J., Blogowski, A., "Agenda 2000: Les conséquence de l'accord de Berlin pour l'agriculture française" *Note et études économiques*, n.11, DAFE/SDEPE, Ministère de l'agriculture et de la pêche, avril 2000.

〔6〕 Bonnet, A., Delorme, H., Perraud, D., "La politique agricole commune et les transfers entre agriculteurs de la CEE; Analyse empirique d'une phase de transition". *Notes et études économiques*, n.2, DAFE/SDEPE, Ministère de l'agriculture et de la pêche, septembre 1996.

〔7〕 Commission de la Communauté Européenne, *Evolution et avenir de la* PAC. COM(91)100 final. 1991.

〔8〕 Commissariat Général du Plan, *France rurale: vers un nouveau contrat*. Commission Agriculture, alimentation et développement rural, Préparatoire du XIe plan. La documentation française. 1993.

〔9〕 European Commission, *Financing the European Union*, 1998.

〔10〕 原田純孝「フランスの新『農業の方向付けの法律案』を読む」(『農政調査時報』第507・508・511・513～516号, 全国農業会議所, 1998, 1999年)。

〔11〕 Hervieu, B., *Les agriculteurs*. P.U.F., 1997.

〔12〕 Houée, P., *Les politiques de développement rural*. INRA/Economica, 2e édition, 1996.

〔13〕 石井圭一「フランス新農業基本法と多面的機能」(『農業と経済』第64巻第12号, 富民協会, 1998年)。

〔14〕 石井圭一「CTE(経営地方契約)制度と日本型直接支払制度の比較の視点」(『中山間地域等直接支払制度と農村の総合的振興に関する調査研究』平成12年度新基本法農政推進調査研究事業報告書, 農政調査委員会, 2001年)。

〔15〕 北林寿信「方向転換目指すフランス農政」(『レファレンス』第578号, 国立国会図書館, 1999年)。

〔16〕 是永東彦『フランス農業構造の展開と特質』(日本経済評論社, 1993年)。

〔17〕 是永東彦ほか「日仏農業基本法の比較検討」(『農業構造問題研究』第204号, 食料・農業政策研究センター, 2000年)。

〔18〕 SCEES, "La réforme de la PAC, quels effets sur les revunus ?" *AGRESTE, Données Chiffrées (Agricultutre)*, n.55, Ministère de l'agriculture et de la pêche, mars 1994.

〔19〕 SCEES, "Enquête sur la structure des exploitations", *Les cahiers*, octobre 1996.

〔20〕 SCEES, "Enquête sur la structure des exploitations agricoles: principaux résultats 1990-1993-1995". *AGRESTE, Données Chiffrées (Agricultutre)*, n.97, Ministère de l'agri-

culture et de la pêche, novembre 1997.
〔21〕 SCEES, "Résultats économiques des exploitations agricoles en 1996". *AGRESTE, Les cahiers*, n.31-32, Ministère de l'agriculture et de la pêche, août 1998.
〔22〕 SCEES, "700,000 exploitations 1,500,000 actifs agricoles en 1995: Enquête sur la structure des exploitations agricoles". *AGRESTE, Les cahiers*, n.7-8, Ministère de l'agriculture et de la pêche, octobre 1998.
〔23〕 SCEES, "680,000 exploitations en 1997: Enquête sur la structure des exploitations agricoles". *AGRESTE, Les cahiers*, n.36, Ministère de l'agriculture et de la pêche, décembre 1998.
〔24〕 SCEES, Enquête sur la structure des exploitations agricoles et volet bois en 1997. *AGRESTE, Données Chiffrées (Agricultutre)*, n.112, Ministère de l'agriculture et de la pêche, décembre 1998.
〔25〕 Servolin, C., *L'agriculture moderne*. Edition du seuil. 1989（是永訳『現代フランス農業：「家族農業」の合理的根拠』農山漁村文化協会，1992年）.
〔26〕 Vermersch, D., *Economie politique agricole et morale sociale de l'Eglise*. Economica, 1997.

第2章　農村地域政策と農業

1．はじめに

　フランスにおいて，独自の公共政策の分野として農村振興政策の形成が始まるのは，1960年代以降のことである。1960年に制定された農業基本法や，1960年代の国家経済計画において，その必要性が明記された。それ以前は，国民に対して十分な食料の供給を目的として，農業全体の生産力を高めることであり，都市部と比較して遅れた農村の生活環境の整備や，所得源の確保を図ることが政策目的であった。いわば全国画一な政策により，生産基盤や生活基盤の整備による底上げが政策目標であった。農業（agriculture）と農村（rural）の区別はされにくく，またされる必要がなかった。

　農業基本法や国家経済計画の背景にあるのは，国民の食料供給基盤として成長した農業の効率化や近代化，そして国際競争に耐える農業基盤を確立することを，第1の目標と定めざるをえない時期に差し掛かったことである。農業の効率化や近代化を目指す政策自体は，比較優位，劣位による地域格差を生み出す。特に脆弱な農業構造が多数存在した農業の場合，1960年代の効率化や近代化は，農業経営の淘汰，農業人口の減少，ひいては農村人口の減少を伴うことが不可避である。農村経済の市場化や，近代化指向の農業政策は競争性を高め，社会的に容認できない格差を生み出す。このような格差是正のために，農村における自然資源や文化資源の衰退のおそれをはらんだ，比較劣位の地域に対して講じられるのが，農村振興政策であるといっていい。

　そして，農村地域の振興政策の展開の大きな節目となったのは，マクロ経済の動向である。高い経済成長率に支えられた富の分配による地方経済の発展と

いう仕組みは，低成長期に差し掛かると十分に機能しなくなった。繊維や鉄鋼，造船といった旧来型の産業拠点を中心に構造不況が押し寄せるとともに，地域間格差の問題よりも失業問題が，大きな国家的課題となったからである。

　1970年代中盤以降は，各地域独自の自立的な発展が求められ，農村地域政策において，イノベーティブな経済活動を生み出す組織基盤の形成を促進することに主眼が置かれた。自立的な発展の駆動力となるのは，一定地域に形成された組織の中で，構成員や構成集団どうしの密な相互依存を基礎に，知識や情報の交換を通じて生まれる組織の外部効果である。このような組織を構築することが「パートナーシップ（partenariat, partnership）」であり，それは多様な利害や価値観の狭間にある障壁を取り除き，地域社会組織を変える条件の一つであるとともに[1]，外部効果を発現させる方法である[2]。振興政策（politique de développement）とは，このようなイノベーションを生み出す組織基盤の形成を促す政策といえよう。

　本章では，振興政策をこのように捉えながら，フランスの農村地域における振興政策の背景についてたどった後，農業の振興事業の事例から，その実態と課題について明らかにしてみたい。

2．国土政策と地方制度

（1）　フランスの国土整備

　空間を対象とした政策をめぐる制度改革は，国，地方，市町村に及ぶ。フランスにおける国土の均衡ある発展，あるいは地域格差の是正を目的とした政策的介入は，第2次大戦後から「国土整備（aménagement du territoire）」政策としてすすめられてきた。具体的に講じられる政策は，例えば，一極集中したパリから公共部門の地方移転を促す措置や，地方に立地を計画する企業に対する補助金交付，地方の経済活動を支えるための交通網の整備，地方における人的資源開発がある。また，農業部門に対する公共投資や地方中小都市の生活環境整備も，経済活力を支える上で講じられる重要な措置である。

しかし，国土整備，もしくは国土政策といった場合には，部門政策ではなく，空間，地域を政策対象とする政策のあり方，あるいは政策形成のあり方を問題としなければならない。「固有の手法を備えた特定の政策ではなく，あらゆる省庁に共通の新しい思考様式として整備（aménagement）という概念を捉え，各省庁の固有の役割を越えて各地方の目標に向けて，政策的介入の手段を収斂させていくことが整備である」[3]。このように捉えると，国土整備について考えることは，政策機構のあり方自体を検討することが，その課題となることは明らかであろう。フランスにおいて，革命以来構築された部門別の政策機構の再検討や地方制度の改革に関する作業が，国土整備の推進と表裏一体となるのである。

　以下では，部門別政策機構の調整，広域的な地方公共団体の形成，市町村の零細性の克服の3点について述べてみたい。

　部門別の政策機構の障害を克服する目的で，1963年に設置されたのが国土整備・地方振興庁（Délégation à l'aménagement du territoire et à l'action régional：DATAR）である。DATARは，所掌範囲をもつ官庁ではなく，特命管轄事項を与えられた担当官（chargés de mission）で構成される。設置の主旨は，国の投資的予算を地方へ配分することを促すことであり，投資的財源を持つ各省庁の予算配分のされ方や歳出のされ方を監視することであり，各部門の政策機構との調整や投資の誘導を行うこととされた。DATARと各省庁，もしくは各省庁間に紛糾する案件が生じた場合には，首相が裁定を行う。

　DATARには，独自の財源として，優先地域の雇用創出，鉱業地域の再編，山岳地域の経済振興など目的が定められた財源のほか，国土整備介入基金（FIAT）や農村振興・整備省際基金（FIDAR）などがある。これらの基金については，公共投資の成果がすぐに表れないような事業に対して，省庁や地方公共団体がDATARが講じる事業の引継ぎを行うという条件のもとに，初期の経費を負担するという性格をもち，省庁などとの交渉手段としての役割を果たす。このため，FIATやFIDARの財源規模は小さく，国の公共投資財源の2％を超えたことはない[4]。

DATARが農村を対象とした政策に，1967年に打ち出された農村刷新（rénovation rurale）政策がある。これは僻地性の解消を目的としたインフラ整備や，公共サービスの改善のほか，人的資源開発，土地改良や施設整備などによる農業の近代化，製造業やサービス業の振興といった部門横断的な政策目標を掲げ，マシフ・サントラルなどの山間地やブルターニュ半島の5地方を対象とした。農村刷新政策の新奇性はまず，部門政策担当官庁の予算の一部をこの農村刷新政策向けに基金として留保した上で，各地方に設置された農村刷新政策担当官が，各地方独自の事業の調整にあたることである。そして地方における部門政策機関の連携強化に寄与したこと，地方公共団体のイニシァチブに対する助成により，後述の市町村協力の促進に役立ったことであった[5]。

（2） 広域地方公共団体：地域圏の誕生

フランスには，国と市町村の中間の行政区域として，県（département）が96存在する。県はフランス革命を契機に，地方の統治を目的に，日の出から日没までに県庁から憲兵が往復できるように区画されたといわれる。

県は国土整備や地域振興の単位としては狭小であったため，1955年に政府の地方事業プログラムの実施単位として地域圏（région）[6]が設置された。2～8県を1地域圏とする行政区の区分けは，主要都市の経済圏という考え方と，革命以前にさかのぼる歴史の記憶が色濃く残る圏域があるという考え方に基づいている[7]。

地域圏の役割は，県知事や県ごとに設置された中央省庁の外局（県建設局や県農林局）の連絡会議を通じて，国家の経済計画を反映させた地方レベルの計画の立案や，経済計画に基づく公共投資の配分の調整を行うことであった。地域圏は当初から，地方経済の振興や国土整備計画の調整に関する従来の行政の枠組みを越えた国の広域行政単位として発展した。

1960年代には「多様な地方の併合を次々と図りながら，国家の統一を実現し，維持するために，数世紀にわたって集権化の努力がなされてきたが，もはやこのような努力は重要ではない」と，時の共和国大統領ド・ゴールが発言し

たように,地域圏の組織構造の発展が政治的な課題として重要性を増した[8]。

1972年の制度改正では,「地域圏は既存の地方行政レベルの上に位置付けられる行政組織ではなく,大規模な公共整備の実現と,合理的な運営を行うことを目的とした県の連合体である」とし,一面では従来の地方制度の中核である県に対する配慮をした上で,地域圏に対して「権限を重複させることなく,国は管轄事項を委譲する一方,県域を越えるような事項につき,県はその権限の一部を委任することができる」点が定められた。このとき,地方公共団体としての資格を与えられることはなかったが,地域圏には間接選挙による地域圏議会が設置された[9]。また,民間の声を代表し,諮問機関として位置付けられる経済社会委員会が設けられたほか,地方税加算による独自財源を得ることになった。ただ,審議を行う議会や諮問機関が設置されたものの,議会における審議の準備や決定事項の執行を行うのは,引き続き知事や省庁の外局長らによる国の機関であった。

1980年代以降の地方分権化政策は,1981年の大統領選挙において社会党のミッテランが当選し,その後の総選挙において社会党が政権基盤を確立してから本格化した。市町村,県,地域圏の権利と自由に関する法律(1982年3月2日),経済計画の改革に関する法律(1982年7月17日),権限の配分に関する法律(1983年1月7日および1985年1月25日)により,① 従来の国による地方公共団体の後見の廃止,② 国から地方公共団体に対する管轄権の委譲,③ 地方公共団体による経済介入の認知と地域経済計画の推進,④ 地方公共団体の新たな財源の確保,が地方分権化政策の路線として敷かれた。フランスに特有のトップダウンのシステムに代わって,行政サービスを供給するときの最適規模に基づいて,各段階に権限を配分するという考え方が改革の底流にある[10]。この中で,地域圏は直接選挙に基づく議会をもち,地域圏議会議長が地域圏行政の執行権を得て,地域圏行政の長となった(1986年に各県を選挙区とする比例代表制による初選挙を実施)。

地域圏の権限範囲として重要なのが,地方経済に対する介入や地方経済計画の策定である。その重要な手段となるのが,地方経済計画と国家経済計画で定

める目標を実現することを目的とした各種プログラムにつき，国と共同で財源を拠出する仕組みである国—地域圏計画契約（contrat de plan Etat-région）である。国と地域圏の契約は，国の代表である地域圏知事と，地方公共団体としての地域圏を代表する地域圏議会議長が契約を行うもので，両者の経済政策の目標を擦り合わせることにより，国家経済計画と地方分権の矛盾を解消する手段として位置付けられた[11]。1984－88年の第IX次経済計画において，地域圏の固有財源の35〜80％が，この契約における事業に投じられることになった。

　実態はともあれ，1980年代前半に敷かれた地方分権化の路線により，地域圏は経済振興や国土整備の分野において，委譲された権限の範囲においては，国に対して対等の権利（de droit commun）をもつことになった[12]。

（3）　農村市町村の零細性の克服

　市町村レベルの制度改革は，フランスの地方制度に特徴的な市町村の零細性の克服を目指した制度の展開にある[13]。わが国の市町村に相当する基礎的自治体のコミューンは，現在，36,000余りにのぼる。人口1,000人未満の市町村は全体の79％，500人未満の市町村は同じく60％に達する。ローカルレベルの農村地域振興単位とするには余りにも小さく，農村振興に関する企画力が伴わない（第2-1図）。

　このような零細な市町村基盤であるため，農村においては単一の市町村で住民サービスを提供することはできない。このため発達したのが市町村間協力である。水道，電線敷設，上下水道，家庭ごみの収集，学童送迎など，市町村が担うべき行政サービスは，それぞれのサービスを単位とする一部市町村事務組合（syndicat intercommunal à vocation unique：SIVU）により供給されてきた。

　市町村協力の歴史は，1837年に市町村の共有財産の管理を担う組織として組合の設置が認められたのが先駆けであるが，住民に対する公共サービスの提供を行う一部市町村事務組合の設置が認められたのは1890年であった。この一部市町村事務組合を通じて，1950年代までこのような農村市町村の住民サ

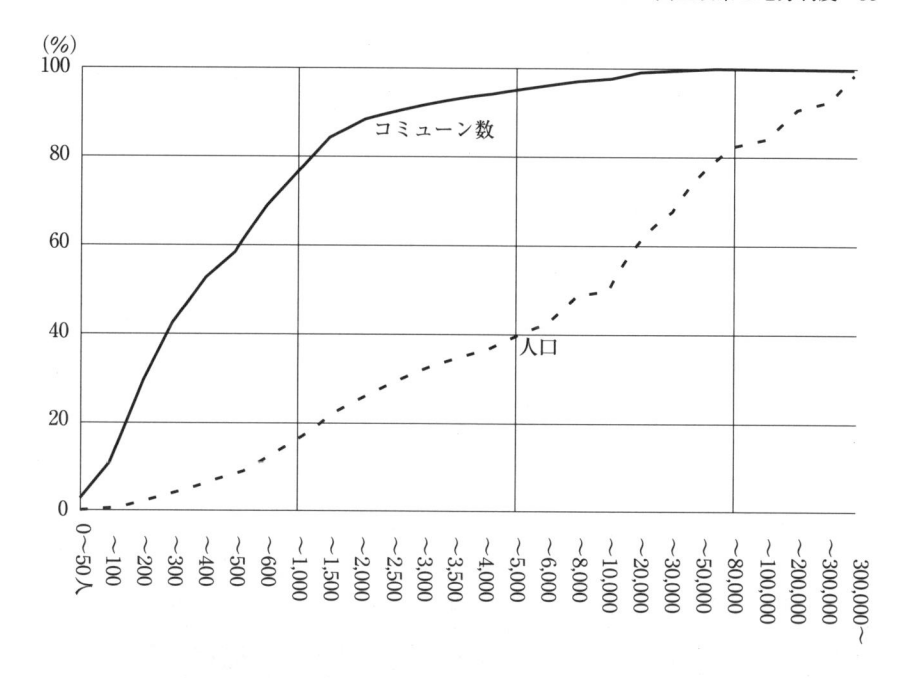

第2-1図　コミューン人口別の累積コミューン数と人口
資料：Recensement général de la population (1990).

ービスが行われてきた。

　市町村制度の改革は，中央政府主導のもと，第5共和制に移行した1959年以降に市町村間の協力を深めることから始められた。都市部では人口増加への対応として，中心都市と周辺市町村の間で都市計画の協調を促す必要から都市連合区（district urbain）の設置が，また農村部では多角的市町村事務組合（syndicat intercommunal à vocation multiple：SIVOM）が新設され，一部市町村事務組合が全会一致を原則としていたところに，特別多数決による決定の導入が認められた。

　1963年には市町村合併を行った場合の地方税の追加交付制度が，また，1964年には合併市町村のほか，事務組合，都市連合区に対して，施設整備に対する補助金を加算する措置が講じられ，広域市町村組織の形成を促した。1958年から70年までに，635市町村による298件の合併が行われたほか，

11,205市町村が参加した1,108件の多角的市町村事務組合，686市町村が参加した90件の都市連合区が設立された。しかし，他の欧州諸国が経験した市町村合併には遠く及ばないのが実態であった[14]。

　市町村の協力関係を促進する改革からさらに進んで，1971年に中央主導型の市町村制度改革として，市町村の合併（fusion）と集団化（groupement）に関する法律（通称「マルスラン法」）が制定された。この法律は，単独発展できる市町村，人口集積地を中心に連合体を形成すべき市町村，合併が望ましい市町村に分類し，一部市町村議員の合併反対があっても，特別多数決による住民投票に委ねることが可能であることを定めた。

　フランスが零細な市町村の解消を目的として市町村合併を推進した時期は，ほかの欧州諸国においても実施され，成功を収めた時期であった。ところが，フランスでは法制定の翌年から1978年までの間に，10,143市町村を3,682市町村に合併することが見込まれたが，結果は2,217市町村が897市町村に合併しただけであった。しかも，一度合併が成立した市町村も，財政や税制上の優遇措置の期間が終わる5年後以降に分裂するケースもあり，市町村が増加する事態も発生した[15]。市町村制度に対するフランス特有の固執が，あらためて発揮された出来事である。

　こうして，マルスラン法による強力な合併推進政策は結局，成果をあげることができなかった。それ以降，強権的な市町村改革は放棄され，既存の任意の市町村協力の制度的枠組みを発展，深化させる方針に転換された。そして，市町村の協力関係は，農村地域の振興政策の展開と強くかかわりながらともに深まっていくことになる。

3．農村振興の政策手続きとその担い手

（1）　農村整備のねらい

　以上のような農村における行政制度の変革に対して，農村組織の機能を高め，地域支援の構想や事業の発展を促す制度がある。1967年に制定された土地基

本法（loi d'orientation foncière）には，「農村地域の振興や施設整備にふさわしい構想を策定すること」が一つの政策目的として明記され，それを受けて70年に農村整備計画（plan d'aménagement rural）が制度化された。ウエは「農村整備（aménagement rural）」の目的について，次のように整理している[16]。農村整備は国土整備の重要な一部分として捉えられなければならず，農業政策と都市計画の中間に，独自に位置付けられねばならない。

その政策目的は，第1に，経済活動の分散，近代化，多様化を推進することであり，まず十分な農業所得を獲得でき，農業に利用される国土の維持管理を行えるような農業生産構造の近代化を達成することである。しかし，農業生産構造の発展は，農業人口の減少を招き，農業内部の競争は激しくなる。条件不利地域や山間地域における農業維持策が講じられなければ，国土の維持管理費用は高くつく。そして，住民の定着を図り，新たな住民を呼び寄せるためには，製造業，零細自営業，観光業など，非農業部門の雇用を創出し発展させることである。

第2は，農村生活条件を改善することである。① 農村社会固有の自然資源，文化資源の保全，管理やその発展，② 農村サービスの発展や施設の整備（多機能性の追求による農村部の公共サービス供給の新展開，住宅整備，教育環境や医療の整備，上下水道や村落整備など），③ 住宅や，事業所の分散立地に適応した交通・通信手段の整備，④ 農村部における人口集積地区（5,000～10,000人規模）の整備，そして，⑤ 技術的にも財政的にも，地域計画構想を実現し，運営する能力を備えた地域集団の創出を奨励することである。

農村整備計画は，農林省の外局である県農林局主導のもと，農村振興の可能性を探る調査や検討を行うものであり，農村整備計画自体に財源上の裏づけが自動的に備わったわけではない[17]。中央省庁や県議会による多岐にわたる整備・振興事業や，補助金交付が実施される場合の指針を，各農村地域ごとに定める点に制度の目的がある。したがって，農村住民自ら，とりわけ市町村長や市町村議員や県議会議員など，農村地域において意思決定にたずさわる人々に対する動機づけが制度の目的であり，革新的アイディアの「インキュベーショ

ン」や農村振興に必要な地域情報を認識し，共有することが期待される制度であった。

1980年代になり，後述の市町村整備振興憲章として制度改革が行われるまでに，フランス全国で232件の農村整備計画が作成された。これは，8,550市町村，対象地域の人口520万人，およそ13.5万km^2の地域（国土の25％）に及んだ。

（2） 地域政策における財源供与の様式——「契約」——

財源的裏づけのない農村整備計画に対して，DATARの主導により1975年に制度化された「地域契約（contrat de pays）」[18]は，財源的な誘因を与えながら，①地域資源の有効利用による人口減少対策や，経済振興の組織化，若年就業者に対する雇用の提供，②経済の活性化や，生活基盤整備，集合的サービスの組織，地域資源の保全と活用などを通じて，それぞれの農村地域の特殊性に応じた対策の設計，③農村社会全体の推進主体による連携の強化と，責任に対する動機づけ，を目的とした。

地域契約では，農村地域において，農村整備計画のような農村振興に関する検討の実績がある市町村協力組織（SIVUやSIVOM，その他市町村で構成される任意団体（associations））が形成されている点が，実質的な要件とされた。市町村協力組織が契約を結ぶ相手は国であり，国土整備に対する財源や各省庁の補助金の組み合わせにより融通される。1977年からは，おなじ国の機関でありながら地域圏知事に権限が委譲されるとともに，契約対象区域，供与する財源，事業計画の承認について，地域圏議会も立案，実施にかかる決定に携わることになった。

地方外局に対する国の裁量権の委譲や，地方公共団体への分権化は，1980年代に入り本格化するが，地域契約における権限委譲や分権化は，その先駆けの一例である。1982年までに，中央政府との契約による地域契約が72件，地域圏が対象地域の決定を行い，中央政府と地域圏が共同で財源を提供した地域契約が265件，さらに，地域圏が独自に契約を行う地域契約が300件にのぼっ

た。一連の分権化法制定以降，地域圏が独自に行った地域契約には，中央省庁の財源を含む場合もあるが，地方公共団体として機能し始めた地域圏による実績作りに貢献した。

　農村整備計画や地域契約が，農村の経済活動全般と生活基盤を念頭においた振興計画作りであるのに対して，部門を特定した各省庁の農村整備制度がある。いずれも広域市町村の組織化を前提とすることが特徴である。

　農業部門においては，土地整備集団事業（opération groupée de l'aménagement foncier：OGAF）が農業経営構造の改善を目的として，1970年に制度化された。この制度の特色は，事業内容や事業区域があらかじめ設定されずに，県レベルの事業推進主体が地域固有の農業経営構造上の弱点を克服することを目的として，事業計画，区域，事業期間を設定し，補助申請する方式にある。経営譲渡の円滑化や農地の流動化，青年農業者の自立支援などが，おもな事業項目である。条件不利地域の補助申請が優先されるほか（DATARからも資金を得られる），近年では自然環境，景観保全などのEU支援政策を実施する枠組みとしても活用されている[19]。

　民宿（chambres d'hôte）や貸し別荘（gîte rural），キャンピングなど，農村住民が直接取り組むルーラル・ツーリズムを育成するために，農村観光地域として一体性のある複数の市町村を観光地域（pay d'accueil）として設定する制度がある。1981年からは，地域契約制度に類似する観光地域契約（contrat de pay d'accueil）が制度化され，観光地域を形成する市町村が，独自の協力体制を作り，事業計画を立てると，国や地方政府から事業資金を得られる仕組みになった。これはDATARの制度で，国からの資金は事業資金というよりも，協力組織の運転資金であり，事業に対する助成はおもに地域圏や県といった地方公共団体が行う[20]。

　住環境整備を目的とした制度には，住環境整備計画事業（opération programmée d'aménagement de l'habitat：OPAH）がある。1977年に制定された建設省所管の制度である。これも市町村の協力体制が前提であり，事業を組むための調査事業を行い，事業計画を立て，国と契約を結び，調査事業資金を得る

仕組みである。若年層，高齢者，身体障害者向けの住宅整備や地域建築資産の保全，観光用宿泊施設の整備がおもな事業である[21]。

（3） 地域圏と農村市町村の新たな関係

　一連の地方分権化法が市町村に与えた影響も大きい。市町村に対する県知事の後見は廃止され，事後的な適法性のチェックに置き換わった。市町村は権限範囲の地域行政の執行について自由を得るとともに，責任を果たさなければならない。市町村長や市町村議員の資質が問われることになった。そこで，人的資源や財源の脆弱性を補う有力な手段が，市町村協力の発展である。一連の地方分権化を推進する法律の一角を占める1983年の「市町村，県，地域圏，国の権限配分に関する法律」に基づき，市町村は農村整備計画を発展させた整備・振興市町村憲章（charte intercommunal de développement et aménagement, 以下市町村憲章）を制定できることになった[22]。これは，①経済，社会，文化の中期的な振興構想を立て，②振興構想を実現するための事業計画を立案し，③公共施設やサービスの組織や運営の条件を明記すること，を内容とする。

　農村整備計画では，農村の意思決定権者の組織化や連携を通じて，農村振興の構想を練ることのみを目的としたのに対し，市町村憲章では地域経済の振興を最大の目的に据え，公共施設の整備や土地利用を含めた事業計画を策定し，実現することを目的としている。また，農村整備計画においては，調査，検討，地区の設定，内容について，県庁（内務省の地方外局）や県レベルの農業・農村行政組織（農林省の地方外局）が実質上行ったが，市町村憲章の場合には，市町村が対象地区や内容を決定しなければならない。県庁の機能は適法性について監視するのみであり，農林省の地方外局も基本的には技術的なノウハウの提供の要請に応えるにとどまることになった[23]。

　市町村による農村振興に対する国の関与の後退に対して，「権限配分に関する法律」により，市町村の経済振興と密接な関係を持つように定められたのが地域圏である。

地方経済の振興や整備の権限を得た地域圏が、経済振興計画を作成する際に、市町村憲章に参加する市町村に諮問する義務が定められた。地域圏が諮問する必要があるのは地域圏を構成する県議会のほか、県庁所在地となる市町村、人口10万人以上の市町村であり、市町村憲章を備えた農村部の市町村も、これらの都市の地方公共団体と格を同じくすることになる。市町村憲章を作成することで、明記された事業の実現に必要な財源が保証されるわけではないが、地域圏が作成する経済振興計画や、地域圏と国が取り結ぶ国—地域圏計画契約における農村地域振興事業として実現されるほか、各省庁固有の部門別の事業や、地方公共団体独自の振興事業において、市町村集団との事業契約として実現される。

市町村憲章が最も発達したフランス中東部に位置するブルゴーニュ地域圏の例から、地域圏と市町村協力組織との関連の形成を述べてみよう。ブルゴーニュでは、地域圏内の農村部の大方で市町村憲章が策定されている。これには、憲章の法制化に尽力した社会学者 J. P. ウォルムがソーヌ・エ・ロワール県選出の下院議員（1981〜1993年在職）であり、市町村憲章のお膝元という事情がある。しかし、憲章の策定に対する誘因政策は、地域圏内の国土整備や経済

第2-1表　市町村憲章の範囲と人口（憲章成立数上位10県）

	憲章数	構成郡数	市町村数	人口
ソーヌ・エ・ロワール	17	33	340	217,766
ヨンヌ	13	30	314	214,732
エロ	13	28	281	320,872
コート・ドール	11	31	437	148,877
ニエーヴル	10	30	273	142,670
オート・ヴィエンヌ	9	36	261	235,212
バ・ラン	9	11	156	171,094
オ・ラン	9	16	148	167,303
コレーズ	9	29	194	98,033
オード	9	16	187	83,968
フランス全国	340	757	8,152	6,625,017

資料：Conseil régional de Bourgogne, *Les chartes intercommunales et le développement local. Actes du colloque de Dijon*, Syros, 1991.
注．太字はブルゴーニュ地域圏の4県．

振興の権限を持つ地域圏の役割で，ブルゴーニュは1986年から積極的に行ってきたことも貢献した。1986年から1994年までに，53地域で市町村憲章が作成され，71.7万人の地域を対象とするまでに達している。ブルゴーニュの人口の44％，2,026市町村のうち74％である（第2-1表）。

　憲章を作成する範囲は市町村を単位として，全く市町村の発意に基づくもので，憲章により行おうとする事業に対しても制約はない。憲章案の作成後に審議を行うのも，各市町村の議会である。さらに，憲章を作成する市町村の連合組織も，任意団体や市町村事務組合など，さまざまな結合の強弱をもつ市町村間の協力組織形態をとることができる。事業を行う際の財源は，県，地域圏，国のいずれとも，契約を結び補助を受けることができ，憲章の対象期間は「中期」と条文にあるだけである。このように憲章の策定に対する制約は少なく，多様な法解釈が可能であるが，要は市町村の連合組織が自らの構想と事業計画を策定することを促し，連合組織を地域政策の担い手として認知する制度となっている。

　地域圏は，地方の整備や経済振興に関する固有の介入権限を得たが，新たな広域的地方公共団体として，実質的に機能しなければならない。それは，国―地域圏計画契約における地域限定事業や，この事業の規模を膨らませるEUの農村地域政策に，地域圏が独自に定める目標に沿って財政的貢献を行うことである。

　しかし，自前の行政スタッフが整わず，地域圏や県に配置された省庁の外局に，技術的側面で依存せざるをえない。少なくとも，ブルゴーニュにおいては，憲章の策定に取り組む市町村に対する補助金の交付[24]とともに，地域圏の国土整備課や観光課のスタッフが，現場の議論に参加しつつ積極的に関与することがむしろ，自らの存在をアピールすることに役立った。地域圏議会の報告でも，地域圏の制度を根づかせるための多くの広報事業よりも，はるかに効果があったと振りかえっている。また，零細多数の単独の市町村は，伝統的に県議会と深いつながりを持っており，地域圏は県に対する独自性を発揮する必要がある。このため，市町村協力組織を運営する市町村長や市町村議員のほかに，

推進事務担当者や，憲章の作成に先立って行われる調査検討事業を委任された民間のコンサルタントとの関係強化を図ることが，地域圏議会そしてそのスタッフの戦略とするところであった[25]。

(4) 小　括

　農村振興政策が直面する農村の社会経済的背景には，農業部門の雇用吸収力の低下，人口扶養力の低下がある。供給過剰下における農産物価格の低落傾向により，農業所得全体のパイが限られる中で，社会―構造政策による離農対策や構造基盤強化対策が実施されることにより，農業経営数は減少の一途をたどってきた。このため，農業部門は農村経済振興の一翼を担うとはいえ，とりわけ農村資源を活用したサービス部門の振興に力が注がれるようになった。

　そこで不可欠となっているのが，農村経済振興を担う人材や組織と財源である。フランスの農村制度を眺めるとまず特筆されるのが，数十人から数百人程度の人口で構成される市町村の零細性である。わが国であればどんな小さな村役場でも，農業振興や経済振興を所管する産業課が存在し，村単独の事業や，県や国の補助事業を活用し，産業振興の企画や立案に携わるスタッフがいるであろう。フランスにおいて，確固とした制度としてこのようなスタッフが存在するのは県の段階までであり，それも県農林局や県建設局など，省庁機関のスタッフである。農村振興政策を実現する際の最も重要な課題の一つが，市町村協力組織や任意団体の設立を通じた政策の受け皿となるローカルレベルの組織形成であるといえる。

　国や地域圏が標榜する農村振興政策のカウンターパートが組織され，地域振興構想と事業計画が認知されると，地域契約や観光地域契約などを通じて国や地域圏による財源供与が成立する。このとき契約という政策手続きが成り立つのは，農村振興について普遍的な政策目的をもつ国や地域圏と，地域固有の構想や計画をもつローカルレベルの組織という立場の違う両者が，対等に存在することが前提にされているからだといえる。この対等なカウンターパートの育成が，国や地域圏の重要な農村振興政策であり，それゆえに農村振興政策は制

度の変化と表裏をなすということができる。

　他のヨーロッパ諸国において市町村合併が進む中で，零細多数の農村市町村が存続し続けるフランスの農村制度はきわめて特異となった。しかし，そのことが農村振興の足枷となるか，活力の源となるか，注目していくべきであろう。

4．農村振興政策の実際と課題
―― ブルゴーニュ地域圏の農業振興の事例から ――

　これまで述べてきたように，農村振興政策を掲げるのは，国，地域圏，県，そして，農村における市町村の協力組織であり，それぞれの行政・政治制度の変遷を遂げつつ，農村振興政策が形成されてきた。そして，農村地域自体に，地域の整備や経済振興に対する意識を高め，地域の実態を把握し，事業計画を策定する技術を備えることを目指して，農村整備計画や地域契約，市町村憲章といった手法が取り入れられてきた。以下では，最近実施された農村振興の中で農業を対象とした事業に焦点を当て，地域農政の実態と課題について検討してみたい。

（1）　農村区域振興プログラムと農業
1）　振興プログラムの枠組み

　国，地域圏，県，市町村の協力組織のほかに，とりわけ，1988年における政策の見直し以降，積極的に農村振興の分野に取り組み始めたのがEUである。政策の立案や実施の過程は複雑になったが，EU地域政策の一環をなす農村区域振興プログラム（programmes de développement des zones rurales，以下PDZR）は，フランスの農村振興の原資の拡大に貢献している。EU地域政策の一環である農村振興政策は，「農村の経済活動の維持発展や生活条件の改善により，脆弱農村区域の過疎化（désertification）を防止すること」を目的として，農村区域振興プログラムとして具体化された。フランスにおいて，第1次農村区域

振興プログラム (1989 - 93 年) は全国 25 地域でプログラムが作成され, およそフランスの国土の 34 %, 人口 620 万人 (総人口の約 11 %) にのぼる地域を対象とした。

PDZR は, 白紙の状態から事業が立案, 実施されるのではなく, 上述の国—地域圏計画契約のうち, 地域限定を伴う地域経済振興統合プログラム (programme régional de développement coordonné: PRDC) の一部に, EU 財源が加わる形態をとる。EU レベルで定められる PDZR の指針に合致する必要があり, 国や地域圏から見れば一定の制約の上に地域振興計画を立てなければならない

第2-2表　ブルゴーニュにおける農村区域振興プログラム (PDZR, 1991 - 93) の事業プログラム

(単位：100万フラン)

プログラム	EU 歳出枠	施策		EU・仏政府の予算
プログラム1 農林業の振興と多角化	FEOGA (欧州農業指導保証基金)	施策 1-1 施策 1-2 施策 1-3	農村インフラの改善 農業経営の適応と再編 林野の有効活用	209 100 82
プログラム2 小規模製造業, サービス業の振興	FEDER (欧州地域開発基金)	施策 2-1 施策 2-2 施策 2-3 施策 2-4	経済振興組織の支援 事業相談への助成 企業振興投資 商店施設改善投資助成	12 5 80 38
プログラム3 観光	FEDER FEOGA	施策 3-1 施策 3-2 施策 3-3 施策 3-4 施策 3-5	事前・実現性調査 運河観光施設の改善 宿泊施設の増設, 改善 観光施設整備 アグロツーリズム振興	5 38 37 122 46
プログラム4 人的資源	FSE (欧州社会基金)	地域圏人材育成政策 政府人材育成政策		— 37
事務的経費	FEOGA FEDER FSE	モニタリング, 運営管理, 監査技術的支援		30
計				841

資料：Programme opérationnel du PDZR Bourgogne 1991-93.

第2-3表 ブルゴーニュにおける農村区域振興プログラム (PDZR) における農業支援の実績

(単位：1,000フラン)

	公的歳出計	負担割合 (%)			事業費	補助率 (%)
		EU	国	地域圏		
一般目的事業						
地域の実態調査	2,086	94	4	2	2,826	74
農業経営の実態調査	1,178	37	0	63	1,954	60
実地試験	1,605	27	73	0	3,192	50
試験研究開発	3,105	67	16	17	5,135	60
青年農業者の育成	2,186	0	0	100	5,003	44
研修センターの定員枠増	3,933	44	5	51	7,000	56
集団的事業						
特定家畜種振興	1,391	17	26	57	3,016	46
ぶどう園対策	434	12	88	0	676	64
多角化支援	6,298	28	35	37	18,629	34
家畜市場の改善	11,854	11	25	44	29,380	40
木造農業施設助成	1,784	25	15	60	16,493	11
牛畜舎改善	18,407	33	21	24	105,739	17
OGAF	14,057	23	0	7	46,856	30
CLARE	46,043	65	15	21	132,827	35
その他	3,977	24	37	29	5,881	68
施策1-2　計	118,335	41	16	26	384,605	31

資料：ENESAD.
注．公的歳出には，EU，国，地域圏のほか県などの地方公共団体の歳出が含まれる．

が，EUから特定の事業に対して追加的な資金供給があるものと捉えればいい。

PDZRでは，事業計画の策定段階から実施に至るまでの期間において，モニターを行うとともに，事業実績の評価を実施することが必要となる。モニターや評価作業により，事業の透明性を高め，費用効率的で目的に添った事業が行われたかどうかの確認作業を行い，次期の事業計画に反映させることがねらいである。農村の振興だけでなく，農村振興の枠組みそのものの発展を推進するという目的が込められていると理解する必要がある。モニタリングや評価は，フランス農林省所管のディジョン国立高等農業教育機関 (ENESAD) が受託し

た。ここでの検討もこのENESADが行った作業に多くを負っている。

　ブルゴーニュ地域圏におけるPDZRの構成は第2-2表のとおりである。PDZRにおける農業の振興は施策1-2であり，PDZRに対するフランス政府，EUの予算の12％を占める。その目的は，共通農業政策の改革やウルグアイラウンド合意による新たな生産条件，市場条件を背景とし，農業経営の自立や，所得源の多角化を支援することであり，「農業部門の適応と再編」である。これらの目的を達成するために，具体的には，一般目的事業（actions de portée générale）と集団的事業（opérations groupées）の2本だてに編成された（第2-3表）。

　一般目的事業は，PDZRの対象地域全域に及ぶもので，調査，研究，普及等の無形投資事業，青年農業者自立政策の補完措置，研修センター助成の3分野に分かれる。青年農業者自立政策の補完措置は，経営者として自立する際の研修，奨学金，指導などの無形投資や，生産施設投資に対する補助が含まれる。調査，研究，普及事業や人材育成などの公共性の高い事業とともに，青年農業者の自立が一般目的事業に含まれるのは，フランス農業構造政策の最も重要な課題の一つであるとともに，地域や部門に限定されない普遍的な地域農業振興上の課題であることを示している。

　集団的事業は，国一地域圏計画契約における農業振興策や，地域限定事業を踏襲しつつ，EU構造基金の追加により強化されたものである（とりわけ，後述の農業経営適応再編契約については，補助総額の60％がEU負担である）。集団的事業における助成は，① 良質な経営の委譲にかかる助成，② 農業経営もしくは農業組織等に対する多角化助成，③ 部門別生産条件・市場条件適応助成，④ 集団的枠組みにおける農業経営適応再編地域契約（contrats locaux d'adaptation et de restructuration des exploitations agricoles，以下CLARE），の4分野で構成される。

　経営委譲にかかる助成は，従来から行われてきた小区域限定，期間限定の集団的な構造改善手法である土地整備集合事業（OGAF）の手続きを活用したもので[26]，5区域が指定された。

部門別生産条件・市場条件適応助成は，地方農政の一つの柱として位置付けており，ブルゴーニュ農業の基幹の一つである肉用専用種繁殖・育成部門に対して，畜舎改善にかかる投資助成や品質の改善，市場設備のほか，在来乳用種の振興，ワインの新興産地形成に対する施策が含まれる。

農業経営の多角化戦略に対する助成も，地域圏が力を入れるところであり，羊，ヤギ，ウサギの他，かつては著名な産地を形成していたカシスなど，非基幹的な農業や畜産の導入を奨励するための助成措置である。

2） 助成事業の設計の地域化

CLAREはよりローカルなレベルで，助成対象や助成事業等について，立案，決定，実施が行われる制度である。EUが進める農村地域政策においては，パートナーシップ，あるいは，ここでいう「集団的枠組み」による事業計画の策定や実施が重視されている。地域農政のデザインを実際の生産者にもっとも近いレベルで仕組む試みといっていいだろう。これまで述べてきたように，農村振興をめぐって農村の住民，生産者，事業者が自らの地域の経済振興に対する意識を高め，組織化し，新たな発想を生み出す基盤作りに努力が費やされてきた。このCLAREは，農村地域の農業生産者を対象に，これまで県レベル以上で強力な組織を形成してきた農業生産者が，地域農業固有の展望を描くことの一助とするものである。

CLAREはそれ自体助成事業の内容を表すものではなく，単なる制度的枠組みである。直接の利害当事者である農業者が，ローカルレベルで集団的な行動を発案するための制度的枠組みと言っていいだろう。策定された助成事業計画について，財政負担する政府（EU，国，地方公共団体）と農業者集団が「契約」するわけである。

CLAREを作成する農業者集団の単位に制約はない。地域を基礎とした農業者集団により12のCLAREが設立された。部門を基礎とした農業者集団は，ブルゴーニュ4県のうちソーヌ・エ・ロワール県のみで形成され，肉牛生産者，羊・ヤギ生産者，酪農，穀物生産者により五つのCLAREが設定された。地域を基礎とした農業者集団の多くは，市町村憲章，地域振興組合（syndicats de pay），OGAFなど，それまで何らかの農村振興の取り組みに実績のある農村振興組織の範囲で形成された。これらは，通常1～7カントン（郡）で構成されている[27]。

しかし，これら事業区域単位の農村振興組織は，十分な行政的管理や，利害関係者の調整業務に関するノウハウを備えていないため，CLAREに関する事務的業務は，普及業務を抱える農業会議所など，県レベルで農業振興のエキスパートを抱える組織に委託された。さらに，各CLAREごとに県庁（国），県農業局（国），地域圏議会の代表やCLAREの業務委託組織のほか，農業者自らが代表を送り込む運営委員会が設置された。この運営委員会が，各区域の助成対象や補助率，補助上限額等，CLARE運営上の規則を決定し，事業予算の配分や補助申請の受理等，実際のCLAREの運用を行う。

ブルゴーニュの国―地域圏計画契約文書にある農村地域振興分野では，「集団的枠組み」について，「集合的事業，一定地域に集中的に行う事業，地域組織に基づいた農企業や農業経営が目的性の明確なネットワークに参加する事業」と定義している[28]。県農業局，地方公共団体，農業振興のエキスパート，受益者となる農業者が集まって，審議，実施を行うという形式も「集団的枠組み」であり，「パートナーシップ」の一環として捉えていいだろう。

（2）**農業振興事業の特性**── 農業構造政策との比較から ──

PDZRにおける農業支援の機能を検討するには，従来の農業構造政策に基づく支援措置と比較することが有益である。農業構造政策には，1980年代に入って深刻化した農産物過剰や，農業が環境に及ぼす影響に対する社会的な関心の高まりに対する対応策が反映するようになった。このため，生産調整に寄与する構造政策として，耕地の休耕，生産の粗放化，生産の転換や，環境・自然資源の保全や農村景観の維持にかかる措置が構造政策の枠に組み入れられている。しかしここでは，農業近代化投資に対する助成や青年農業者の自立助成，および条件不利地域に対する補償措置といったいわば「古典的」な施策と比較検討してみたい。「古典的」な施策は，個別経営の発展を促す施策であり，組

織形成を一つの目的とした農村地域の振興事業と対照的だからである。また，PDZRにおいては，農業経営が最近の市場環境にいかに適応するかが課題として設定され，指定区域の大半が生産条件のハンディキャップを伴う地域として，補償金の対象となっているからである。

　農業近代化投資に対する助成は，農業生産を合理的に発展させることで農業経営の競争力を高め，農業所得を改善することを目的としており，① 原則的に農業を主業とする経営者であること，② 経営者年齢58歳未満であること，③ 労働力単位当たりの所得が県参考所得を下回ること，④ 付加価値税制度に基づき納税し，投資計画期間に農業簿記を記帳すること，⑤ 3～6年間の投資計画を提出すること，を条件に一定の投資額の範囲内において投資助成，利子補給が受けられる（なお，投資助成に対する制限は厳しく，利子補給が一般的である）。

　青年農業者助成は，農業を取り巻く経済状況に適応可能な若手の農業者の経営基盤の確立を促し，動産・不動産の取得にかかる初期経費の負担や，それに伴う経営リスクを軽減することを目的とする制度である。給付の資格要件は，① 原則として21歳以上35歳以下の農業者であること，② 年間労働力1単位（約2,200時間/年）以上の経営を営むこと，③ 3年後に全国参考所得の60％以上，120％以下の所得を達成すること，④ 10年間，農業を主業とする農業者であることを約束すること，⑤ 自立下限面積の1/2以上であり，農業者社会保険制度に加入していること，⑥ 一定の技能取得を証明すること，である。以上の要件を満たすことにより，自立助成金に加え，上の農業近代化投資に対する助成よりも，有利な条件の利子補給が受けられる。

　これら二つの投資助成制度は，助成（相当）額のうち，農業近代化投資助成については25％，青年農業者助成については50％がEU財源から負担される。どちらの投資助成制度も選別性が強く，大方の農業者が給付を受けることになるわけではない。

　第2-4表は，ブルゴーニュにおいて，社会─構造政策関連の補助金の給付を受けた経営数を示したものである。青年農業者自立助成金は，35歳未満のフ

4．農村振興政策の実際と課題　71

第2-4表　ブルゴーニュにおける構造政策関連補助金の受給者数

(単位：人)

	受給者数	参考データ（1988年農業センサス）	
青年農業者自立助成金（89－93年）	2,413	35歳未満フルタイム経営者数	3,954
施設改善計画（89－93年）	1,730	フルタイム経営者総数	23,471
ハンディキャップ地域補償金（90－93年*）	10,565	農業経営総数	37,925
休耕奨励金（89－92年）	303		
休耕奨励金（単年度）（92年）	1,090		
粗放化奨励金（90－92年）	242		
草地奨励金（93年）	8,077	牛飼養経営数	21,753
早期引退奨励年金（93年）	1,235	50歳以上フルタイム経営者数	11,974
ブドウ生産停止奨励金（89－93年）	154	ブドウ生産経営数	8,524
酪農停止奨励金（89－93年）	1,596	搾乳牛飼養経営数	7,513

資料：Girardot, L., *Evaluation comparée des mesures de politique agricole mises en œuvre à travers les objectifs 5a et 5b -L'exemple de la Bourgogne-*, ENSAR, 1994. および Recensement général agricole 1988.
注．*4カ年の平均年間受給者数．

ルタイム経営者の61％が支給を受けるが，フルタイム経営者全体の10％であり，施設改善計画に基づく投資助成（利子補給）を受ける経営は，フルタイム経営の7％に過ぎない。さらに，青年農業者自立助成金および，特別融資，施設改善計画に対する補助総額は，条件不利地域の農業経営に対する補助金（ハンディキャップ地域補償金と草地維持管理奨励金）とほぼ同水準にあり，社会―構造政策関連歳出の4割を越える（第2-5表）。このように従来の農業経営に対する助成制度は，一部の自立的な経営が恩恵を受けているにとどまり，効率的な農業生産の育成を目指したものであることがわかるであろう。

さらに，PDZRの農業部門の公的歳出は165百万フランであり，振興プログラムの実施期間における社会―構造政策の補助総額の18％に相当する。CLAREにかかる歳出が46百万フランであるのに対して，構造政策の投資助成（施設改善計画，青年農業者自立助成と特別融資，91～93年実績）は，その8倍を超える。PDZRにおける農業対策は，「古典的」な農業構造政策に比べれば，その歳出規模はかなり小さいことがわかる。

構造政策の枠組みにおける農業支援の場合，EU構成国のあらゆる農業経営

第2-5表 ブルゴーニュにおける構造政策関連歳出（1991 – 93年実績）

（単位：百万フラン）

	補助額	(%)	備考
青年農業者自立助成金	78.6	8.5	
青年農業者特別融資	152.9	16.5	補助金相当額
施設改善計画	153.1	16.5	補助金相当額
ハンディキャップ地域補償金	280.9	30.3	
その他近代化助成金	7.9	0.9	
休耕奨励金	30.2	3.3	91 – 92年度のみ
短期休耕奨励金（単年度）	39.2	4.2	91年度
粗放化奨励金	9.5	1.0	92 – 93年度のみ
草地奨励金*	98.6	10.7	93年度
早期引退奨励年金*	55.6	6.0	92 – 93年度のみ
ブドウ生産停止奨励金	1.1	0.1	91 – 93年度
酪農停止奨励金	18.1	2.0	91 – 93年度
計	925.7	100.0	

資料： Girardot, L., *Evaluation comparée des mesures de politique agricole mises en œuvre à travers les objectifs 5a et 5b -L'exemple de la Bourgogne-*, ENSAR, 1994.

注． *1992年に実施が決定されたCAP改革に伴う措置として，① 農業・環境関連措置，② 早期引退制度，③ 植林助成制度の一環として実施されたもので，厳密にはEUの構造政策関連会計（FEOGA指導部門）には含まれない．

者がその給付資格要件を満たす限り申請することができ，地域的に限定されるものではない。また，補助金の対象となるのは個々の経営者であり，補助金政策を行う国と経営者間に限定された関係である。これに対して，地域振興計画に基づく農業振興政策では，第1に事業区域が設定され，第2に給付を受ける資格要件がないため，区域内の農業者なら誰でも補助の申請を行うことができる。第3に，ローカルレベルの運営組織を媒介とする点で，従来の構造政策における農業支援と異なるのである。

「集団的枠組み」におけるCLARE事業の実施には，対象区域内の農業者による一定程度の組織化が必要であり，円滑な組織化を進めるには，利害当事者数を増やすことが有効となる。各々の指定区域において，CLAREの内容を検討する段階において，地域圏農業局（国）はその作成指針の中で，「受益者ができる限り多くなるようにCLAREの作成が検討される」よう指導した[29]。このことは，従来の選別的な農業支援と対照的である。地域を基礎に仕組まれ

た12のCLAREの実施区域の農業経営数は4,637経営で、もっとも少数のCLAREが117経営、もっとも多いもので748経営を数える。これら農業経営のうち、何らかの補助を受けた農業経営数は35％にのぼり、平均13,700フランの補助を受けた。受益者比率がもっとも高いCLAREでは、63％の経営が何らかの補助を受けている（反対にもっとも少ないCLAREでは23％）。このように、農村振興政策の一環をなす農業振興は、従来講じられてきた効率性重視の農業構造政策に比べて、公共財源配分の公平性重視にその特徴が表れる。

（3） シャティヨネ地方の場合
1） シャティヨネ地方の概観

以下では、土地生産性の低い大規模畑作地帯で実施されたCLAREのケースを取り上げながら、その実態について検討してみよう。

シャティヨネ地方（Chatillonnais）を対象としたCLAREは7郡で構成され、2.5万人が居住する区域で実施された。ブルゴーニュでも人口密度が著しく低い地域であり（12人/km^2）、人口減少率（82－90年に7％減少）、高齢化率（60歳以上人口30％）がともに高い過疎地域である。総コミューン数123のうち、シャティヨネ地域の中心地であるシャティヨン・シュル・セーヌが同地域の人口の27％を擁する他は、郡都となるコミューンでも2,000人を超えない。

シャティヨネ地方には730経営あり（以下いずれも1993年）、農用地面積の67％が穀物、油糧種子生産に利用されている。およそ6割の経営が大規模畑作経営で、1/3が畜産（肉専用種）・畑作複合経営で占められる。

農業経営構造の特徴として第1にあげられるのは、経営面積規模が大きいことである。ただし、パリ盆地の縁辺部の台地に位置し、冷涼かつ表土が薄いことから、農業生産条件は良好とはいえず、ha当たりの小麦収量はパリ盆地の半分程度といわれている。平均経営面積は139haであり、1970年代以降の20年間で約2.1倍に拡大した。農用地面積の6割が150ha以上の経営（全経営数の35％）で占められ、農業経営間の分極化は顕著である。

第2に、法人経営形態が発達していることである。法人形態の農業経営は、

経営数で1/3,農業利用面積の5割を占め,とりわけ200ha以上の経営で顕著である。

第3に,農業経営者年齢が比較的若いことである。農業経営者の半数が,35歳以上49歳未満であり,60歳以上の経営者は1割程度である。高齢経営者の平均的な経営面積は約70ha程度であり,ほぼ自立下限面積の水準に達するにすぎない。

このように,シャティヨネ地方は,かなりの程度農業構造の再編が進んだ地域と言っていいだろう。農業構造の再編が進んだということは,言い換えると,農業経営の淘汰が進み,農業経営数や農業就業者数は減少し,農村人口の扶養には貢献しなかったということである。このため,農村人口の維持均衡を図るためにも,これ以上の農業構造の再編よりはむしろ,引退する経営に対して新たに経営者として若い人を迎え入れることが地域共通の課題となった。

2) 助成事業の内容

そこで,シャティヨネ地方のCLAREは,第1に,過疎が進展する地域では,農業生産活動を保護することが不可欠であるとの認識から,労働条件を改善し,青年農業者の自立を促すこと,第2に,環境保全的な生産手法を奨励すること,第3に,生産物の品質を高めることを目標として,次のような措置の実施を決めた[30]。

① 農業労働者を集団的に雇用することで,農業部門の雇用力を増進するとともに,常態的な労働力不足を補うこと。
② 畜産経営の給餌設備を改善し,労働条件を改善すること。
③ 家族内継承以外の青年農業者の自立を奨励すること。
④ 有機物処理方法や散布方法の改善を目的とした機械類の共同購入により,農業生産から派生する汚染を削減すること。
⑤-1 乳質改善や希少種の普及を目的とした受精卵移植を奨励すること。
⑤-2 需要の高い肉用種の導入を促進すること。
⑤-3 羊飼育施設の改善や早期出産を奨励し,端境期出荷システムを普及すること。

⑤-4 貯蔵施設の改善を通じて穀物の品質を高めること。

　シャティヨネ地方のCLAREに配分された予算は382.9万フラン（うち，21.4万フランが事務費）であり，250経営，30CUMA（農業機械利用組合）が補助を受けた。

　この補助金総額に対して，農業経営等が行った投資の総額は1,415万フラン，1件当たりの投資額は50,500フランであった。全体の補助率は25.6％，1件当たりの補助額は12,910フランであった。CUMAや法人形態の経営で補助額，補助率がともに高い。1件当たりの個人経営の補助額8,986フラン，補助率21.7％に対し，CUMAの補助額は24,141フラン，補助率40.2％，また法人形態の経営の補助額14,098フラン，補助率24.6％である。

　「集団的枠組み」における助成という点は，このCUMAに対する補助率の高さに反映した。また，個人経営や法人経営が共同所有とする投資を行う場合には，投資額15,226フラン，補助率28.6％で，投資規模は小さいが一定の優遇措置がとられている。

　CLAREのなかで講じられた5項目の事業について，最も補助の申請が多かったのは，草刈り機購入に対する助成で，申請件数の3割強を占めた。これは，共通農業政策の改革が，介入価格の引下げを補填する生産補償金の給付の条件として，一定規模以上の穀物・油糧作物生産に対して，休耕を課したことが要因としてあげられる。休耕中の圃場の土壌流亡や雑草防除のために，カバークロップを作付けることで，圃場の維持管理が必要となるからである。このような圃場維持管理には，カバークロップを定期的に刈取ることが必要で，草刈り機に対する需要が発生した。共同購入の場合の優遇や，CUMAの投資により，CLAREの事業にかかる総投資のうち，およそ4割がこの草刈り機に投じられた。CLAREの目的に，共通農業政策の改革に対する適応が掲げられたわけだが，CLAREの事業はこうして貢献することになった。

　次に補助申請が多かったのは，自給飼料促進に対する助成，および畜産畑作複合経営の労働条件改善に対する投資（給餌システムの改善）である。このう

ち6割が給餌設備の改善投資であった。残り4割が穀物貯蔵庫，自給穀物飼料の調製，トラクター類に対する投資であるが，この種の投資については，共通農業政策が本意とする目的に一致しない側面がある。それは，従来の草地飼料に対して，集約化を促す自給穀物飼料が代替してしまう可能性があるからである。このため，自給穀物飼料設備の改良投資に対する補助が広まることについて，CLAREの資金提供者（EU，国，州）は慎重であったという。農業者の投資ニーズと，農業政策のマクロ的な目的との擦り合わせが容易ではないことを表している。

以上のような農業機械等に対する投資補助が対象区域の農業者に受け入れられたのに対して，農業者集団による農業労働力の雇用に対する補助には，全く申請者がいなかった。穀物生産経営では労働繁期が収穫時等に集中し，労働力需要が集中することが障害となったのが一因である。

マクロ的な農業政策と地域農業や農業経営の適応の調和が難しい課題として，青年農業者に対する自立促進がある。フランス政府の重要な農業政策の一つに数えられ，シャティヨネ地方の農村振興計画でも講じられたが（ただし，CLAREの枠組み外の措置として），農業者の反応は著しく低かった。

シャティヨネ地方では，93年から2000年までに，70〜90経営が譲渡され，その譲渡資産は農用地面積の8％，羊生産奨励金限度頭数の20％，牛乳生産割当ての20％，肉専用種メス生産牛奨励金限度頭数の5％にのぼると推定された。これら経営資産が農業経営者として自立する青年農業者に対して円滑に譲渡されるために，次のような事業が講じられることになった。第1に，後継者のいない経営と経営の譲渡を希望する青年農業者をリストアップすること（種々の調査費用として，農業会議所に対して84,000フランを配分），第2に青年農業者研修を受け入れる経営に対する賃金や，社会保障経費負担の補助，第3に，経営施設，住居を賃貸する所有者に対する奨励金（15,000〜40,000フラン），第4に，譲渡を受けた農業者に対する修繕費用の一部補填（費用の25％），等がある。しかし，経営継承の円滑化や青年農業者の自立助成にかかわるこれら事業は，当初見積もられた予算のうち55％を消化したに過ぎない。

これら経営継承にかかわる事業が効果を持たなかった背景には，近い将来経営の譲渡を希望する引退間近の経営者は，農業会議所をはじめ，地域の農業者集団からの情報に無関心である点が指摘される。しかし，青年農業者にとって自立可能な優良農業経営を取得するための初期投資は多大であり，補助額上限の給付を得たとしても，手が届かないことが大きな要因と言われている[31]。

　シャティヨネ地方の農業経営数730のうち，直接的に補助を受けた個人経営や法人経営の他に，補助を受けたCUMAに参加した経営を加えると，345経営がCLAREの事業の恩恵を受けたことになる。従来の農業構造政策にかかる投資助成が限られた農業経営を対象としたことに比べると，農村振興政策の枠組みにおける農業支援の特徴が埋解できるであろう。ただ，限られた予算枠において補助対象者を増やすとすれば，1件当たりの補助額を低く抑えることは避けられない。

3）シャティヨネ地方にみる農業振興の検討課題

　シャティヨネ地方における農業振興では，以下のような検討課題が明らかにされた[32]。

　第1に，PDZRによる農業支援は，経営構造の永続性，すなわち経営数の安定性に寄与するか否かという点である。社会経済的な基盤が脆弱な農村区域において，「集団的枠組み」のもとで，従来の構造政策による農業支援に比べて受益範囲が広げられた。しかし，必ずしも経営基盤の弱い経営が助成を受けたわけではなく，農業経営数の維持を図るために限界的な経営を支える効果は小さい。CLAREの助成を申請する経営は，指定区域の中で必ずしも，経営基盤が脆弱な経営ではなかったからである。また，シャティヨネ地方以外にも，多くのCLAREの補助規定において，経営当たり補助限度について，法人経営を優遇したことが明らかになっている。

　第2に，受益範囲を広げれば，補助申請件数当たりの補助額は低水準に止まらざるをえない。これらの農業支援策に充てられる財源が，従来の農業構造政策による農業支援に対する歳出に比べると，著しく小規模であるという制約がある。しかし，補助は「ばらまき」的であり，農業支援の効果を狭めた点が指

摘されている。施設改善計画や青年農業者特別融資は，中長期的，かつ規模の大きな投資計画からなるが，CLARE は暫定的性格が強く，経営組織を大幅に変更することは望めない。補助がなくても実施された投資は，かなりの件数に上ったとみられており，所得補填に帰結する自己投資の節約として，貢献したものともいえる[33]。

　このことは，できる限り多くの農業者に対して振興計画の便益を配分する際に，個人ベースの補助金で多くが占められてしまったことに問題の発端がある。EU 委員会は第2期 PDZR（1994-99）の準備に際して，個別投資に対する助成は従来の農業構造政策の枠組みにおける施策に限定されるべきであり，地域を指定して実施する総合的な農村地域振興政策においては，あくまでも「集団的枠組み」で助成策が講じられるべきこと，また個別的投資を対象とすることは例外的とすること（その場合の補助率上限は25％とすること）を求めた[34]。すなわち，「集団的枠組み」の解釈がブルゴーニュの政府―地域圏計画契約などで，必ずしも個別投資助成を否定していなかったが，その点明確にされることになった。振興計画のモニタリング・評価作業における報告でも，第1期 PDZR における CLARE が，EU 委員会の考え方，特に「集団的枠組み」の考え方にそぐわなかった一因は，枠組み作成の手法について十分明確な指針が欠けていたこと，そのため地域行政側が自由放任的になったことが，結果的に個別投資助成に帰結したと評価された。

　第3に，「集団的枠組み」で地域振興事業を組み立てる場合に，とりわけ重要であるのが，コーディネーター（animateur）の役割である。多くの CLARE で，県の農業会議所等の農業技術の専門家がコーディネーターとなったが，必然的に県内の複数の CLARE の立ち上げで重要な役割を果たした。このことは，結果としてそれぞれの CLARE が互いに似通ったものとなるとともに，地域レベルの議論が比較的少数の人々により進められる結果となったといわれている。

　さて，ブルゴーニュにおける農村振興政策の中で，農業部門の振興の実際について検討した。施策の運用上，「集団的枠組み」が強調されるのは，EU，国，

地域圏が標榜する農村振興政策においてローカルレベルのカウンターパートを育成することが，大きな課題となっているためである，と理解される。個々の経営が得る利益をみても，社会―構造政策における投資助成や，ハンディキャップ地域補償金に見られる所得補償から得られる利益に比べれば，相当に小さいということが明らかになった。これも，個々の利害は薄くても多数の利害者を生み出すことによって，「集団的枠組み」による施策の企画，立案機能に対して，誘因を与えることが背景にあるといえる。広く薄くまかれる追加的な所得補償に結果することを避けるためにも，次のステップは「集団的枠組み」による集合財の供給が課題となっているが，このことはまさに独自の地域農業を展望することを迫っているといえよう。

5. 結 語

　フランスにおける農村地域政策を概観すると，第1に制度の改革を伴いながら展開していく過程が明らかになる。空間を対象とする政策の実施には，部門別に編成された中央省庁の体制が障害となるし，地方の整備や経済振興を実施する行政範囲も，従来の県の枠組みでは狭小すぎた。そして，フランス特有の零細な農村市町村には，財源も人的資源も乏しい。部門別省庁の調整や地方レベルにおける決定機能の強化，広域行政圏の設置，市町村合併の試みや組織化の推進が，農村地域振興政策の形成と表裏をなしていると言える。
　第2は，国から地方政府に対する分権化である。農村振興を含めた地方経済の振興や地方の整備について，国と地方政府あるいは地方政府どうしによる協議や契約により，対等な資格で，互いの権限を行使する仕組みが育っている。国や地方政府が，市町村レベルのイニシャチブの形成と組織化に対して誘因を与え，市町村レベルの自立と責任を徐々に促す制度が積み上げられてきた。しかし，このような農村地域の振興に対して，1980年代前半以降，一連の地方分権化法は新たな枠組みを提供したが，その理念が一朝一夕に実現されるわけではないことも明らかである。

第3は，農村地域政策における具体的な農業部門の事業から明らかになるのは，従来の農業構造政策が常に個別経営を政策対象としてきたのに対して，「集団的枠組み」による地域レベルの事業の立案，実施が要請されることである。農村地域政策の対象は，EU地域政策の指定地域や国—地域圏計画契約における「脆弱農村地域」として，農業生産条件が劣悪な条件不利地域や山間地域をほとんど包含している。しかし，全域を対象とした農業構造政策が個別経営向けに用意した投資助成や補助金に比べ，受益者当たりの金額はささやかであり，公的財源を農村に注入することにより，即活性化が図られるわけではない。むしろ，農業生産者によるローカルレベルの組織化や，地域農業の発展のための構想作りといった思考訓練に，振興政策の当面のねらいがあると考えたほうがいい。そして，農村地域振興は事業計画全体のモニターや評価を媒介とすることによって，合目的化し効率性が高められ，農村地域の振興政策それ自体が発展性をもつと言えるのではなかろうか。

注(1)　Teisserenc〔17, pp.167-170〕。
　(2)　Greff〔5〕。
　(3)　Monod *et al.*〔10, p.29〕。
　(4)　実際，DATARによる国土整備の推進は，さまざまな逆風の中における任務の遂行であったと言われている。まず，形式的には国土整備は首相の権限事項であり，省庁間の紛争を裁定することになっているが，実際には，別の政策機構を担当する閣僚に委任されることが，頻繁に起きた（経済計画担当相，建設担当相，内務担当相，産業担当相，都市問題担当相など，現在では環境担当相がDATARを委任されている）。第2は，1970年中盤から始まった経済危機により，失業問題は深刻になる一方であり，国土整備が目指す地域間の経済活動，すなわち雇用の配分よりも，雇用総量がそもそも重要な課題となってしまったことも，DATARの活動を弱める原因になった。さらに，1980年代前半に始まる一連の地方分権化の中で，経済計画の手法の改革が実施され，地域圏が経済振興，国土整備の権限を得ることになったことも一因である。地方と国が互いに経済計画を立て，共通の経済目標を実現するために，計画契約という手法が導入されたが，DATARの独自財源であるFIATやFIDARの半分がこの契約により拘束されることになった。このことは，DATARの柔軟な機動力を奪うことにつながる（Morvan *et al.*〔11〕）。
　(5)　Houée〔7, pp.135-138〕。

(6) 「région」は「州」と訳されたり，そのまま「レジオン」と表記されるが，駐日フランス大使館の訳を用い，地域圏とした。
(7) Dayries et al. 〔2, p.98〕。
(8) Rémond 〔16, pp.13-20〕。
(9) このときの地域圏議会は，地域圏を構成する県で選出された下院議員（députés），上院議員（sénateurs），県議会議員が指名する地方公共団体の代表，都市部の市町村議会議員の代表で構成される。また，経済社会評議会は，商工団体や農業団体，労働組合の代表（50％以上），教育・科学，文化・スポーツ，社会・厚生などの部門の代表（25％以上），地域経済振興に関する有識者で構成される。
(10) Muller 〔12, p.26〕。
(11) Monod et al. 〔10, p.44〕。
(12) 主な地域圏の所掌範囲として，地方経済政策以外に職業訓練や高等学校施設の管理運営がある。また，契約による公共施設に対する共同投資の行き過ぎには，国と地域圏の両者の責任の所在が曖昧になるという問題や，互いの所管事項の区分けが曖昧になるという問題が生じる。第11次経済計画（1994～1998）では，決められた優先事項に沿って共同公共投資の契約を行うようになった（Monod et al. 〔10, p.45〕）。EUが講じる地域政策における計画策定に類似した手法である。
(13) 本章では，フランスにおいてわが国の市町村に相当する基礎的自治体（コミューン）を便宜的に市町村と呼んでおく。市，町，村に相当する区別はないが，市町村を基礎的自治体の総称として用いた。
(14) 例えば，ベルギーでは市町村合併の推進により，1970年の2,549市町村から1974年には590市町村に減少，デンマークでは1970年の1,387市町村が274市町村に減少した。スウェーデンの合併推進は比較的早く，1950年代に始まり1952年の2,500市町村から，1973年には277市町村にまで合併が進んだ。ドイツ（旧西ドイツ）では1968年の24,074市町村から，1981年には8,515市町村に減少し，すでに5,000人以下の市町村はない。オランダでは，1951年に合併政策が始まり，1,010市町村が775市町村に減少した。イギリスでは，およそ2,500市町村が存在したが，1972年には402市町村で，2,500人以下の市町村は存在しない（Logie 〔8, p.17〕）。
(15) Van Thong 〔19〕およびPerrin 〔15, pp.24-28〕。
(16) Houée 〔7, pp.131-132〕。
(17) フランスの農村整備政策について，農村開発企画委員会が継続的に調査研究を行ってきた。農村整備計画に関する実態調査は，農村開発企画委員会〔13〕に詳しい。
(18) 「pays」は英語の「country」や日本語の「国」と同様に，国家を指すこともあれば，「お国自慢」のように地域，故郷の意味を持つ。
(19) Truffinet 〔18〕。
(20) Houée 〔7, p.185〕。
(21) Houée 〔7, pp.187-189〕。

(22) 市町村憲章に関する制度の解説は，農村開発企画委員会〔14〕が行っている。
(23) Houée〔7, pp.208-212〕。なお，この点について，筆者がかつてある県の農業局（農林省）を訪れ，農村整備計画などのヒアリングを行ったときに，担当官が計画文書に直筆のサイン（Hommage de l'auteur「著者謹呈」）を入れて，手渡してくれたことが印象的であった。
(24) 憲章を作成する市町村に対して，ブルゴーニュ地域圏議会は経済振興（農業，製造業，商業，観光）にかかる分野を中心に，補助金交付の条件を設定し，憲章の作成に必要な調査分析にかかる費用の補助（経費の80％，20万フランを上限（1994年））や，住民1人当たり200フラン，総額300万フラン，補助率30％を限度とした事業計画の実施に対する補助金を交付した。
(25) Guérin〔6〕。
(26) OGAFについては，第4章第4節(2)を参照されたい。
(27) カントンには行政的機能はなく，県議会（conseil général）議員の選挙区としての機能しかない。カントンは全国に4,000余りあり，農村部では十数市町村程度で1カントンを構成する。
(28) Conseil régional de Bourgogne〔1〕。
(29) この点については，EUの農村振興計画でも，EUによる付加的な介入が，補助率の上昇に寄与するものではなく，受益者数の拡大に寄与しなければならないとしている。EU地域政策において「集団的枠組み」による事業の場合，農業構造政策一般の施策について定められる補助率より，高い補助率を設定することが可能になる。例えば，構造政策にかかる投資助成の補助率は，PAM（施設改善計画）が基準となり，PAM以外の投資助成は，PAMのそれの25％以上減じた額という規定がある（EU規則第2328/91号第12条2項）。これに対して，「集団的枠組み」で投資助成策が講じられる場合，EUのPDZR担当当局との事前協議が必要となるが，上の規定の適用除外となる。このため，CLARE等で見られる高い補助率の投資助成を行う場合，この「集団的」対応が制度上の必要条件となる（Martin〔9〕）。
(30) シャティヨネ地方のCLAREでは，補助限度額を個人経営20,000フラン，複数構成員の法人経営（夫婦の法人を除く）30,000フランとし，施設改善計画融資や青年農業者特別融資，フランス政府単独の畜産経営投資助成などを受けている場合は，個別投資に対するCLARE助成は対象外とされた。

　おもな補助対象として，①農業者集団によるフルタイム農業労働者の雇用（補助率25％，補助額上限フルタイム労働時間当たり210,000フラン），②休耕地管理に必要な機械類（休耕地用粉砕機・播種機）に対する助成（補助率30〜40％，補助額上限5,000〜25,000フラン），③環境低負荷農法に必要な散布機改良（散布肥料・農薬の量を調整する装置）に対する助成（補助率40％，補助額上限40,000フラン），④自給飼料促進に対する助成，および畜産畑作複合経営の労働条件（給餌システムの改善）に対する投資（CUMA補助率30％，補助額上限20,000フラン，共同購入補助率

25％，補助額上限25,000フラン，個別購入補助率20％，補助額上限10,000フラン），
⑤ 畜舎整備に対する助成（補助率20～30％，補助額上限7,000～10,000フラン），
⑥ 家畜改良（牛，羊）に対する助成（若手農業者の自立期に限定），たとえば受精卵移植による乳牛の改良（補助額1,300～3,000フラン/回）である。
(31) ENESAD〔3〕。
(32) ENESAD〔3〕。
(33) PDZRの農業支援において，投資助成の形態をとりながらも，補助金という形で現金支給されたことは，農政改革や農産物価格の下落を背景に社会的な緊張を緩和させることに貢献したと指摘する向きもある（Martin〔9〕）。
(34) Martin〔9〕。

〔参 考 文 献〕

〔1〕 Conseil régional de Bourgogne, Préfecture de la région de Bourgogne. *Contrat de plan Etat - région*, 1989-93.

〔2〕 Dayries, J.-J., Dayries, M., *La régionalisation*. P.U.F., 1986.

〔3〕 ENESAD, *Etude des aides publiques au développement rural: le PRDC du Chatillonnais (Côte d'Or)*. 1996.

〔4〕 Girardot, L., *Evaluation comparée des mesures de politique agricole mises en œuvre à travers les objectifs 5a et 5b -L'exemple de la Bourgogne-*, ENSAR, 1994.

〔5〕 Greff, X., "Economie de partenariat", *Revue d'économie régional et urbain*. n.5, 1990.

〔6〕 Guérin, M., *Comparaison des chartes intercommunales et du programme de développement des zones rurales en Charolais-Brionnais 1989-1994*. ENESAD, 1994.

〔7〕 Houée, P., *Les politiques de développement rural*. INRA/Economica, 2e édition, 1996.

〔8〕 Logie, G., *La coopération intercommunale en milieu rural*. Syros alternative, 1992.

〔9〕 Martin, G., *Evaluation économique d'un dispositif agricole mis en œuvre dans le Plan de développement des zones rurales de Bourgogne: Les contrats locaux d'adaptation et de restructuration des exploitations agricoles*. ENESAD, 1994.

〔10〕 Monod, J., de Castelbajac, Ph., *L'aménagement du territoire*. 8éd. P.U.F., 1996.

〔11〕 Morvan, Y., Marchand, M.-J., *L'intervention économique des régions*. Montchrestien. 1994.

〔12〕 Muller, P. (dir), *L'administration française, est-elle en crise ?* L'Harmattan, 1992.

〔13〕 農村開発企画委員会「フランスの農村整備（2）」（『農村工学研究』10，1977年）。

〔14〕 農村開発企画委員会「フランスの農村整備（4）――動き出した地域計画の新

制度 ——」(『農村工学研究』44, 1987年)。
〔15〕 Perrin, B., *La coopération intercommunale*. Berger-Levrault, 1995.
〔16〕 Rémond, B., *La région*. Montchrestien. 1993.
〔17〕 Teisserenc, P., *Les politiques de développement local*. Economica, 1994.
〔18〕 Truffinet, J., "Les OGAF, une outil adapté au nouveau contexte de l'agriculture et de l'aménagement rural". *Structure agricole*, CNASEA, 1994.
〔19〕 Van Thong, "La fusion des communes", *La revue administrative*, n.264, juin 1991.

第3章 条件不利地域における直接所得補償の展開論理

1. はじめに

　EU諸国におけるハンディキャップ地域は，地中海諸国を除くと，気象条件や土壌の特性から，耕種作物の生産性が低く，草地飼料基盤に依存した繁殖肉牛生産，羊肉生産および酪農を主体とした粗放的な生産構造を有している[1]。そして，経営補助金もこれらの畜種を対象に支給されてきた。このため，生産条件が有利な地域との区別に基づいた所得補償制度を検討する際にも，部門政策を切り離して検討することはできない。

　そこで本章では，次のような課題を設定した。まず，生産条件が不利とされる地域においても，事実として主要生産物の価格の傾向的下落，経営規模の拡大，農業経営数の減少といった，構造調整が進行したことを示すことである。そして，このような農業構造の調整過程を視野に入れつつ，経営補助金にかかる政策形成の背景や運用の実際を明らかにし，その政策的な機能を明らかにすることである。最後に，1999年のEU共通農業政策（CAP）の改革に先立って，欧州委員会の改革案をめぐるフランスの利害について示すことで，フランスの粗放型畜産の性格を把握してみたい。

　以上の課題に取り組むために，繁殖メス牛を中心とした草地飼料への依存度が高い粗放型の畜産部門を取り上げた。フランスにおける繁殖メス牛の飼養頭数は，EU全体の4割近くを占め（1993年），ハンディキャップ地域農業において支配的な畜産部門の主要畜種であるとともに，後述するように直接所得補償の重要な対象家畜である。酪農部門については，フランスに限らず，EUの

北半分の諸国において，多数の小規模経営に対する保護政策として，生産割当制度による供給調整で価格を維持する傾向が強い。このため，繁殖メス牛を中心とした粗放型畜産とは制度背景が異なるため，ここでは考察の対象としない。

なお，本章において考察する所得は，おおむね，農業生産（販売＋自家消費）－中間投入＋経営補助金＋災害補償金－賃金・社会保険料－課徴金－賃借料－土地税－利子－災害保険掛金，で示され，経営補助金を含んでいることに注意されたい。

本章の構成は以下の通りである。2．では，大規模畑作，集約型畜産・酪農，山間酪農，粗放型畜産の四つの農業地帯区分を行った上で，フランス農業における粗放型畜産を位置付ける。その際とりわけ，農業経営所得と農業構造に着目する。3．では，ハンディキャップ補償金や，粗放型畜産経営の所得に大きな影響を与えるその他の経営補助金が果たす機能と，政策目的との整合性について分析を行う。4．では，99年3月に合意されたCAP改革において，畜産部門の補償措置に関する改革案をめぐるフランスの利害の所在について明らかにする。

2．フランス農業における粗放型畜産

（1） 農業地帯区分による比較

県を単位として農業地帯に区分し，「大規模畑作」県（11県），「集約型畜産・酪農」県（5県），「山間酪農」県（9県），「粗放型畜産」県（5県）について比較することで[2]，粗放型畜産の特徴を把握することができる。なお，第3-1図から分かるとおり，「山間酪農」および「粗放型畜産」の構成県は，ハンディキャップ地域に属している。

それぞれの地帯区分の特性は主要作物ごとの特化係数に明確に表れる（第3-1表）。これによれば，「大規模畑作」では穀物および工芸作物，「集約型畜産・酪農」ではとりわけ養豚，養鶏などの施設型畜産が発達し，酪農も集約的

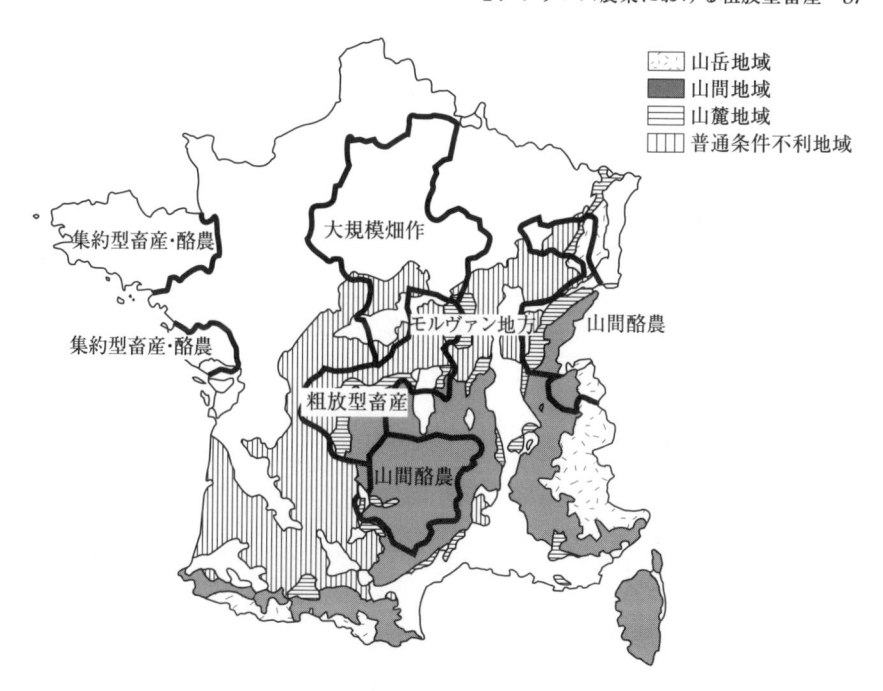

2．フランス農業における粗放型畜産　87

凡例：
- 山岳地域
- 山間地域
- 山麓地域
- 普通条件不利地域

地帯区分：集約型畜産・酪農、大規模畑作、モルヴァン地方、山間酪農、粗放型畜産、山間酪農

第3-1図　フランスのハンディキャップ地域と地帯区分

第3-1表　各地帯区分の特化係数

1970年	穀物	工芸作物等	野菜	果実	ワイン	成牛	羊・ヤギ	養豚	養鶏・鶏卵	牛乳
粗放型畜産	0.44	1.67	0.63	0.55	0.09	2.81	4.00	1.31	1.26	0.39
集約型畜産・酪農	0.24	1.99	0.86	0.34	0.09	1.17	0.19	2.69	1.91	1.52
大規模畑作	2.73	2.38	1.06	0.52	0.18	0.68	0.60	0.33	0.62	0.48
山間酪農	0.15	0.92	0.42	0.23	0.08	1.29	2.81	1.44	0.68	2.27

1991年	穀物	馬鈴薯・甜菜	油糧作物・蛋白作物	野菜	果実	ワイン	成牛	羊・ヤギ	養豚	養鶏・鶏卵	牛乳
粗放型畜産	0.65	0.43	0.54	0.52	0.51	0.14	4.09	5.09	0.74	0.52	0.49
集約型畜産・酪農	0.28	0.30	0.29	0.88	0.17	0.01	1.13	0.21	3.79	2.61	1.45
大規模畑作	2.46	2.96	2.10	0.99	0.36	0.60	0.42	0.39	0.18	0.46	0.34
山間酪農	0.17	0.25	0.14	0.39	0.16	0.12	1.80	3.30	0.97	0.33	3.07

資料：Ministère de l'agriculture et de la forêt, Les comptes départementaux et régionaux de l'agriculture de 1970 à 1975.
　　　Les comptes départementaux et régionaux de l'agriculture de 1991 à 1994.
注．特化係数は，各地帯別の作目別生産額シェアを全国の作目別生産額シェアで除して算出．

である。「山間酪農」では牛乳，また「粗放型畜産」では成牛，羊・ヤギで，それぞれ特化係数が高い。「粗放型畜産」の特化係数はとりわけ高く，特定産品への依存度が高い。1970年と比較すると，「大規模畑作」の主作物の係数が下がる他は，他の3区分の特化係数はいずれも高まっており，生産立地の集中化が起きている。以下では，これら4区分について，所得と農業構造の側面から比較することとしよう。

第3-2図は，各地帯区分の経営規模（家族労働力単位当たり経営面積）と集約度（ha当たり経営所得）の関係を表している[3]。図中に書き入れた曲線は，全国平均値を通過する直角双曲線で，平均農業経営所得（家族労働単位当たり平均経営総所得）を表す。所得格差をみるため，便宜的に平均農業経営所得の60％の水準も図示した。「大規模畑作」は，労働力単位当たりの経営面積が大きいことで高い所得をあげ，「集約型畜産・酪農」は，経営面積は小さいが土地集約度が高いことで，ほぼフランスの平均的な農業経営所得を達成してい

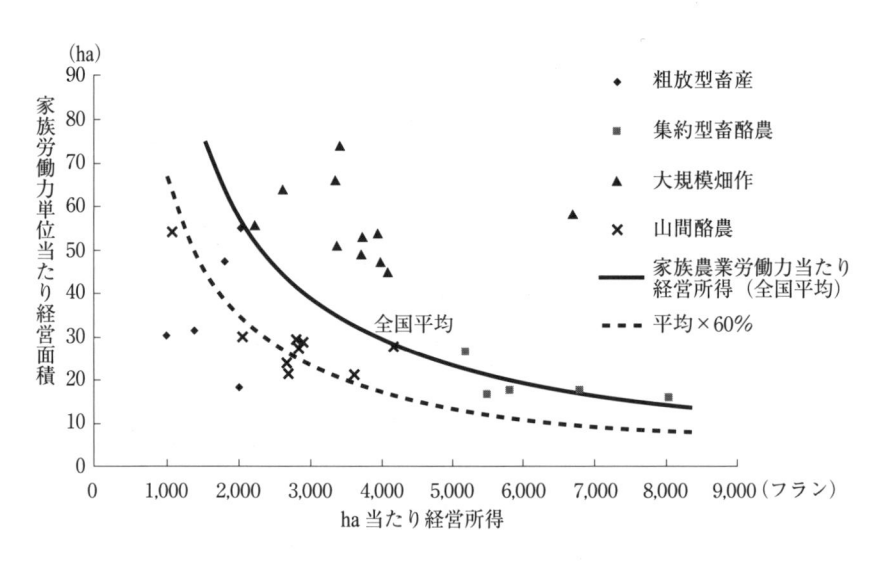

第3-2図　規模と集約度（1991年）

資料：Ministère de l'agriculture et de la forêt, Les comptes départementaux et régionaux de l'agriculture de 1991 à 1994.

る。これに対して，一部経営規模の大きな「粗放型畜産」では，平均農業経営所得の60％の水準を超えているが，経営規模が小さく，土地集約度の低い「山間酪農」や「粗放型畜産」では60％程度，あるいはそれ以下の水準にとどまっている。

　農業経営所得が形成される背景を説明するものとして，農産物価格と生産量を規定する要因の一つである生産規模の動向を明らかにしよう。

　まず，第3-3図から明らかなように，農畜産物の実質生産者価格は，1970年以降，傾向的に低落した。果実，野菜を除いた農畜産物全体で，1995年実質価格は1976年の54.9％である。特に下落率の高いのが穀物で，同様に36.1％，また成豚も41.8％に過ぎない。「粗放型畜産」の主生産物である成牛

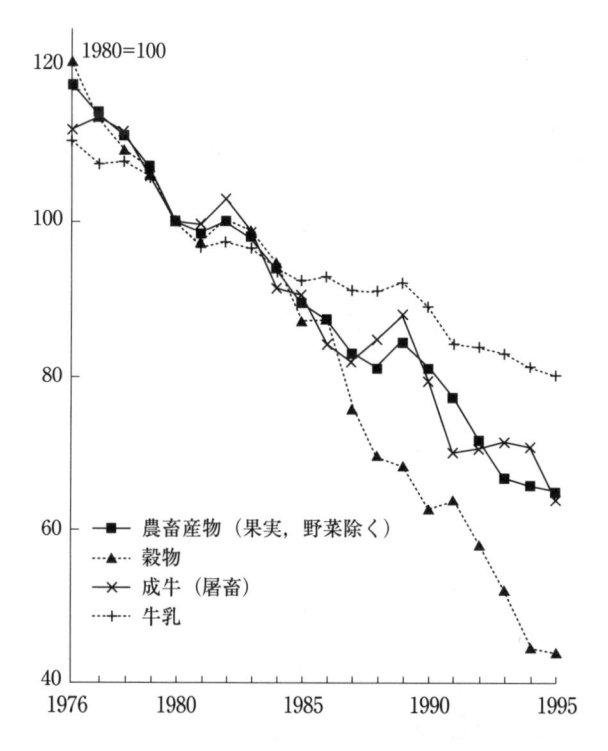

第3-3図　フランスにおける実質生産者価格の推移

資料：Commission of the European Union, Indice CE des prix agricole 1986-1995.

は同様に，56.9％，成羊・子羊43.7％であるが，生産割当制度が実施されている牛乳の下げ幅は相対的に小さく，72.4％である。これらは，需給関係を反映して，市場介入を弱めたことの表れである。特に1980年代以降は，国際市場価格の低下とともに，供給過剰となった農産物に対する補助金つき輸出の増大が，EU財政を圧迫したことに対する措置が反映したものといえよう。

次に，経営規模である。まず第3-2表には，1970年代，80年代，80年代後半以降の農業経営減少率を示した。これによると，全国ベースでは70年代，80年代におおむね年2％台の減少で推移したものが，80年代後半以降には4％台に跳ね上がった。四つの地帯区分の中で，経営規模が最も小さい「集約型畜産・酪農」で減少率が高く，経営面積規模の最も大きい「大規模畑作」で減少率が低い。これらの中間に位置するのが「山間酪農」，「粗放型畜産」である。「粗放型畜産」の平均経営面積は「山間酪農」の2割弱ほど大きいが，両者の減少率はほぼ等しい。いずれの類型においても，農業経営の減少率に対して農業利用面積の減少率は軽微であり，農業経営の減少は経営規模の拡大に帰

第3-2表　農業経営の減少率

(単位：％/年)

	1970－79	1979－88	1988－95
粗放型畜産	2.53	2.35	4.09
集約型畜産・酪農	2.71	2.85	5.21
大規模畑作	2.00	1.67	3.91
山間酪農	2.53	2.42	4.04
フランス	2.51	2.38	4.18
参考	1970－79	1979－87	1987－93
ドイツ*	2.57	2.31	2.49
イギリス	2.15	0.40	1.09
	1970－77	1979－87	1987－93
イタリア	1.12	0.21	1.85

資料：Ministère de l'agriculture et de la forêt, "Recensement général de l'agriculture 1988-89".
　　　Commission of the European Union, "Farm structure: 1993 survey". 1996.
注．*1970, 79, 87年については，旧西ドイツ。

第3-3表 農業利用面積の減少率

(単位：%/年)

	1970 - 79	1979 - 88	1988 - 95
粗放型畜産	0.02	0.39	0.25
集約型畜産・酪農	0.32	0.69	0.16
大規模畑作	0.02	0.20	0.26
山間酪農	0.13	0.28	0.25
フランス	0.15	0.34	0.22

資料：第3-2表に同じ.

第3-4表 農業経営面積の平均規模

(単位：ha)

	1970	1979	1988	1995
粗放型畜産	25.4	31.9	38.1	50.2
集約型畜産・酪農	13.6	16.9	20.6	29.7
大規模畑作	41.9	50.2	57.4	74.6
山間酪農	21.7	27.0	32.8	43.0
フランス	18.8	23.4	28.1	37.4
参考	1970	1979	1987	1993
ドイツ*	11.8	14.4	16.8	28.1
イギリス	54.2	63.7	64.4	67.3
	1970	1977	1987	1993
イタリア	6.0	6.3	5.6	5.9

資料：第3-2表に同じ.
注．*1970，79，87年については，旧西ドイツ.

結したといえる（第3-3表，第3-4表）。また，「大規模畑作」を除外すると，1970年代に極めて軽微であった農業利用面積の減少率は，1980年代に高まるものの1980年代後半以降は低下している。CAP改革の前夜以降は，規模拡大意欲の上昇，農地需要の高まりがむしろ趨勢であったとみられる。

こうして，フランスの農業経営の平均規模は，1970年から1995年の25年間にほぼ2倍の37haになった。ハンディキャップ地域に立地する「山間酪農」，「粗放型畜産」も例外ではないことがわかるであろう。

さらに第3-4図は，1970年以降の実質農業所得の推移を示したものである。フランスの実質農業経営所得は，戦後ほぼ一貫して上昇した後，1973年を境

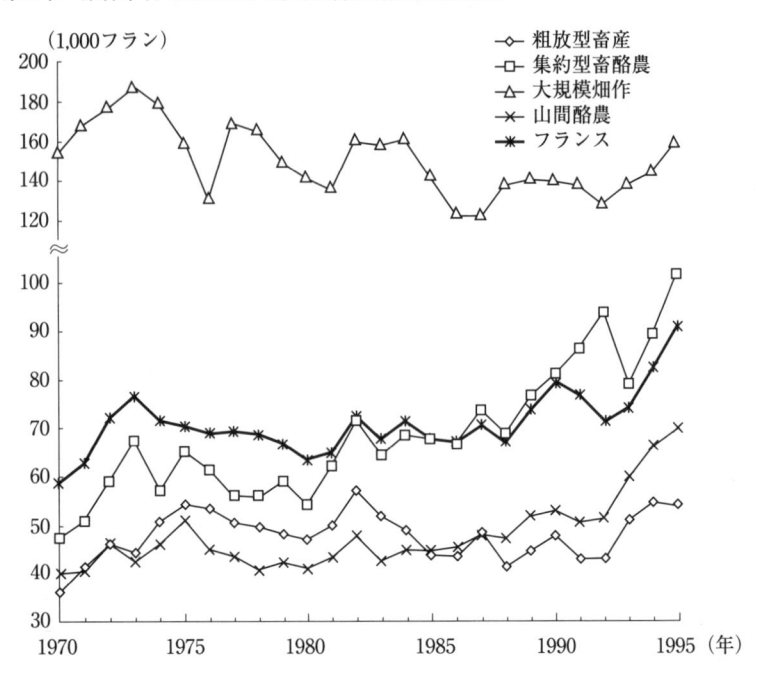

(1,000フラン)
◇ 粗放型畜産
□ 集約型畜酪農
△ 大規模畑作
× 山間酪農
★ フランス

第3-4図 経営当たり経営所得の推移（1980年を基準とする実質所得）
　　資料：Ministère de l'agriculture et de la forêt, Les comptes départementaux et régionaux de l'agriculture.

に減少もしくは停滞期に入った。そして，1973年水準を再び達成するのは，1990年に入ってからのことである。

　1970年以降の四つの地帯区分についてみると，一貫して所得水準が上昇しているのは「集約型畜産・酪農」のみである。「大規模畑作」の所得は，1980年代中盤まで下落した後，安定ないしは微増に転じた。「山間酪農」の所得は1970年代中盤にピークに達した後，停滞的に推移するが，1980年代前半以降増加し始めた。「粗放型畜産」の所得は，1980年代前半まで「山間酪農」のそれを上回っていたが，その後低落する過程で「山間酪農」の所得を下回った。このように，フランス農業の主要な地帯区分の中で，最も所得水準が低いのが「粗放型畜産」なのである。

　以上，主要農畜産物の生産立地を類型化することにより，フランスの「粗放

型畜産」を相対的に位置付けることができた。これを小括しておけば，第1に，「粗放型畜産」は最も農業経営所得の低い部門に属していることである。第2に，「粗放型畜産」の主要生産物である成牛生産者価格は，農畜産物一般と同程度に低落した。第3に，価格動向に応じて農業経営数の減少，規模拡大のテンポは，フランス農業全体の傾向と同様である。農業経営数の減少や経営規模の拡大は平均所得を上昇させる要因となるが，「粗放型畜産」の場合，それらは価格の低落を補う程大きくはなかったので，傾向的に低落せざるをえなかった。

（2） 構造調整のモデル的把握

序章で述べたように，フランスでは農業外の要因の影響を比較的受けずに農地価格や地代が形成され，農業労働は専業労働的性格が強く，農業生産資本の形成は私経済の領域に属する。このような土地，労働，資本の生産要素の性格を前提に，農業構造政策のねらいと農業構造の調整過程を描出しておこう[4]。

フランスの1960－62年農業方向づけ法，あるいはEUの社会—構造政策の体系において，構造政策を推進する上で農業経営の三つの類型が暗黙に前提されてきた。第1の農業経営類型は，農外部門との均衡所得を達成し，特別な農業政策を必要としない経営群である。これに対し，種々の投資を行っても，市場環境に適応するのが困難で十分な所得を得られない経営群が第3の類型である。この類型は，離農や経営委譲にかかる奨励金により，引退が促されるべき経営である。

これら二つの類型の中間に位置する経営群が第2の類型である。農業構造政策の課題は，第2の類型の経営群による第1の類型へのキャッチアップを促すことであった。こうして，第3の類型の経営の引退により供給される農地を，第2の類型の経営に集積させることにより規模拡大が促進され，選別的な投資助成政策により農業近代化が進められる。

第3-5図は以上のような経営群が三層となる構造を示し，第3-6図には，それが農産物価格下落を契機として，調整される過程が描かれている。経営規模

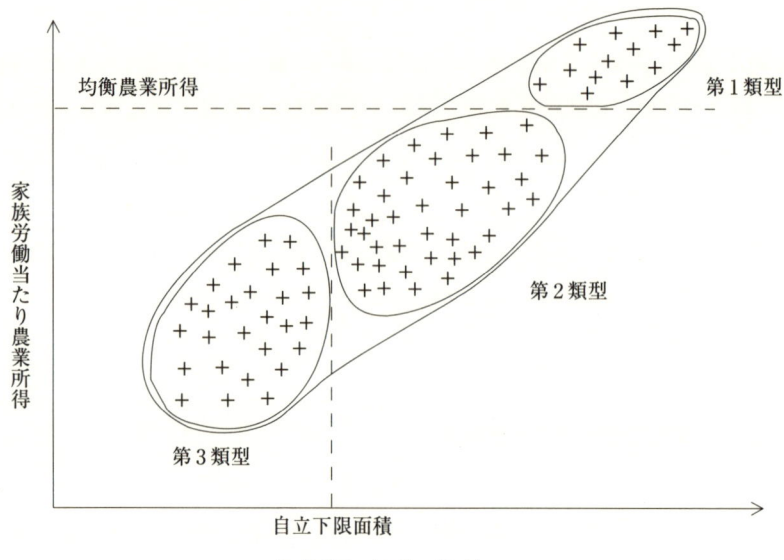

第3-5図　農業経営の三層構造モデル

資料：Kroll, J. C., "L'agriculture française et la politique agricole commune: La réforme de la PAC, quelles perspectives ?" Compte rendu de l'audition du 10 novembre devant la section de l'agriculture et de l'alimentation au sein du Conseil économique et sociale, 1993.

の拡大の誘因を与えるのは，市場政策により制御された農産物価格の傾向的な低落である。すなわち，農産物価格は長期的に低落してきたが，市場政策により農業経営に対して破壊的な価格低落が防止された。そこで，生産手段を多く備えた経営は資本蓄積を促進する一方（第3-6図中のC，以下同様），生産手段の装備が低い経営は蓄積余力に乏しい（図中のA）。これは①の生産手段装備の格差拡大の過程である。農産物価格が下落するとすべての農業経営の所得は低落するが（②の過程），この時，生産手段装備が低い図中Aの経営の所得は下限所得以下となり，世代交代の過程で経営は継承されず（③の過程），残った農地は資本装備の増強を図る経営に引き継がれていくことになる。

　第3-5図の自立下限面積は，フランスの農業構造政策において，青年農業者

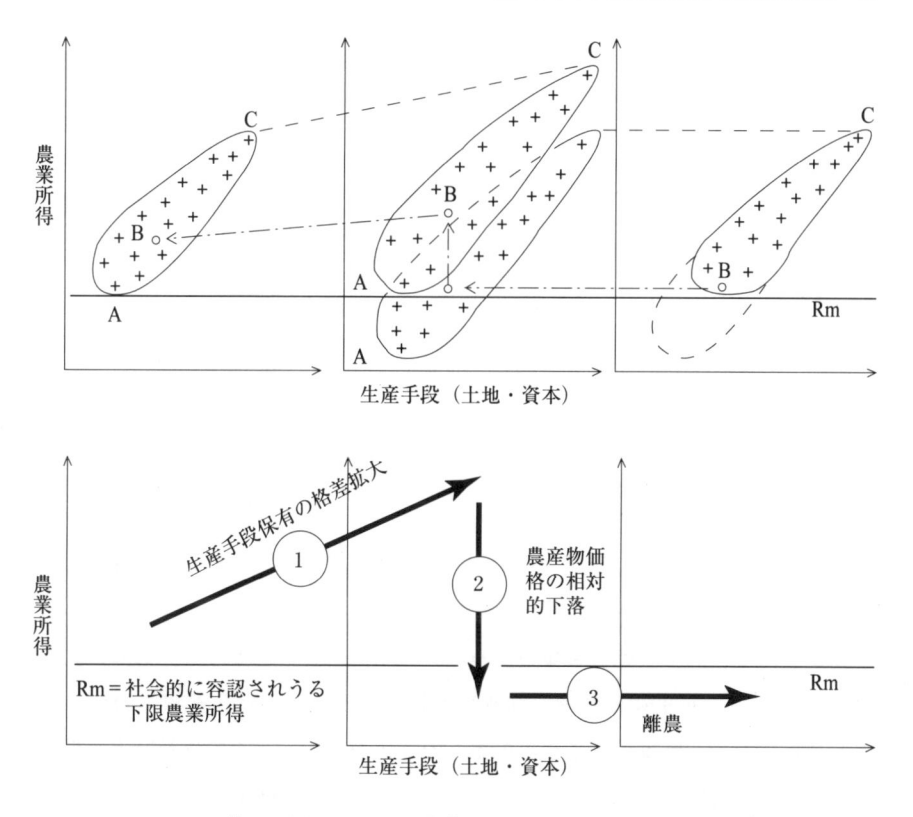

2．フランス農業における粗放型畜産　95

第3-6図　フランス農業の構造調整メカニズム
資料：第3-5図に同じ．

が経営者資格を持ち，各種補助金や優遇制度の恩恵を受ける際の下限規模であり，これを設定することで，将来的に自立不能な農業経営の存続を抑止する意味を持つ．

　さて，以上のような調整モデルから，ハンディキャップ地域に立地する経営を考えてみよう．こうした地域の経営は第3-5図において原点の近傍に位置することになり，価格の下落に対して脆弱な経営であることから，経営は継承されにくい．1970年代にハンディキャップ地域を対象にした直接所得補償制度は，生産条件の有利な地域との区別に基づいて，明示的にかかる地域の農業経

営の存続を政策目的とした。しかし,すでに明らかにしたように,ハンディキャップ地域の農業経営構造がそのまま温存されることはなかった。直接所得補償制度は,第3-5図における経営群を上方にシフトさせる効果があり,第3類型の経営群の一部に対して,農産物価格の下落に対して一定の抵抗力を与えることになった。しかし,多くの経営は,投資競争の中で蓄積余力を生み経営を継承する余力は持たなかったと考えることができる。

3．粗放型畜産に対する直接所得補償

　これまで言及してきた農業経営所得には,農業経営に対する経営補助金が含まれている。しかし経営補助金は,農業経営所得の減少を補う程大きなものではなかった。それでは,生産条件が不利な地域の農業経営に対して,経営補助金はどの程度の所得維持効果を持ったのであろうか。

　第3-7図は統計上の経営組織のうち,「肉牛」「羊およびその他草食家畜」経営の経営所得に対する補助金の割合を示したものである[5]。粗放型畜産地帯として区分した5県は,肉牛や羊生産への特化が著しく,その農業経営所得は1982年をピークに下降し始めたことを示した。所得に対する補助金の割合が上昇してきたにもかかわらず,このように所得下落が生じていたのである。このことは,経営補助金が中長期的に農業所得を十分に補償するものではなかったことを意味し,また農産物価格の下落がもつ構造調整機能（集積と離農）が,機能していたことを示す。

　このように,これまで支給されてきた粗放型畜産に対する経営補助金は,所得を十分補償する機能はもっていなかった。それでは,経営補助金はどのような役割を発揮したというべきであろうか。そこで,異なる目的を持った3タイプの補助金の成立の契機や運用の実態を検討することを通じて,経営補助金の役割を明らかにしてみたい。生産条件の不利に対する補償を目的とした補償金,政策変更に起因する市場価格の低落に対する補償金,そして外部経済を生み出す営農活動に対する報酬としての補助金の三つが,ここでの分析対象である。

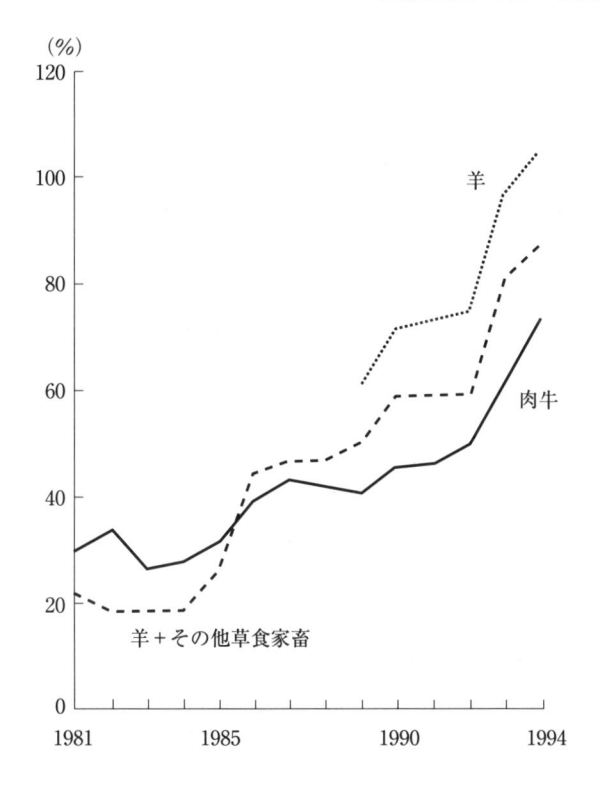

第3-7図　農業所得に対する補助金割合 ── フランスの粗放型畜産経営 ──

資料：第3-4図に同じ．

(1) ハンディキャップ地域補償金の目的と運用

1) 導入の目的と経緯

　生産条件のハンディキャップに対する補償金は，フランスでは1972年に制度化された後，1975年にはEC指令268/75によりEU構成国全体に拡大した。その政策目的は，① 生産条件のハンディキャップを補填するとともに，② 人口減による農村地帯の活力低下を防止し，③ 環境保全的な粗放型畜産の維持・育成を図ることであり，対象地域を指定した上，投資助成の優遇や直接所得補償をその手段とした[6]。農業が持つ生産機能に加えて，農業生産活動が持つ一定の外部経済効果を評価することも，ハンディキャップ農業対策の目的

とした。

　EU レベルにおいて，ハンディキャップに対する補償措置を導入する直接の契機となったのは，第2次世界大戦中から同様の措置を講じてきたイギリスの EU 加盟である。イギリスにおける当初の目的は，丘陵地帯のような限界地における農業生産を振興することにあった[7]。イギリスの従来の丘陵地農業政策の継続を確保するために，EU レベルでの適用が始まったわけである。しかしフランスを含め，大陸の EU 構成国でもこのようなハンディキャップを抱えた地域の農業所得政策が，全く議論されなかったわけではない。

　フランスでは，山間地域に限って試験的な補償措置の導入が既に始まっていた。その際の地域指定の基準は，標高や傾斜度による物理的な指標に基づいていた。つまり，イギリスでは丘陵地が最劣等地であるのに対して，フランスの最劣等地はさらにハンディキャップが大きい山間地域となる。こうして，イギリスの加盟を契機に，大陸諸国で議論になっていた山間地域に加えて，イギリスの丘陵地のような過疎の危険のある地域を対象地域として，EU レベルの法制化につながったのである。

2）補償金の政策的論理

　EC 指令として法制化されると，各構成国は定められた施策を実施する場合に負担の一部を EU から受け取ることができる。このとき，補償対象地域，補償金単価の設定や変更等，構成国の運用の裁量幅は小さくない。そこで，運用の経緯を明らかにしながら，フランスにおける粗放型畜産に対する直接所得補償の政策的意図について考察してみたい。

　まず第1に，フランスにおける補償対象地域の設定にみられる政策的な含意についてである。EU レベルの法制では，山間地域と条件不利地域の2区分のみが設けられたのに対して，フランスでは独自に山間地域の中で特に条件の劣る地域を山岳地域とし，条件不利地域の中で，山間地域に隣接する地域を山麓地域として区分の細分化を行った[8]。対象地域の多様性に対する配慮である。フランスでは，EU レベルの法制化の前に山間地域に限って所得補償措置を講じていたが，山間地域以外に条件不利地域が設定されたことにより，当然ハン

ディキャップ指定区域が拡大した。

しかし，山間地域および山岳地域以外の地域に対して，補償金が給付されるようになったのは，羊の場合1980年から，牛については1988年からであった。ただし，牛の場合は肉専用種生産が対象であり，酪農に対しては小規模な酪農経営のみが対象となったに過ぎない。それまでは，普通条件不利地域に対するハンディキャップ政策は，補助金や利子補給など，投資に対する助成措置の優遇に限られていた。

これらのハンディキャップ地域では，通常の条件の地域に比べて投資効率が劣る。したがって，生産条件に規定された投資効率の劣性を補い，通常の条件の地域で進行する近代化投資競争への参加を促すという点に限定されたわけである。それは，ハンディキャップ地域に対して，青年農業者自立助成，施設改善計画といった近代化投資助成について，通常の地域の助成額や融資条件よりも優遇するもので，ハンディキャップ地域における自立可能な経営（exploitations viables）を育成しようとするものであった。このようなねらいは，ハンディキャップ地域を対象とした畜舎整備投資に対する助成要件について，改善後の飼養頭数の下限が設けられていることにも示される。ハンディキャップ地域における投資助成も，基本的に選別性が失われているわけではない。

ところで，集約化技術に対する粗放型畜産の適応力は小さいため，投資需要は経営面積の拡大に依存するところが大きい[9]。通常の条件の地域では，経営規模の拡大に伴う投資需要に加えて，集約化の投資需要があるだろう。両者の格差は集約化投資がもたらす生産性上昇分だけ広がる。集約化に制約がある粗放型畜産に対しては，投資に対する助成率を優遇したとしても，規模不変のままでは投資の誘因は限定される。集約化投資による生産性の向上が可能な地域や生産体系に匹敵するような生産性の向上を，粗放型畜産が達成するには，経営面積の拡大がよりいっそう進展しなければならない。このため，ハンディキャップ農業対策の目的の一つ，農業経営数を維持することによる農村の活力低下の防止と，「自立可能な経営」の育成とは，粗放型畜産の特性を考えた場合，必ずしも両立しない。

運用上重要な点の第2は，経営規模（家畜飼養頭数規模）による補償の差別化である。フランスにおけるハンディキャップ地域補償金の運用では，対象頭数を50頭に制限した上，25頭以下と25～50頭の補償金単価に格差を設けることで，小規模経営の補助率が高く設定された。これは，生産条件のハンディキャップを補償するというよりもむしろ，小規模経営の保護を意図したものといえよう。粗放型畜産地帯においても，生産物価格低落の過程で農業経営数は減少し，規模拡大が進行していることを明らかにしたが，ハンディキャップ地域補償金による小規模経営の所得底上げは，むしろ価格低落がもたらす小規模経営の駆逐効果を緩和し，離農の速度を下げる点が社会的に重要であったと考えられる。少なくとも，年金給付年齢に達するまで，あるいは早期引退制度対象年齢に達するまでは，小規模経営者といえども職業転換は困難であり，農業就業を継続せざるをえないためである。

第3に，補償金単価の設定についてである。当初，ハンディキャップ地域補償金単価の提示額は，肉専用種繁殖メス牛を20頭程度飼養する畜産経営を想定し，経営簿記調査などをもとに，平地と山地における粗生産額と諸費用の差を推定し，これから別の政策によって補償済み部分を控除して算出することになっていた[10]。しかし，生産条件のハンディキャップを逐次補償金単価に反映させることは，技術的にも困難を伴うこともあり，政治的な裁量余地は大きくならざるをえない。また逆に，農業所得の下落期には農業者団体の圧力が反映しやすくなる。

このことについて，第3-5表のハンディキャップ補償金の単価の推移から検討してみよう。山間地域の場合，羊を対象としたハンディキャップ補償金の1993年の実質単価が，導入当初と比べて113％になったのに対して，牛を対象とする単価は91％に減少した。農業経営所得の推移との関連で見れば，ハンディキャップ補償金制度の開始は，実質農業経営所得の低下が始まった時期にほぼ重なる。しかし，1970年代後半の農業経営所得の低落期には，山麓地域が新たに補償金給付の対象に加えられるとともに，山岳地域に限って補償金単価の引上げが行われた。ただし，山間地域の補償金単価については据え置か

3. 粗放型畜産に対する直接所得補償　101

第3-5表　ハンディキャップ地域補償金単価の推移

(単位：フラン)

	山岳地域		山間地域			山麓地域			普通条件不利地域		
	牛*	羊	牛*	羊	羊(乾燥地域)	牛*	羊	羊(乾燥地域)	牛(繁殖)	羊	羊(乾燥地域)
1974	200	200	200	200	200	—	—	—	—	—	—
1978	300	300	200	200	200	100	100	100	—	—	—
1980	465	465	310	310	310	130	130	130	—	100	100
1983	600	600	350	355	385	150	165	165	—	143	143
1985	629	629	371	400	518	159	174	261	—	152	228
1988	764	838	568	620	793	217	281	471	152	254	422
1992	795	956	591	735	956	226	333	558	166	302	500
1993	882	960	656	816	960	251	370	619	184	335	555
補償金導入時と1993年の実質単価の比較											(単位：%)
	122	133	91	113	133	103	151	253	105	167	277

資料：フランス農林省資料より作成．
注．*ヤギに対する単価も同額．

れたため，実質単価は低下した。その後1980年以降，補償金単価は逐次引き上げられており，1988年には大幅な単価引上げが行われた。またこの時，条件不利地域に対しても，粗放型畜産地帯の主畜である繁殖メス牛に限って補償金の対象とした。これは，1982年以降続いた所得下落期の谷にあたる時期である。

また，1990年から1992年にかけての所得低下の後，1993年に補償金単価が引き上げられたのも，所得低下局面の農業団体の圧力とは無縁ではないであろう。フランスの有力農業団体（FNSEA，全国農業経営者組合連合会）が補償金単価の物価スライドを要求としてあげていることからも[11]，補償金単価引上げの契機には，農業経営所得の実勢が強く反映されてきたことが示唆される。

(2) 価格低落に伴う経営補助金

1) 導入の背景と経緯

ハンディキャップ地域補償金に加えて，粗放型畜産経営の所得の中で，1980

年に導入された繁殖メス牛生産補償金や羊生産補償金の影響が，次第に大きくなってきた。

繁殖メス牛生産補償金導入の政策的な意図は，酪農経営から副産物として産出される肉牛の生産と，肉専用の繁殖メス牛による肉牛生産の差別化を行うことにあった。EU構成国において酪農経営は数が多く，ドイツやオランダ，そしてフランスの集約的な酪農地帯（特にブルターニュ半島）や山間酪農地帯（ヴォージュ，ジュラ，マシフサントラル）では，乳価が農業所得支持の指標となる[12]。このため，政策乳価に支えられる小規模酪農の発展は，牛乳の過剰とともに副産物である肉牛の過剰を引き起こすことになった[13]。

過剰基調下にありながらも供給調整の手段として数量調整，すなわち生産割当て制度が選択されたこともあり，第3-3図に明らかなように乳価はその他の農産物に比べて落ち込みは小さい。こうして価格支持を基本として酪農経営の所得を維持しつつ，肉牛価格については需給関係を反映させる市場政策が講じられた。このことが，繁殖メス牛による肉牛専門経営の所得を，価格下落に伴う所得補償で補填する措置が講じられたことの背景をなす。

羊生産補償金の導入の契機は，1980年に羊肉の共通市場が形成されたことにある。羊肉市場の形成を困難にしていたのは，特にイギリスとフランスの羊肉の生産性の格差が大きく，共通市場の形成を難しくしていたためである。フランスの羊肉価格はイギリス価格に比べて，約2倍の水準で推移しており[14]，共通市場形成によるフランス羊生産経営への打撃が大きいと考えられたことが背景にある。このことから，羊生産補償金は共通市場形成に伴う激変緩和措置として位置付けられるであろう。

第3-6表は，粗放型畜産経営が給付対象となる各種経営補助金の単価の推移を示している。これにより明らかなのは，第1に，繁殖メス牛生産補償金も，ハンディキャップ補償金と同様，EU負担分にフランス政府加算を行う際に，飼養頭数に応じて補償金単価に格差を設け，小規模経営を優遇している。ただし，1992年までは補償金対象頭数の上限が設けられていないため，規模に比例して給付額の増加が生じる仕組みになっていた。このため，所得の再分配機

第3-6表 肉牛・羊生産に対する補助金単価の推移

(単位:フラン/頭)

	1981	1982	1985	1987	1992	1993	1994	1995
繁殖メス牛補償金　EU負担分	120	93	105	189	395	559	759	958
フランス加算分（40頭以下）	119	154	175	189	277	200	200	200
（40頭超）	—	30	35	38	119	40	40	40
計　　　　　　　　（40頭以下）	239	247	280	377	672	759	959	1,158
（40頭超）	120	123	140	226	514	599	799	998
オス牛補償金	—	—	—	—	316	479	599	718
粗放加算	—	—	—	—	—	239	239	239
羊生産補償金	—	12	62	165	147	169	142	164
農村奨励金	—	—	—	—	55	44	44	44
草地奨励金（フラン/ha）	—	—	—	—	—	200	250	300

資料: Carrere, G., Valleix, Y., Juillard-Laubez, M.-C., *Impact des aides sur les revenus agricoles en zones défavorisées*, INERM/CEMAGREF, 1988.
　　Desriers, M., "21 mai 1992: naissance de la nouvelle PAC", *Les cahiers* (Agreste) n. 1-2, SCEES, 1996.

能は弱い。第2に，導入当初，40頭以下の補償金単価が40頭以上のそれの2倍であったが，次第に両者の格差は縮小し，所得再分配機能を弱めていることがわかるだろう。第3に，繁殖メス牛生産補償金の単価は，導入当初，ハンディキャップ補償金の中では単価が高い山間地域および山岳地域の補償金に比べて低かったが，1990年代に入るとそれを凌駕するようになった。羊生産補償金も同様で，導入当初，ハンディキャップ補償金に比べかなり低い水準にあったが，近年最も補償金単価の高い乾燥山間地域の水準にほぼ等しくなった[15]。

以上のことから，粗放型畜産経営の所得に対する経営補助金の中で，ハンディキャップ補償金以外の補助金の影響力が増大していることが明らかであろう。また，所得再分配機能が低下するということは，経営規模間の所得格差を拡大させることになり，価格低落がもつ構造調整機能が発揮されやすくなることを意味する。

2） 価格低落に伴う経営補助金の政策的利点

このように粗放型畜産に対する所得補償措置は，ハンディキャップ補償と価格下落に対する補償措置からなるが，両者を比べると後者に政策上の利点があると考えられる。

第1に、ハンディキャップの概念を正確に定義し、補償金の算定に反映させることが技術的に困難なことである。特に指定地域の拡大に際しては、政治的な恣意性が加わる余地は極めて大きい[16]。第2に、補償金単価を下げるのは政治的に難しい。この点、不足払いに準じた繁殖メス牛生産補償金などの場合には、設定した参考価格と市場価格の差額をベースにすることにより、補償額設定に伸縮性を保つことができる。第3に、粗放型畜産には、生産物価格の短期的な下落に対して生産コストの削減余地が小さく、所得への影響が大きい[17]。このため、所得補償措置には迅速性が必要となるからである。

フランスにおいて粗放型畜産経営の低所得対策について、価格政策の枠組みの中で処理しようとしたことの背景には、EU農業政策の制度上の問題も指摘されるべきであろう。

それは、イギリスの「EC政策の基本指針」がEC財政からの最大限の受け取りを追求することにあったと同じように[18]、フランスにもそのような動機づけがあったとしても不思議はない。つまり、価格下落による所得補償歳出が、ほぼ全額EU負担であるのに対し、ハンディキャップ地域補償金の場合、EU負担は25％であることである。このため、各構成国の実態に合わせた分権的な政策運営が可能となる反面、ハンディキャップ地域補償金単価の増額は加盟国の負担を大きくする。

また、構成国間の競争歪曲的な補助金政策を防止するために、ハンディキャップ地域補償金単価の上限はEUレベルの規則で決定されるが、構成国の負担を大きいままにして上限を上げると、構成国間の貧富の格差がハンディキャップ地域対策に反映してしまう。このことが、ハンディキャップ地域補償金への歳出が相対的に伸び悩む制度的理由と考えられる[19]。

粗放型畜産経営の低所得対策として講じられてきた所得補償措置において、ハンディキャップ地域補償金よりも、繁殖メス牛生産補償金のような価格低落を契機とする補助金が主軸となったことは、以上のような理由から理解される。

さて、構造調整に対するこれら補助金の含意は、第3-8図に示した経営規模

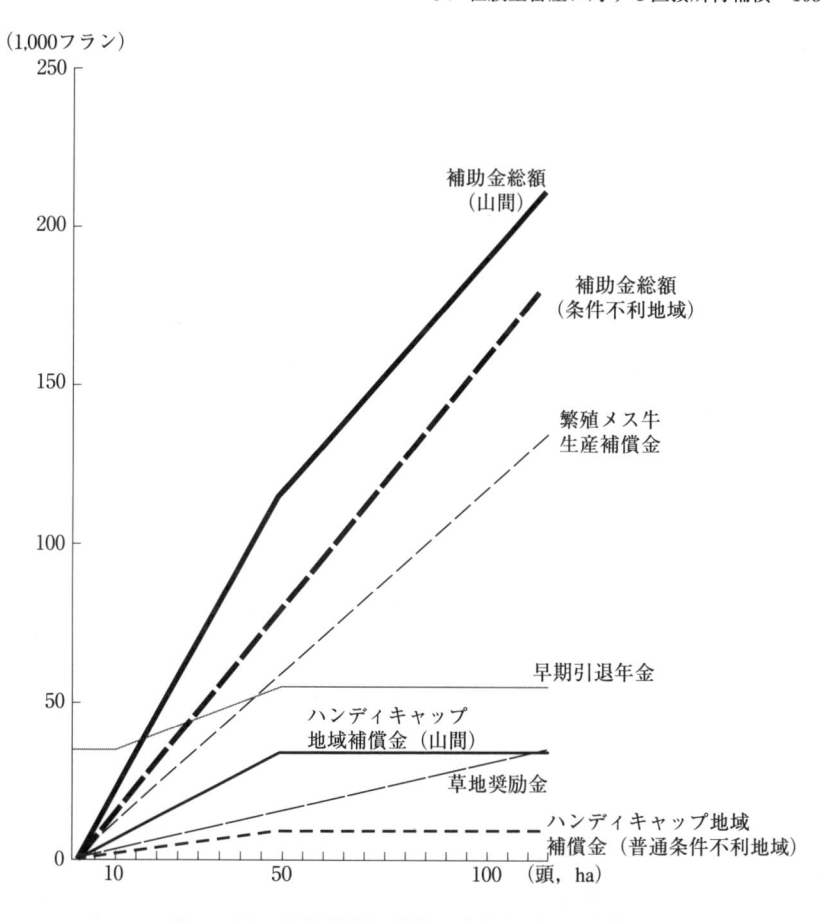

3．粗放型畜産に対する直接所得補償　105

第3-8図　経営規模と補助金受給額（1995年）

資料：フランス農林省資料他より作成．
注．草地奨励金は面積当たり給付，また早期引退年金は基礎給付額に面積当たり加算額が加わる．

と補助金の受給額の関係から考えることができるであろう。図中の補助金は，粗放型畜産経営が給付を受ける補助金の代表的なものであり，ハンディキャップ地域補償金（山間，条件不利地域），繁殖メス牛生産補償金，草地奨励金について，1995年の単価に基づいて図示されている。ここで，繁殖メス牛生産補償金は，規模に比例して給付額が増加する。ハンディキャップ地域補償金や

後述の草地奨励金は，補償対象限度頭数もしくは面積が設定された補助金である。ただし，草地奨励金の補償限度面積は100haである。これは第3-4表で示した「粗放型畜産」の経営面積のおよそ2倍であり，補助金額が経営規模に比例して増加する範囲は広い。

このような粗放型畜産経営に対する補助金の体系において，ハンディキャップ地域補償金が制限頭数以下について限界所得を高めているものの，補助金全体としてみると，規模に対して比例的に増加する補助金の寄与が大きく，規模間の所得再分配機能は小さいことを指摘できる。価格水準が容易に赤字（生産所得＜補助金受給額）をもたらす水準では[20]，早期引退年金の給付額の水準[21]が後継者のいない高齢経営者の営農継続の選択に重要な影響をもたらすことが，容易に推察される。このように，粗放型畜産経営に対する種々の補助金に，小農維持的な配慮が反映されていても，構造調整を阻害する効果，すなわち小規模経営を永続させる効果は決して大きいとはいえない。

（3） 飼養密度による給付対象の差別化

粗放型畜産に対する所得補償は，CAP改革を契機にさらに拡充された[22]。既に述べたように，1992年5月に決定されたCAP改革は生産刺激的な価格支持政策から，より中立的な直接所得補償への政策転換を意図したものであった。価格支持を基本にした共通農業政策は，多くの部門に農産物の過剰をもたらした。そして，市場介入やその処分の経費の増大（とりわけ輸出補助金）により，EU財政を逼迫させたことが改革の背景にある。

CAP改革の中心課題は穀物にあるが，粗放型畜産の主要生産物である牛肉も対象となった。介入価格引下げの補償措置として，繁殖メス牛生産補償金等の引上げが行われたが，このとき，家畜飼養密度で計った粗放度による補償金単価の差別化が導入されたことが重要である。この新たな差別化の検討に入る前に，粗放型畜産経営に直接的な影響を与える改革の内容について，簡単に触れておこう。

まず，牛肉の介入価格を1993年からの3年間で15％引き下げることに対し

て，繁殖メス牛生産補償金，オス牛特別補償金の補償金単価がそれぞれ引き上げられた。ただし，供給調整手段として耕種部門でセットアサイドが条件とされたように，畜産部門では個別経営ごとに改革前（1991年）の飼養頭数を基準にした補償限度頭数が設けられた[23]。フランスの繁殖メス牛補償限度総頭数は390万頭で，EU構成国全体の34％を占め，その影響は最も大きい。

羊肉部門については，1989年に介入制度の変更により支持価格の削減措置がすでに決定されていたため[24]，改革の枠内で介入価格の引下げは行われなかった。しかし，羊生産補償金にも92年CAP改革の際に，補償対象限度頭数が設定された。

差別化の第1は，上記の繁殖メス牛生産補償金，オス牛特別補償金および羊生産補償金を受給する場合に，家畜飼養密度制限を設定したことによる補償の差別化である。改革初年度の最高飼養密度は，草地基盤面積1ha当たり3.5UGB（大家畜単位）[25]であったが，毎年0.5UGBずつ引き下げられ，1995年には2.0UGB以下を条件とすることになった。ただし，この場合の家畜飼養密度の計算は，上記補助金の対象頭数（UGB相当）をもって行われる[26]。これは，フランスでは実質的に，ごくわずかに存在する集約的な肥育専門経営や，大規模畑作地帯の穀物—肥育複合経営を補償対象からはずす意味を持つに過ぎない。

第2は，飼料基盤面積1ha当たり家畜飼養密度が1.4UGB以下の場合に，上記3補助金の対象頭数（UGB）に対する補償金の加算である（以下，粗放加算と呼ぶ）。

以上までの生産補償金と粗放加算はEU負担で，構成国共通の制度であるが，フランスではさらに，よりいっそう家畜飼養密度が低い畜産経営に対して給付される粗放型畜産システム維持奨励金（prime au maintien aux systèmes d'élevage extensif：通称，草地奨励金（prime à l'herbe）と呼ばれる）が導入された。これは，EUの農業—環境関連措置を利用したもので，EUが支払総額の50％を負担するもののフランス独自の措置である。

この奨励金は，飼養頭数ではなく草地面積ha当たりの補助金であり，これ

までの畜産経営に対する経営補助金と異なる（ただし，1経営当たり100haを限度とする）。家畜飼養密度は，経営面積のうち75％以上が草地である場合には，草地面積当たり1.4UGB以下であればよいが，75％未満の場合1.0UGB以下である必要がある。ただし，粗放加算の対象頭数が，繁殖メス牛生産補償金もしくはオス牛特別補償金の補償頭数で計られたのに対して，草地奨励金の場合の家畜単位数の計算は，年間を通じた全家畜が対象となる[27]。加えて，対象となる面積は一時的草地，人工草地，永年草地であり[28]，飼料基盤とされる飼料用トウモロコシや穀物生産面積は算入されない。このため，粗放加算の給付を受けるための条件となる家畜飼養密度よりも厳しい制約がつくことになり，補助金給付の対象が明確に草地基盤の粗放型畜産経営にしぼられている。したがって，草地奨励金を受給する経営をもって，典型的かつ制度的裏づけを持った粗放型畜産経営といえるだろう[29]。

　粗放加算や草地奨励金の導入がもたらす粗放的な畜産経営への優遇措置は，ミディ・ピレネー地方を対象とした調査研究[30]から，その一端を確認することができる。第3-9図は，CAP改革による穀物や牛肉の介入価格の引下げによる経営の減収と，繁殖メス牛補償金やオス牛特別補償金単価の引上げ，および粗放加算や草地奨励金の導入による補填の度合いを示している。そして，粗放加算や草地奨励金の有無により，集約度（もしくは粗放度）の異なる経営の所得が比較される。いずれの経営もCAP改革に伴う一連の政策変更により，増収分が減収分を上回っている。

　ここで確認すべきことは，粗放型畜産経営に対する一連の政策変更により，集約度の低い経営ほど経営粗余剰[31]が大きくなる点である。牛肉介入価格の引下げにより生じた減収は，繁殖メス牛補償金やオス牛特別補償金ではカバーできないが，粗放加算が加わることにより減収を相殺していることが分かる。粗放加算および草地奨励金を受給していない集約度の高い畜産経営の場合，耕種作物に対する補償金でようやくすべての減収分を補っている。このように，粗放化を奨励する各種補助金による，集約度の低い経営に対する優遇措置の効果が明らかであろう。

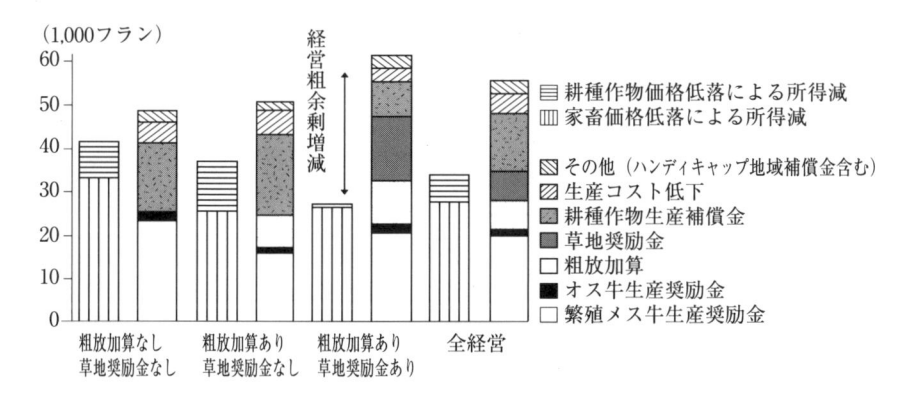

3．粗放型畜産に対する直接所得補償　109

第3-9図　牛肉価格引下げによる減収と各種奨励金引上げ等による所得補填
　　　　── フランス，ミディ・ピレネ地方の場合 ──
資料：Hassan, D., Legagneux, B., Lhermite, M., Vignau-Loustau, L., "Les effets de la réforme de la PAC sur le revenu des eleveurs specialisés en viande bovine de Midi-Pyrenées", *Economie rurale*, n. 232, 1996.

　以上のように，粗放型畜産経営に関する直接所得補償はCAP改革を契機に調整された。その政策的意味は，介入価格引下げの代償として生産補償金単価を積み増すとともに，家畜飼養密度に基づいて対象経営を差別化することにあった。先に触れたように，一定頭数以下とそれ以上との補助金単価の格差が縮小し，規模間の所得再分配機能は弱まったが，異なる集約度の経営間における所得分配機能を高めたといえる。このように新たな補助金の導入により，粗放型畜産経営は補助金依存度をさらに高めたのである。

（4）部門間利害の調整と粗放型畜産

　粗放型畜産経営に対する新たな補助金の導入は，CAP改革が一部の作物，畜産物を対象としたことから派生した歪みに起因したものでもあった。上述したように，草地奨励金は，CAP改革に伴う措置として位置付けられた農業環境プログラムの一環として導入され，経営規模ではなく，集約度を基準に補償金対象を差別化したものである。しかし，導入の意図は，自給飼料穀物や飼料用トウモロコシを飼料基盤にした集約的な肉牛肥育や酪農経営との補償バラン

スをとることであった。つまり，飼料用トウモロコシ（自給飼料用を含む）は，CAP改革による介入価格の引下げの影響を受けないにもかかわらず，作付面積を穀物として申請し，穀物生産補償金を得ることが可能となったからである。この経緯について，若干補足しておこう。それはCAP改革の根幹，つまり穀物の価格引下げに起因する。

穀物価格の大幅な引下げには，域外，特に北米から輸入される穀物代替品（家畜飼料）によって占められている市場を取り戻すというねらいがあった。つまり，過剰穀物を域内の飼料穀物需要にあて，処理するという戦略である。

生産費の30～40％が家畜飼料に費やされる養豚や養鶏の場合，飼料原料となる穀物の価格の大幅な引下げにより10～15％の生産コスト削減につながるとみられた。しかし，牛生産部門は飼料穀物依存度が低いため，養豚，養鶏部門ほどには，穀物価格引下げが生産コストの引下げ要因とはならない。加えて，牛肉消費が減少傾向にある中，牛肉に対して代替的な豚肉，鶏肉との価格差が広がることで，牛肉の需給関係をいっそう悪化させることが懸念された。このため，CAP改革による牛肉介入価格の引下げ（15％）の一因は，牛肉の過剰問題への対処というよりも，代替品である豚肉，鶏肉との価格差の広がりによる競争力の喪失を回避することにあった[32]。

他方，飼料用トウモロコシを穀物生産補償金の対象とするという点は，当初のEU委員会の改革案（マクシャリープラン）にはなかった。しかし，穀物価格の下落により，穀物や穀物代替品を飼料として多用する集約的な酪農（特にオランダ）には，養豚，養鶏部門のように非常に有利となる。反面，飼料用トウモロコシを飼料基盤とするフランス大西洋岸地方の酪農の競争力が，相対的に弱まってしまう。飼料用トウモロコシを穀物としてカウントし，自給飼料用穀物とともに穀物生産補償金受給への道を開いたのはこのためとされている[33]。

したがって，自給飼料用穀物もしくは飼料用トウモロコシを生産する経営は，穀物生産補償金を受給するために，これらの面積を穀物生産面積として申請するか，繁殖メス牛生産補償金もしくはオス牛特別補償金の給付要件となる飼料

基盤面積当たり家畜飼養密度2UGB以下を満たすために，草地基盤面積として申請するか，選択する必要がある。実際に1995年の申請では，自給飼料穀物面積およそ300万ha強のうち，28万haのみが飼料基盤面積として申請されているに過ぎない[34]。このように繁殖メス牛生産補償金もしくはオス牛特別補償金の給付要件として設定された飼養密度は，フランスでは高いハードルではない。すると，専ら草地を飼料基盤とした粗放型畜産経営に対する公平を欠く。

このように草地奨励金の導入は，穀物価格の引下げがもたらす部門間，構成国間，部門内のバランスの配慮の結果という側面があった。このことは，補助金総額の増加として帰結し，CAP改革実施期間の農業経営所得上昇に一定程度寄与したものとみられる。

(5) 小 括

以上のように，異なる政策目的を持った3タイプの経営補助金の分析を行った。粗放型畜産経営に対する直接所得補償が果たした機能について，以下のように整理することができるであろう。

第1に，経営補助金を活用することで，短期的には価格変動による影響を弱め，構造改善途上の経営の将来見通しを安定させるとともに，低所得経営の所得維持を図り，社会的な混乱を防止する機能である。その際の所得補償の水準は，中長期的に構造調整を阻害する程のものではなく，構造調整の速度を緩めることにのみ貢献した。このため，農業経営数を維持することで，農村社会の活力向上が図られたわけではない。

第2に，経営補助金により，農業経営者の行動を一定の政策目的にそった方向に誘導する機能である。とりわけ，環境保全に対する世論の高まりを受けて始まった，経営補助金による粗放型畜産経営や環境保全的な営農行為に対する誘因措置がそれである。

第3に，粗放型畜産の維持や奨励に関する現行の施策体系は，選別的な投資助成政策による不公平の解消，酪農部門における供給過剰の是正，羊肉にみる

国境措置の撤廃，CAP改革の歪みの波及に見られるように，他部門の政策の波及への対処として形成された側面がある。すなわち，何らかの政策変更によって損失を被る場合や，政策変更が様々な利害をもつ当事者間に不公平をもたらす場合に，妥協もしくは懐柔の一環として，経営補助金が活用されたという点である。これは，利害の調整機能ともいうべきものであり，補助金の政治的な側面といえるであろう。

4．99年3月CAP改革合意とフランスの利害

　粗放型畜産経営に対する所得補償措置に限って分析を加えたにとどまるが，利害対立の調整からEU共通農業政策の展開について説明することは，重要な課題であると考えられる。ある部門に対する政策が他の部門にも波及効果を及ぼしているように，部門＝地域間の利害対立や構成国間の利害対立は決して小さくないはずである。とりわけ，財政的制約が強く働く中で，農業者に分配されるパイが限られている現状を考慮すれば，既得権益化した経営補助金の配分構造をめぐる利害対立が，今後の政策形成をめぐって先鋭化するとみられるからである。

　そこで，以下では99年3月に合意されたCAP改革に至る議論から，畜産部門の補償措置に関するフランスの利害の所在について，明らかにしてみたい。

（1）　畜産部門の改革案をめぐる攻防

　1999年3月にベルリン首脳会議で妥結を見たさらなるCAP改革は，92年の改革を踏襲し，さらに政策価格を引き下げ，直接支払いを拡大することがねらいであった。欧州委員会は，1997年7月に第1次案（欧州委員会委員長の名を取り，サンテールⅠと呼ばれる），翌年3月に第2次案（同様に，サンテールⅡ）を公表した。提案の対象部門は，穀物，牛肉，酪農の各部門である。フランスがとくに抵抗する姿勢を見せたのは，牛肉，牛乳・乳製品といった畜産部門であった。

4. 99年3月CAP改革合意とフランスの利害　113

　フランスにおける農業所得問題は，粗放型畜産部門で深刻である。そこで，99年3月に合意されたCAP改革合意に至るまで，畜産部門の改革案をめぐって展開された攻防を追ってみたい。
　そこには，二つの攻防の軸がある。一つは，粗放型畜産部門の所得を直接的に規定する補償金の水準の問題であり，二つは，間接的に粗放型畜産部門の競争力に影響を与える，集約型畜産部門と粗放型畜産部門との補償バランスの問題である。

1） 改革案の影響予測

　サンテールIに対するフランスの反応は，穀物や牛肉の支持価格引下げ幅が大きすぎる点や，所得の補償水準が低い点，また酪農部門の改革の不必要などに及び，ほぼ全面的な改革案の見直しを求めた。
　サンテールIがフランス農業経営に与える影響に関するフランス農林省の予測分析では[35]，オランダ，イタリアに次ぎ，所得損失に対する補償金の補填率がフランスで低くなる。それは，とりわけ畜産部門について，95年における加盟国全体に占める補助金配分比率と比べて，大きく低下する。また，98年3月のサンテールIIの場合，補償金による補填率は改善されるが，畜産部門の補助金配分比率の低下は改善されない。
　フランスの農業経営組織別にサンテールIの影響を見ると[36]，穀物・油糧種子生産経営の場合，97年比の可処分所得は19％減，可処分所得に対する経営補助金の比率は108％と予測された。牛肉経営への影響はより大きいと推計され，21％の所得減に対して同様に経営補助金の比率は203％，酪農経営の場合，14％の所得減に対して同じく73％である。フランス政府にとって，これは「正当化され得ない補助金水準」をもたらす提案であった[37]。

2） 牛肉部門の改革① ── 介入価格の引下げ水準と補償水準 ──

　欧州委員会が示した牛肉部門の改革案は，次の通りであった。① 牛肉の介入価格を2000年から3カ年で段階的に30％引き下げ，② 公的介入を廃止し，民間在庫助成を導入すること，そして，③ 介入価格引下げに対する所得損失分の80％相当の補償を提供することである。92年のCAP改革のときは15％

の引下げと100％相当の補償であった。さらに，④補償の仕方について，今回の欧州委員会の提案の特色は，補償分の50％につきEUレベル共通の単価設定で，残り50％を加盟国の裁量で給付する仕組みを設けた点にある。どれもフランスが飲める提案ではなかった。順に見ていこう。

　第1に引下げ価格の水準や介入方式にかかる攻防である[38]。域内の牛肉需要は，傾向的に低落しているうえ，狂牛病ショックは牛肉消費の低迷に拍車をかけた。また，対外的には，ガット・ウルグアイラウンドによる補助金付き輸出量や，輸出補助金額の削減約束により，域外輸出による過剰処理には大きな制約がある。欧州委員会は，域内需要を喚起し，補助金無しの輸出が一定程度可能となるには，30％の介入価格引下げが必要となると見込んだ。

　フランスは牛肉部門の改革自体には反対したわけではなかった。問題としたのは，介入価格の引下げ幅と補償水準であった。また，欧州委提案における，公的な市場介入から，豚肉市場などで実施されている民間在庫助成への切り替えについても強く反対した。フランスは農相理事会で，介入価格引下げを20％に圧縮するとともに，ベルリンサミットにおける合意の中で，市況に応じて公的介入の余地を残すことに成功している。

　第2は補償の仕方の問題である。牛肉の介入価格の引下げにかかる補償は，これまでの1頭当たり補償金（繁殖メス牛補償金，オス牛特別補償金，粗放加算）単価を引き上げることによる。補償金単価は，肉専用種と乳用種を差別して適用されてきた。フランスにおける牛肉生産の特色は，アイルランドなどと並び，肉専用種の割合が相対的に高いことである。しかも，この肉用種による牛肉生産は，耕種生産が不向きな条件不利地域を中心とした粗放的な経営によって担われている。このため，肉用種生産の所得補償となる繁殖メス牛補償金と，乳オスの肥育生産に対して補償するねらいのあるオス牛特別補償金のそれぞれの引上げのバランスについて，フランスは強い不満を表した。

　欧州委員会の提案は，オス牛特別補償金について非去勢牛（生涯に1回支払い）について63％の引上げ，去勢牛（同じく2回支払い）について57％の引上げに対して，繁殖メス牛補償金（毎年支払い）については，24％の引上げ

とした。EUの補償金対象頭数に占めるフランスの割合は，繁殖メス牛補償金で37％，オス牛特別補償金で20％（1995年）で，前者が圧倒する。繁殖メス牛補償金の引上げが，オス牛のそれより小幅であるだけでなく，これまでFEOGA負担の繁殖メス牛補償金に，フランス政府が独自に負担していた加算金の禁止が提案されたことの影響が大きい。フランス政府は，これまで対象頭数当たり30ユーロの加算を行っており，これが廃止されるとフランスの繁殖牛に対する補償金単価は5ユーロしか増えず，繁殖牛経営にあってはダメージが大きい。

「繁殖牛の状況が顕著に改善されなければ，牛肉の共通市場組織の改革に合意することはできない」[39]と強い姿勢で交渉に臨み，結局，多くの国が欧州委案に賛成，もしくは欧州委寄りであったにもかかわらず，牛肉部門の制度改革はかなりフランス寄りで合意されることになった。すなわち，介入価格の引下げは30％の提案に対し20％，オス牛特別補償金の単価は，非去勢牛，去勢牛それぞれについて，56％，38％に引上げ幅が圧縮された上，繁殖メス牛については，38％引上げ（200ユーロ）となった。また，加盟国負担による加算金も60ユーロに引き上げられた。

粗放型の畜産経営が相当数にのぼるフランスは，92年のCAP改革時に導入された粗放加算の恩恵を最も受けた（EU対象頭数の34％）。飼料生産面積1ha当たり1.4UGB（大家畜単位）以下の経営に対して，オス牛特別補償金と繁殖メス牛補償金の単価に加算する仕組みである。欧州委員会はこの加算金を36ユーロから100ユーロに引き上げる提案をした。しかし，これにはフランスが合意できない訳があった。それは，92年改革では，補償金対象の大家畜単位のみについて粗放密度の計算を行ったのに対して，欧州委員会提案では経営の全家畜頭数の大家畜単位数を用いることとしたためである。92年改革の算出方法はいわば妥協の産物であり，本来的な家畜飼養密度の算出方法に変更されるわけである。これまでフランスでは，繁殖メス牛補償金を給付する経営の8割が粗放加算金を給付されてきたのに対し，この欧州委提案が実施されると，およそ4割しか給付を受けられなくなると試算された。

結局，粗放加算について，粗放密度の算出を変更した上で，飼料生産面積1ha当たり1.4UGB以下の場合の加算金を大幅に引き上げる欧州委員会提案と，飼養密度を高く設定する代わりに，加算単価の引上げを圧縮する措置[40]のいずれかを加盟国が選択できることで合意している。

3） 牛肉部門の改革 ②──各国裁量枠の導入──

第3は，補償の仕方について各国政府の裁量枠を設定するという提案である。欧州委員会は，各国裁量枠を活用して，各国共通の補償単価への上乗せ，もしくは別途面積ベースの補償金単価を設定できるという提案を行った。当初，欧州委が提案した案では，EU共通部分と各国裁量枠は1対1とされたが，各国裁量枠は大幅に圧縮されて合意された（当初の欧州委提案に対して74％減）。フランスは各国政府の裁量枠の圧縮についても主張しており，結果としてその主張が通ったかたちとなった。

各国の裁量による補償金の配分の仕組みが提案されたのは，EUレベルで粗放的な畜産の支援国と，集約的な畜産の支援国の利害調整が困難なため，両タイプの畜産の利害調整を各国に委ねたためである。フランス国民議会（下院に相当）調査団が欧州委農業総局長に対して聴取したところ，この仕組みについて次のように語られた。「繁殖牛生産を優遇した提案を欧州理事会で採択させることは不可能である。フランスのような国がEU財源の一部を活用して，粗放的な繁殖牛による牛肉生産を支援できるように考案されたのが各国裁量枠の導入である」。

しかし，実はこれがフランスに不利に作用する。第1は，競争の歪曲に対する懸念である。上述したように，フランスでは粗放的な畜産による牛肉生産が重要な一角を占める。この裁量枠により，集約的な牛肉生産が支配的な国では，集約部門に補償金を投じるであろうからである。例えば，オランダでは子牛肉生産部門に，ドイツ，イタリアでは乳オスの肥育である。第2は，裁量枠の各国への配分の仕方の問題である。欧州委は屠畜量に応じて裁量枠を配分する提案をした。しかし，フランスの粗放型畜産の主たる生産物は素牛であり，しかもこの多くがイタリア，スペインなどに輸出される。試算では各国裁量枠を導

入しない場合，24％がフランスに帰属するが，各国裁量分の配分では19.9％に落ち込んでしまう。

さらに，フランスでは牛肉の生産体系が国内において多様であり，各国裁量枠を設けた場合にジレンマが生じる。フランスでは，集約的な肥育経営や酪農経営向けにオス牛特別補償金の底上げも必要となるし，粗放型畜産経営向けに繁殖メス牛補償金の底上げも必要である。しかし，競争力の弱さや草地畜産がもつ景観形成，生物多様性の保全効果を考えれば，従来以上に粗放型畜産経営向けに重点を置くと見込まれる。このことはフランスの集約的な牛肉生産の競争力を，他国のそれに対して弱めてしまう。以上が，フランスが各国裁量枠の圧縮を要求する理由であった。

4） **牛乳・乳製品部門の改革** —— 歳出膨張の回避 ——

牛乳・乳製品の共通市場組織の改革は，92年のCAP改革の際に見送られたこともあり，99年改革の大きな争点の一つであった。欧州委の提案は，バターと脱脂粉乳の介入価格の15％引下げ，生産割当制度の延長と割当数量の2％増，乳牛に対する生産補償金の導入を内容とする。牛乳・乳製品部門の改革案に対して，より急進的な改革を求めるイギリス，イタリア，デンマーク，スウェーデンと，改革不要論を展開するフランス，アイルランド，ベルギー，ポルトガルなどの諸国，さらにおおむね欧州委提案を支持するドイツ，オランダなどの諸国に3極化した[41]。

フランスの牛乳・乳製品部門の改革不要論は，次のような点であった[42]。第1に，欧州委の需給見通しからはじき出された2005年の余剰量は1997年水準と等しく，公的な在庫や輸出により容易に吸収できること。第2に，WTO交渉で決定される可能性のある輸出補助金の新規削減や，関税引下げを先取りする必要を見込む欧州委に対して，交渉の前に譲歩する必要性はないこと。第3に，中東欧諸国へのEU拡大を前に，域内価格と中東欧諸国の乳価の格差を縮小させておく必要性を説く欧州委に対して，価格差を過大評価している点や，中東欧諸国がEUの衛生基準等に適応する過程で，生産費は相当程度上昇すると見込まれること。第4に，介入価格の引下げの代償として実施される生産補

償金は年間20億ユーロの財源が必要と見積もられ，各国がCAPの歳出削減の必要性を認める中で逆行する措置であること。以上がフランスによる改革不要論の根拠であった。

結局，99年3月11日の農相理事会で合意された牛乳・乳製品の改革（2003年から3年で介入価格15％引下げ）は，ベルリンサミット合意でさらに引き伸ばされ，2005年から実施されることになった。牛乳・乳製品部門で介入価格を引き下げ，所得の減少を補償する措置が講じられると，CAP歳出はいっそう膨らむことが明白であった。改革先送りは，CAP歳出の負担配分に関する対立の再燃を回避することが最大の要因であった。

5） 穀物部門の改革 ── 畜産部門への余波 ──

穀物に関する合意と畜産部門は無縁ではない。穀物に関する合意は，① 介入価格を2000年と2001年にあわせて15％引き下げ，② 介入価格引下げ分の50％を経営補助金により補償し，③ 休耕率を10％としたことである。ただし，生産量92t以下の小生産者は，従来どおり休耕が免除される。フランスの利害は，畜産部門に関連した制度にあった。

欧州委員会は97年7月に公表した改革案（サンテールⅠ）の中で，92年改革において導入されたトウモロコシの生産者に対する穀物と同額の補償金を廃止することを盛り込んだ[43]。

サイレージトウモロコシに対する助成金は，次のような点から批判の対象となっていたためである[44]。第1に，サイレージトウモロコシは自家消費向け作物であり，92年CAP改革の価格引下げから所得の損失を受けたわけではない。

第2に，サイレージトウモロコシに対する助成金は，牧草利用への誘引を削ぎ集約化を促した。また，耕地化による土壌流亡，灌漑による地下水位の低下，さらに窒素肥料の多投により，環境に対する負荷が増大するリスクが大きいためである。しかし，フランスを含む多数の国が助成金の廃止に反対した。サイレージトウモロコシに対する助成金の47％（32億フラン，1997年）がフランスの酪農経営や肥育経営などの畜産経営に給付されており，その廃止の影響は

大きい。

　結局，トウモロコシの仕向け（サイレージか種子の収穫）を監視することが困難である点や，助成金付きでトウモロコシを自家消費する養鶏経営とサイレージを利用する畜産経営の差別が困難であるとして，翌年3月に公表した規則改正案では同助成金の継続が盛られ(45)，最終的に合意された。改革の方針として国土や環境の保全を掲げたにもかかわらず，集約的な肥育経営や酪農経営の所得維持が堅持されたわけである。

　このように CAP 改革をめぐる加盟国間交渉の最終局面まで，フランス政府は粗放型畜産部門の利益を強力に主張し，おおむね成果を得たといっていいだろう。ハンディキャップ地域における粗放型畜産の保護には，ハンディキャップ地域補償金や農業環境支払いによる所得政策が展開しても，政策価格の水準やその引下げに伴う補償金の多寡が第一義的であるといっていい。とくに，共通市場をめぐる歳出は全額 EU 負担であり，合意された改革によっても，FEOGA 歳出の9割を構成する点は変わらないからである。

（2）99年 CAP 改革と農業所得

　ベルリンサミット合意によりフランスの農業所得が受ける影響について，フランス農林省財政局が予測を行った(46)。それによれば，農業者に対する経営補助金の総額は1997年の479億フランから，557億フランに増加する。とりわけ，畜産部門に対する経営補助金歳出の伸びが大きく，総額78億フラン増のうち58億フランを占める。「プロフェッショナル」な農業者の可処分所得に対して経営補助金の割合は，平均的には51％から63％に上昇するが，他方で，改革が行われても直接支払いの給付を受けない経営が15％（約6万経営）存在し，8割が20万フラン以下の給付を受けるにとどまる。

　可処分所得に対する経営補助金の割合は，改革の対象産品となる「穀物・油糧種子・蛋白作物」経営の場合，94％から126％へ，「肉牛」経営の場合，95％から129％に上昇する。しかし，直接支払い増の総額78億フランは介入価格引下げによる付加価値の損失の56％をまかなうに過ぎず，農業経営の可

処分所得総額は60億フラン減少し，1997年と比較して7％の減少となる。「穀物・油糧種子・蛋白作物」経営の可処分所得の減少は23％となるが，「肉牛」経営の場合2％増，「酪農」経営の場合1％減であり，「肉牛」経営の場合には，平均を見れば，介入価格引下げによる損失が経営補助金により完全に補塡される[47]。

ただし，推計では「穀物・油糧種子・蛋白作物」経営の所得について，仮に過去20年間の収量増（2％/年）が改革完了時まで継続すれば，この要因だけで21％の所得増となる。また，コストが5％減となれば11％の所得増，1991年から1997年における1経営当たりの拡大面積の1/2相当が達成されれば16％増の所得増要因となる。これらの値はいずれも92年のCAP改革に対する農業経営の適応の姿であった。99年改革による影響もこれらの要因により相当量吸収される可能性は十分にある。

欧州委員会の第一次改革案（サンテールⅠ）がもたらすと見られた「肉牛」経営の大幅な補助金依存と所得減は，上述したようなCAP改革案をめぐる加盟国間交渉においてフランス政府が発揮した交渉力により，ほぼ回避されたといえよう。

5．結　語

本章はフランスにおける粗放型畜産を取り上げ，ハンディキャップ地域の農業経営の所得形成に不可欠となった直接所得補償の意義について分析を行った。その結果，明らかになったのは以下の点である。

第1に，粗放型畜産はフランス農業の中で，所得が最も低位にある部門であり，その他の供給過剰産品と同様に，その生産者価格は傾向的に低落している。ハンディキャップ地域に立地する粗放型畜産といえども，フランス農業一般の構造調整メカニズムの例外をなすものではない。すなわち，粗放型畜産地帯においても，1970年代以降，農業経営の減少，それに伴う農地の集積により，構造調整はフランス農業全体に比べて遜色ないテンポで進んだ。

第2に，粗放型畜産の所得水準が傾向的に低落する中で，農業経営所得に占める補助金比率が一貫して増大し，所得の構成上不可欠となった。種々の補助金の中で次第に影響力を増してきたのが，価格低落に対する代償措置としての生産補償金である。

　その理由は，市場価格を反映した補償金制度は，所得補償措置として迅速な対応が可能であり，設定された参考価格と市場価格との差額をベースにすることにより，補償額設定に伸縮性を保つことができる点にある。このため，生産補償金はハンディキャップ地域補償金制度よりも，傾向的に当該産品価格が下落する過程では，優れているからである。また，ハンディキャップの概念を正確に定義し，補償金の算定に反映させるのは，技術的にも困難である。特に，指定地域の拡大に際しては，政治的な恣意性が加わる余地は極めて大きい。さらに，価格下落による所得補償の歳出が，ほぼ全額EU負担であるのに対し，ハンディキャップ地域補償金の場合，EU負担は25％であることから，ハンディキャップ補償金単価の増額は，加盟国に負担が大きくなるという制度的問題もある。

　このような背景において，生産条件のハンディキャップの補償を目的に始まった補償金制度は，価格低落に直面した粗放型畜産経営に対する国内措置の一環として，活用されたものといえよう。そして，ハンディキャップ地域補償金や繁殖メス牛生産補償金には，小規模経営を優遇したという側面があった。これは中長期的に農業経営数を維持する役割を十分果たさなかったが，生産者価格低落が引き起こす構造調整の速度を緩め，農村社会の激変を短期的に緩和させるものとして機能したと解釈できる。

　第3に，粗放型畜産に対する直接所得補償の手法に，飼料基盤もしくは草地基盤に対する飼養密度による補償対象の差別化が加えられたことである。これは土地集約度の上昇を抑止することで供給過剰を防止するとともに，低生産性農地の維持に対して誘因を与えるものである。特に，農業環境プログラムの枠組みの中で実現された草地奨励金は，飼養密度のとりわけ低い経営に対する補助金であり，粗放型生産を保護，奨励する性格はより強い。ただ，草地奨励金

は，その導入の契機や営農上の給付条件がもつ制約の弱さを考えると，生産者価格低落下の追加的な所得補償としての側面も見逃してはならない。

環境保全を目的とした所得補償は，1985年のEC規則（規則797/85第19条）により道が開かれたにもかかわらず，イギリスやドイツなどと比べてフランスの適用は，これまで試験的であり消極的であると評価されてきた[48]。現段階においても，追加的費用を伴う環境保全的な営農行為に対する契約的所得補償という側面が弱い点は，このような評価を基本的に変えるものではないといえるだろう。

第4に，粗放型畜産部門に対する所得補償政策は，共通農業政策の基軸である酪農，穀物に対する政策の波及を契機として展開した。すなわち，ある部門に加えられる農業政策の変更が別のある部門に損失を及ぼしたり，補助の配分に不公平をもたらす場合の代償措置として，所得補償政策が展開したといえる。

注(1) 本書では，EC指令75/268に基づいて指定される地域を，総称してハンディキャップ地域とした。この指定地域について，わが国では一般に条件不利地域と呼ばれることが多い。しかし，これは後述するようにフランスの指定地域が，山間地域（zone de montagne），山岳地域（zone de haute montagne），山麓地域（zone de piémont），その他の条件不利地域（autres zones défavorisées）の四つに区分され，この時の条件不利地域との混同を避けるためである。また，本制度にかかる経営補助金は自然ハンディキャップ補償金（indemnité compensatrice de handicaps natrurels）と呼ばれるが，本書では便宜的にハンディキャップ地域補償金とした。
(2) フランスには海外県を除くと96の県がある。県単位の農業地帯区分としては，通常1981～85年の県農業生産額の構成から，5区分（ensembles），13類型（sous-ensembles）に分類されたものが用いられることがある（Ministère de l'agriculture et de la forêt〔39〕）。しかし，ここでは1991年の県農業生産額を利用し，地帯区分の構成に修正を加えて分析を行った。これは，最近の農業生産構成に基づくとともに，ワイン生産など一部地域の特殊な作物の影響を排除するためである。本稿における各類型区分の構成県は以下の通りである。
「大規模畑作」県：セーヌ・エ・マルヌ，イヴリンヌ，エソンヌ，ヴァル・ドワーズ，オーブ，エーヌ，ワーズ，シェール，ユール・エ・ロワール，ロワレ，ヨンヌ
「集約型畜産・酪農」県：ヴァンデ，コート・ダルモール，フィニステール，イ

ル・エ・ヴィエンヌ，モルビアン

　「山間酪農」県：ヴォージュ，ドゥー，ジュラ，テリトワール・ドゥ・ベルフォー，アヴェロン，オート・サヴォワ，カンタル，オート・ロワール，ロゼール

　「粗放型畜産」県：ニエーヴル，コレーズ，クルーズ，オート・ヴィエンヌ，アリエール

(3) フランスの農業経営所得を把握するには，農業経済計算 (Comptes de l'agriculture française) と農業簿記調査 (Réseaux d'information des comptabilités agricoles : RICA) の二つの統計資料が活用できる。前者は国民経済計算に準じて作成される加工統計であり，1967年より毎年，県もしくは地域圏の農業局により県農業経済計算として作成されてきた。他方，後者は，農業所得が小麦生産相当で12ha以上かつ，年間労働力単位0.75以上の経営の収支構造を把握する目的で，1968年から作成されている統計資料である。

　農業簿記調査における1991年の調査対象経営は7,468経営であり，フランスの農業経営52.9万経営（農業生産の93%）を推計把握できる。なお，1988年の農業センサスにおける農業経営数は101.7万経営である。

　以下の分析では，長期的な農業所得のトレンドを把握するため，農業経済計算を用いた。経営数や労働投入量は農業センサスや農業構造調査から推計されたもので，これを用いて経営当たりもしくは労働投入当たりなどの経営総所得 (résultat brut d'exploitation) が得られる。用いた資料はいずれも，フランス農業漁業省調査統計部 (SCCES) から出版，公表されているものである。なお，経営総所得は，農業生産（販売＋自家消費）－中間投入＋補助金＋災害補償金－賃金・社会保険料－課徴金－賃借料－土地税－利子－災害保険掛金，で得られる。

(4) このようなモデル的把握について，Kroll〔31〕に多くを負った。

(5) 「肉牛経営」は，貨幣価値で表された粗利益 (marge brute) の2/3以上を牛飼養から得，かつ乳牛からの収益が1/10以下の経営を，また，「羊およびその他草食家畜」は粗利益の2/3以上を草食家畜飼養から得，牛飼養がこのうち2/3以下の経営をいう。

(6) フランスのハンディキャップ地域補償金等に関する制度の詳細は，是永〔29〕を参照されたい。

(7) 和泉〔27，52-55ページ〕。

(8) このほか，地中海岸に臨む地域について，乾燥地域指定がある。

(9) カヴァイエス（〔11，pp.37-38〕）は，代表的な粗放型畜産地帯であるシャロレ地方において，農地価格の上昇にもかかわらず，土地集約度の上昇が長期的に見てもきわめて軽微であったことを明らかにしている。1955年から1979年にかけて，農地価格はその他の生産要素に対して4倍近く上昇したにもかかわらず，飼料基盤面積当たり家畜頭数は0.77頭から0.95頭と1.2倍に上昇しただけであった。このことは粗放型畜産において，その他の生産要素に対する地価の相対価格の影響は軽微であり，集約化に対する技術制約が強く存在することを示唆している。

(10) 是永〔29, 246-248ページ〕。
(11) FNSEA〔20〕。
(12) Petit et al.〔42〕。
(13) Spinder〔46〕。
(14) Ministère de l'agriculture et de la forêt〔36, p.172〕。また，この背景にはイギリスにおける羊肉消費の減退と生産量の増大に対して，フランスにおける羊肉消費の拡大がある（Blanchemain〔7〕）。羊肉共通市場化によりフランスの羊肉価格は低落し，以来，飼養頭数は傾向的に減少している。
(15) ハンディキャップ地域補償金はUGB（大家畜単位）当たりで支給される一方，羊生産補償金はメス成羊頭数当たりで支給される。1UGBは成牛（2歳以上）1頭，メス成羊6頭に相当し，たとえば1993年の山岳地域の羊に対するハンディキャップ地域補償金単価960フラン/UGBに対し，同年の羊生産奨励金は1,014フラン/UGB（169フラン×6頭）となる。
(16) カレールら（Carrere et al.〔9, pp.19-21〕）は，1982年と1985年に指定地域が目立って拡大したことについて，1982年には山間地域，条件不利地域における農業および農村経済実態調査委員会報告が公表され，1985年には山間地域振興法が成立する時期に相当したことを指摘している。
(17) 粗放型畜産経営の費用構造は，短期的な経営環境の変化，すなわち生産物価格の変化に対して硬直的である。カヴァイエスは，経営簿記調査をもとに，典型的な粗放型畜産地帯であるシャロレ地方と集約的な西部地方の肉牛生産経営の比較分析を行った（Cavailhès〔11, pp.34-45〕）。

これによれば，集約的な西部地方の経営のha当たりの生産額は，1980年代前半の価格低落時に7,066フラン/haから4,992フラン/haに減少するとともに，流動コスト（肥料，改良剤，種子，防除，家畜飼料，燃料費，獣医薬品等）は2,278フラン/haから1,435フラン/haに減少した。集約的畜産経営にみる生産額の減少は，生産物価格の低落に反応し投入を減らしたことで，少なくとも部分的には説明することができる。

他方，粗放型のシャロレ地方の経営では，同じく80年代前半の生産物価格の低落期間に，ha当たり生産額は3,386フラン/haから2,502フラン/haに減少したのに対して，流動コストは581フラン/haから613フラン/haに若干上昇した。つまり，粗放型経営ではコスト削減効果が期待されにくい。このことは，1980年代を通じて，集約的な西部の経営の流動コストが1,300～2,300フラン/haと変動が大きいのに対して，シャロレ地方では約500フラン/ha前後，マシフ・サントラルで700～800フラン/haと変動が軽微である点からも結論できよう。このため，価格低落下のha当たりの付加価値は，粗放型地帯において減少が激しい。すなわち，西部地方では，1981年から1987年に付加価値が，3,217フラン/haから1,784フラン/haへ45％減少したのに対して，シャロレ地方では1,896フラン/haから920フラン/haへ51％，マシフ・サントラルでは2,512フラン/haから1,026フラン/haへ59％，それぞれ減少した。

(18) 是永〔28, 151-152ページ〕。
(19) この点については，CAP改革の一環として実施された牛肉の介入価格の引下げ（3年間で15％）に伴い，1993年以降，繁殖メス牛生産補償金の単価が大幅に引き上げられたことにも表れている。このとき，EU負担分の上昇に伴い，フランス政府は自国負担の加算部分を引き下げた（第3-6表）。フランスの酪農部門以外にも，EU構成国の中にはドイツ，オランダ，デンマークなどの構成国で，酪農部門が農業経済の中で重要な位置を占める。酪農に対する保護政策の波及が，繁殖メス牛を主畜とする肉牛生産経営の所得を悪化させる時，フランス政府負担をEU負担に切り替える理由が成立したものと解釈できるだろう。
(20) フランス農業漁業省統計調査研究部（SCEES）は，CAP改革前の1991年経営簿記調査（RICA）をもとに，改革により予想される価格の下落と直接所得補償額から，CAP改革後の所得（1996年）の推計を行っている。これによれば，主要な粗放型畜産地帯における「肉牛」「羊」生産経営では，直接補助金の支給額が可処分所得を上回るという結果がすでに出されていた（Ministère de l'agriculture et de la forêt〔39〕）。
(21) 早期引退年金は，15年以上の農業経営歴を持つ55歳以上60歳未満の経営者が引退し経営を譲渡する時，年金資格年齢である60歳まで給付を受けられる年金で，35,000フラン/年の基礎給付額に，10ha以上50ha以下の面積について，500フラン/haが加算される。
(22) EU肉用牛経営に対するCAP改革の影響については，荏開津他〔18〕，また，補償金に関する解説は釘田他〔32〕に詳しい。
(23) オス牛特別補償金については，従来通り1経営当たり90頭に制限されている。オス牛特別補償金の場合，生後8カ月のオス牛（10カ月まで保有することを条件とする）を対象に給付されていたが，20カ月目にも奨励金が給付されることになった（同様に，22カ月まで保有することを条件）。フランスの補償限度総頭数は190万頭で，EU構成国全体の限度頭数の17％である。
(24) なお，1991年から羊生産補償金の対象となる羊頭数に対して，「農村奨励金（prime au monde rural）」と命名された補助金が新設された。これは，ハンディキャップ地域のみを対象としており，差別的な所得支持をねらったものである。
(25) 注(15)を参照。
(26) 粗放的特徴について，全飼養頭数を考慮して経営技術的に把握する場合の飼養密度より当然低い値となる。なお，一部対象となる酪農経営の場合，牛乳生産割当て量からみなし計算される頭数を含む。
(27) 草地奨励金の給付に必要なその他の条件は，以下の通りである。
　① 草地3ha以上，常時3UGB以上で経営する。
　② 経営主が農業を主業とし，60歳未満であること。ただし所得水準によっては，農業が副次的でも可。なお，共同経営（GAEC）の場合，経営者資格のある構成員数を掛け合わせた面積が上限となる。

③ 牛もしくは羊を飼養していること。
　④ 受給後5年間全草地面積，永年草地面積を維持する。
　⑤ 年間平均飼養圃度の条件を遵守する。
　⑥ 奨励金対象圃場の維持・管理を行う（放牧もしくは刈取りを行い，垣，溝，水飲み場を管理する）。
　⑦ 引退する場合に，奨励金契約は譲渡可能である。
　⑧ 一時的草地の場合には，播種の日から3年間同じ圃場で維持する。
　　筆者が行った経営調査によれば，山間地域に立地する草地面積72haを経営する経営者は，圃場を区切る生け垣の管理（刈り込み等）に，およそ8時間×30日を要したという。草地奨励金を受給するために以上のような維持管理の条件を満たす必要があるが，従来の経営手法に対して特段の制約を与えるものではない。この経営者は，草地奨励金の受給を刈り込み等にかかわる未払いの管理労働に対する報酬と捉えていた。

(28) 農業センサス等の統計では，人工草地はマメ科飼料作物が作付けされ，1年以上の期間，草地として継続して利用されるものと定義される。一時的草地はイネ科飼料作物の作付け，もしくはイネ科，マメ科飼料作物の混播である。これらは，ともに輪作体系に組み込まれるのが一般的である。

(29) ちなみに，1995年時点で12.5万経営，対象面積は580万haにのぼる。フランスの全農業利用面積が3,000万ha，全草地面積が1,060万ha（1995年）であるから，草地面積全体の5割を超える。また，ボダン（Baudin〔1〕）が1994年の経営簿記調査に基づいて行った推計によれば，「肉牛」経営（経営所得のうち75%以上が肉牛）のうち，粗放生産を奨励する粗放加算と草地奨励金をあわせて受給する経営は66%，粗放加算のみを受給する経営が21%，どちらも受けない経営は13%となっている。粗放型経営に対する奨励金をともに受給する場合，1UGB当たりの奨励金額は全肉牛生産経営の平均に対して12%高く，どちらも受けない経営は32%低くなる。

(30) Hassan *et al.*〔23〕。

(31) 経営粗余剰（excédent brut d'exploitation）は，農業簿記調査で用いられる所得概念の一つで，農業販売額±在庫形成－中間消費－賃料－保険掛金＋付加価値税還付＋補助金＋災害保険金－租税公課－人件費で表される。経営粗余剰は，農業経済計算で用いられる経営総所得の構成にほぼ等しい。

(32) Bazin *et al.*〔2〕。

(33) Guesdon *et al.*〔22, p.42〕。

(34) Casagrande *et al.*〔10〕。

(35) Blanc *et al.*〔4〕。

(36) Blanc *et al.*〔5〕。

(37) 98年3月31日欧州理事会におけるルパンセック農相（当時）発言。

(38) 欧州委員会案に対するフランス政府の反論，論調はMarre〔33〕による。

(39) 99年2月4日,全国牛生産連合会総会におけるフランス農相発言。
(40) 2000〜01年は,1.6〜2.0UGB(大家畜単位)に対し33ユーロ,1.6UGB以下に対し66ユーロ,2002年以降は1.4〜1.8UGBに対し40ユーロ,1.4UGB以下に対し80ユーロである。
(41) Marre〔33〕。
(42) Marre〔33〕。
(43) 第3節(4)参照。
(44) Marre〔33〕。
(45) Marre〔33〕。
(46) Blanc *et al.*〔5〕。1997年の経営簿記調査をもとに,農業構造,物価の変動はないものと仮定し,推計されている。
(47) 「肉牛」経営の所得に及ぼす影響は地域差が大きい。繁殖肥育一貫もしくは肥育経営が多い集約的なペイ・ドゥ・ラ・ロワール地方の場合,可処分所得の8%の減少が見込まれるのに対して,繁殖生産を中心として粗放的なブルゴーニュ地方やオーヴェルニュ地方の場合,それぞれ4%,6%の所得増が見込まれる(Blanc *et al.*〔6〕)。
(48) Schwarzmann *et al.*〔44〕。

〔参 考 文 献〕

〔1〕 Baudin, P., "La fixation des prix agricoles pour 1993/1994", *Revue du marché commun et de l'Union européenne*, n. 371, 1993.

〔2〕 Bazin, G., Blogowski, A., Boyer, Ph., "Réforme de la PAC et réduction des inégalités de revenu agricole." *Economie rurale*, n. 232, 1996.

〔3〕 Bergmann, D., Baudin, P., *Politique d'avenir pour l'Europe agricole*, INRA/Economica, 1989.

〔4〕 Blanc, C., Blogowski, A., Mathurin, J., "Analyse des conséquences des propositions SANTER I à partir des comptes économique de l'agriculture des membres de l'Union européenne". *Notes et études économiques*, n.7, DAFE/SDEPE, Ministère de l'agriculture et de la pêche, mai 1998.

〔5〕 Blanc, C., Blogowski, A., Mathurin, J., "Impact des propositions SANTER sur le revenu des agriculteurs français: Les propositions de juillet 1997". *Notes et études économiques*, n.8, DAFE/SDEPE, Ministère de l'agriculture et de la pêche, mai 1998.

〔6〕 Blanc, C., Mathurin, J., Blogowski, A., "Agenda 2000: Les conséquence de l'accord de Berlin pour l'agriculture française" *Note et études économiques*, n.11, DAFE/SDEPE, Ministère de l'agriculture et de la pêche, avril 2000.

〔7〕 Blanchemain, A., "Intensification, extensification: Quel avenir pour la production ovine française ?" *Economie rurale*, n. 183, 1988.

〔8〕 Boyer, Ph., "Des primes animales mais aussi céréalières pour l'élevage bovin", *Les cahiers* (Agreste), n. 1-2, SCEES, 1996.

〔9〕 Carrere, G., Valleix, Y., Juillard-Laubez, M.-C., *Impact des aides sur les revenus agricoles en zones défavorisées*, INERM/CEMAGREF, 1988.

〔10〕 Casagrande, P., Fraysse, J.-L., "Les chaptels allaitants répondent présents à la réforme", *Les cahiers* (Agreste), n. 1-2, SCEES, 1996.

〔11〕 Cavailhès, J., *Exploitations extensives en région charolaise*, INRA/Dijon, 1991.

〔12〕 Chambre d'Agriculture de la Côte d'Or, *La filière ovine en Côte d'Or*, 1996.

〔13〕 Chambre d'Agriculture de la Côte d'Or, *Réseau d'élevage pour le conseil et la prospective, Zone Charolaise, campagne 1995*, 1996.

〔14〕 Commission of the European Union, *Indice CE des prix agricole 1976-1986*, Eurostat, 1987.

〔15〕 Commission of the European Union, *Farm structure: 1993 survey*, Eurostat, 1996.

〔16〕 Commission of the European Union, *Prix agricole 1986-1995*, Eurostat, 1997.

〔17〕 Desriers, M., "21 mai 1992: naissance de la nouvelle PAC", *Les cahiers* (Agreste) n. 1-2, SCEES, 1996.

〔18〕 荏開津典生，生源寺真一，木南章『CAP改革がECの畜産に与える影響——CAP改革と条件不利地域の肉用牛経営』（畜産振興事業団，1993年）。

〔19〕 Fédération nationale ovine, *Compte rendu d'activité 1991*. Conseil d'administration, 1992.

〔20〕 Fédération nationale des syndicats d'exploitations agricoles, *Rapport d'activité 1991*, 1992.

〔21〕 後藤康夫「ECの条件不利地域政策が示唆するもの」（編集代表大内力『中山間地域対策——消え失せたデカップリング——』，農林統計協会，1993年）。

〔22〕 Guesdon, J.-C., Chotteau, Ph., Kempf, M., *Vaches d'Europe: lait et viande. Aspects économiques*, Institut de l'élevage/Economica, Paris, 1995.

〔23〕 Hassan, D., Legagneux, B., Lhermite, M., Vignau-Loustau, L., "Les effets de la réforme de la PAC sur le revenu des éleveurs spécialisés en viande bovine de Midi-Pyrénées", *Economie rurale,* n. 232, 1996.

〔24〕 INRA/ESR, "Consommation, commerce et production de viande bovine: tendances et structures", *INRA Science sociales*, n. 3, 1996.

〔25〕 INRA/SCEES, *Le grand atlas de la France rurale*, Ed. Jean-Pierre de Monza, 1989.

〔26〕 石井圭一「フランスにおける直接所得補償と条件不利地域 —— 粗放型畜産を中心に —— 」(『条件不利地域対策の行方 —— 日欧の比較 —— 』, 平成8年度秋季特別研究会討論記録, 農業総合研究所, 1997年)。

〔27〕 和泉真理『英国の農業環境政策』(富民協会, 1989年)。

〔28〕 是永東彦「ECの条件不利地域農業政策の展開過程」(編集代表大内力『中山間地域対策 —— 消え失せたデカップリング —— 』, 農林統計協会, 1993年)。

〔29〕 是永東彦「フランス —— 山地農業への重点的支持制度の展開 —— 」(是永, 津谷, 福士『ECの農政改革に学ぶ』, 農文協, 1994年)。

〔30〕 是永東彦「所得維持機能に傾斜するEU農業環境政策」(『農業と経済』, 1994年)。

〔31〕 Kroll, J.-C., *L'agriculture française et la politique agricole commune: La réforme de la PAC, quelles perspectives ?* Compte rendu de l'audition du 10 novembre devant la section de l'agriculture et de l'alimentation au sein du Conseil economique et sociale, 1993.

〔32〕 釘田博文, 東郷行雄「EUの肉牛奨励金制度の運用状況」(『畜産の情報 (海外編)』, 畜産振興事業団, 1995年)。

〔33〕 Marre, B., *La PAC en quête de nouvelles missions.* Rapport d'information N.1247, Délégation pour l'Union européenne, Assemblée nationale. décembre 1998.

〔34〕 Ministère de l'agriculture et de la forêt, "Les comptes départementeaux et régionaux de l'agriculture de 1970 à 1975, *Etudes* (Collection de statistiques agricoles), n. 160, mars 1978.

〔35〕 Ministère de l'agriculture et de la forêt, *Recensement général de l'agriculture 1988-89*, Agreste (SCEES), 1990.

〔36〕 Ministère de l'agriculture et de la forêt, "Un siècle et demi d'élevage en France", *Etudes* (Agreste), n.8, SCEES, 1991.

〔37〕 Ministère de l'agriculture et de la forêt, "Les concours publics à l'agriculture. Une nouvelle approche: Bilan sur 1991 et projections à 1996", *Etudes* (Agreste), n. 28, SCEES, 1994.

〔38〕 Ministère de l'agriculture et de la forêt, "Les comptes départementaux et régionaux de l'agriculture de 1991 à 1994, *Données chifrées Agriculture* (Agreste), n. 72, septembre 1995.

〔39〕 Ministère de l'agriculture et de la forêt, "Les comptes de l'agriculture française de 1995, *Les cahiers* (Agreste), n. 5 - 6, 1996.

〔40〕 OECD, *Agricultural policy reform: new approaches, the role of direct payment*, 1995.

〔41〕 Petit, M., "Perspectives de changement dans la localisation et les techniques de production de viande bovine", *Economie rurale*, n. 78, 1968.

〔42〕 Petit, M., Viallon, J.-B., "Réflexion sur le plan Mansholt", *Economie rurale*, 1972.

〔43〕 Potrugal, L., "Le rôle des paiements directs dans la réforme des politiques agricoles", *Economie rurale*, n. 233, 1996.

〔44〕 Schwarzmann, C., Mahé, L., Rainelli, P., "Environnement et agriculture. Une comparaison France-Allemagne", *Cahiers d'économie et sociologie rurales*, n. 17, 1990 (「環境と農業 —— フランスとドイツの比較 ——」〔『のびゆく農業』第817号, 農政調査委員会, 1993年〕).

〔45〕 Servolin, C., *L'agriculture moderne*, Editions du Seuil. 1989 (是永東彦訳『現代フランス農業 ——「家族農業」の合理的根拠 ——』〔農文協, 1992年〕).

〔46〕 Spinder, F., "La place des produits animaux dans la production agricole française", *Economie rurale*, n. 107, 1975.

第4章 農業環境プログラムの展開と課題

1. はじめに

　前章では，条件不利地域における粗放型畜産部門を中心に，各種経営補助金の機能や農業所得への影響について明らかにした。本章では各種経営補助金のうち，もっとも新しいタイプの補助金，すなわち農業環境プログラムにかかる補助金の展開と課題について論じたい。

　環境保全を目的とした経営補助金は，EUの1985年の農業構造の効率改善に関する規則797/85第19条において，「自然生態の保護の要請に合致した農業生産手法の導入や継続に寄与し，農業者の適正な所得を確保することを目的として，加盟国が環境保全区域において特別な措置を講じることを認める」と定めたことに始まる。

　イギリスに引き続き，ドイツ，デンマーク，オランダで迅速に第19条の適用が実現したのに対し，フランスの農相が導入の用意を宣言したのは1989年になってからのことであった。導入を見送った理由として農林省があげたのが，ハンディキャップ補償金にかかる歳出が予算枠を超えていた当時において，第19条適用は財政的負担が大きいと考えられたこと，課題が十分特定化されていなかったこと，科学的基準が不明確なことであった。しかし，そもそもの理由は，生産と所得を切り離して農業が汚染源であると認めることが，1950年代以降のフランス農政の基本であった生産力増強政策と矛盾するものであったと見る向きがある[1]。

　こうして，1985年の規則797/85第19条における環境保全区域制度の適用に関する調査研究の中で，フランスにおけるその適用の遅れの事実から，適用に

対する消極性,躊躇の表れが一様に指摘されてきた[2]。しかし,EU15カ国全体で,1997年には農業利用面積のうち20％が農業環境プログラムの給付を受けていたのに対して,フランスでは22.6％に達しており,92年の規則2078/92に基づく農業環境プログラムの適用のもと,環境保全を目的とした経営補助金(以下,環境支払い)は定着しつつあるといってよい[3]。

補助金を活用した農業環境政策の展開は,加盟国によりその性格,段階が大きく異なる。欧州委員会の整理によれば[4],共通農業政策(CAP)のフレームワークとは独立に農業環境政策が展開した国々(ドイツ,フィンランド,オランダ,オーストリア,スペイン,イギリス)に対して,フランスはデンマーク,アイルランド,イタリアとともに,規則797/85第19条の適用以降,EU規則を適用しつつそれが展開した国々として位置付けられる。このため,本章でもEU規則とその適用の実態について着目した。

本章は,以上のようなEU規則を背景に,フランスにおける環境支払いの展開と規則2078/92の適用の実際について明らかにすることを目的とする。まず**2．**では,規則2078/92の特徴とフランスにおける適用の仕方について述べる。**3．**において,環境支払いの農業所得に及ぼす影響や農業所得の分配に及ぼす影響を明らかにする。**4．**では,規則2078/92のもとで実施された水質保全,粗放化,環境保全区域,草地奨励金について,それらが講じられた政策背景や実績,農業環境プログラムが展開するにあたっての障害等について明らかにする。最後に**5．**では,環境支払いの限界と課題について示した。

2．EU規則2078/92とフランスにおける適用

(1) EU規則2078/92の性格

92年CAP改革は,穀物,油糧種子,牛肉の支持価格を引き下げ,これにより発生する所得の損失を生産者に対する経営補助金により補填することを内容とした。このとき,改革に伴う措置として位置付けられたのが農業環境プログラム(規則2078/92),植林助成(規則2079/92),早期引退助成(規則2080/92)

であった。

　農業環境プログラムの特徴は第1に，CAP改革に伴う措置の意味するところにある。規則797/85における環境支払いにかかる歳出は農業構造政策の一環であった。しかし，CAP改革により，農業環境プログラムは植林助成や早期引退助成とともに，共通農産物市場を支持する市場介入や輸出補助金にかかる歳出会計であるFEOGA（欧州農業指導保証基金）保証部門からの歳出となり，CAPの中核として位置付けられることになった。保証部門と指導部門の大きな違いは財政規律にあり，CAP改革に伴う措置には年間の歳出限度枠はない[5]。

　第2は，農業環境プログラムの適用の義務化とEUの財政負担率の引上げである。規則797/85第19条の国内適用は加盟国の判断にゆだねられていたが，規則2078/92はすべての加盟国が適用しなければならない。また，それまで25％であったEU負担率は50％に引き上げられ，加盟国の適用に対してより大きな誘因を与えた。地中海諸国，アイルランド，旧東ドイツなど，EU地域政策において後発地域指定を受ける地域では，EU負担率は75％となった。

　第3は，農業環境プログラムの助成対象が広範であることである。規則2078/92が助成の対象とした営農行為は，①肥料，農薬投入を十分削減すること，すでに削減した投入量を維持すること，有機農業生産を導入，もしくは維持すること，②①以外の方法で植物生産（飼料用を含む）の粗放化を実施すること，すでに実施した粗放的生産手法を維持すること，耕地を粗放的な草地に転換すること，③飼料面積当たり牛，羊の飼養密度を引き下げること，④環境や自然資源の保全，田園景観の維持に必要なその他の営農手法を取り入れること，もしくは絶滅の危機にある在来家畜種を飼養すること，⑤放棄された農地や林野を維持管理すること，⑥ビオトープの保護区，自然公園の指定や水質保全など環境保全を目的として20年以上休耕すること，⑦一般市民のアクセスや余暇利用のための農地管理をすること，である。

　以上のような助成対象の多くは，規則2078/92の制定以前に，その実績はともあれEU規則の中で実現されてきた。ただ，それまでは第一義的な目的は環

境保全ではなく，生産過剰対策であった。例えば，①，③はそれまで粗放化に関する規則1094/88が助成対象としたものであるし，②のうち，耕地の粗放的な草地転換は生産調整を目的とした任意休耕に関する規則1272/88における一つのオプションであった。任意休耕制度はアメリカで実施された保全休耕プログラムをモデルとした措置で，供給と需要の均衡を図ることを目的とした。ただし，環境面の配慮として，荒蕪地にする際に地力や生態特性を良好な状態に維持する必要があり，加えて加盟国は環境保全的な管理義務を別途定めることができた[6]。規則797/85第19条は，④にある環境や自然資源の保全や田園景観の維持に必要なその他の営農手法を取り入れること，に引き継がれている。

このように，農業環境プログラムを定めた規則2078/92は，CAPにおける農業環境政策の地位を高めるとともに，従来，生産過剰対策として講じられてきた措置を環境保全の目的により沿ったかたちで純化させ，統合したものといえる。さらに，その助成対象範囲の広さは，農業環境問題に鋭敏な北部ヨーロッパだけでなく，南欧諸国における適応を促進することで，域内全域において環境支払いの展開を意図したことの表れであった。

（2）　フランスにおける適用

農業環境プログラムの適用について，加盟国に大きな裁量が与えられている。規則2078/92は加盟国が「多年度ゾーニングプログラム（programmes zonaux pluriannules）」を策定して適用することを定めたが（第3条1項），「それぞれのプログラムは環境や自然空間について同質の区域を包含する」ことが記されるだけである。例外規定として全国一律に適用できる制度を導入することも可能である（第3条4項）。

フランスでは「多年度ゾーニングプログラム」として，全国に22ある地域圏（régions）を活用した地域圏ごとの地方プログラム（programmes régionaux）に基づく運用と，全国一律に適用する草地奨励金が実施された。

地方プログラムの場合，各地域圏に対して農業利用面積と農業経営数を加重平均して予算が配分され，その枠内であれば各地域圏が優先課題に応じて活用

できる。環境支払い政策の地方への権限委譲である。各地域圏には，地域圏農業環境委員会（comité régional agri-environnement, CRAE）が設置され，国から割当てられた予算を事業別，目的別に配分するなど，事業計画の立案を行う。なおCRAEは，地域圏レベルの中央省庁組織（農林省の場合は地域圏農林局，環境省の場合は地域圏環境局），農業職能団体，地方議員，環境保全団体，有識者等で構成される。

県レベルには，県農林局，地域圏環境局といった中央省庁組織や事業対象区域の地方公共団体，農業職能団体，環境保全団体等で構成される事業推進委員会（comité de pilotage）が設置される。事業推進委員会の役割は，対象区域の設定，農業者からの契約申請の審査など，事業の運営管理を行うことである。

地方プログラムには，農林省通達が定めた契約細則を活用する一般事業と，ローカルレベルで契約細則を作成するローカル事業がある。後述するように，ローカル事業は第19条における環境保全区域制度の後身である。一般事業の場合，農林省が作成した契約細則が，EU委員会によって承認された後に地方レベルで適用できるため，実施にいたるまでの手続きは比較的簡素である。これに対して，ローカル事業の場合は，事業ごとに契約要件がローカルレベルで立案された後，CRAEによる審査，農林省による審査，さらにEUの財源負担の承認を受けることが必要であり，手続き的には重い。

フランスでは，全国適用措置として粗放的な営農の維持を目的とした草地奨励金を導入し，地方プログラムのうち一般事業では，水質保全，規模拡大による粗放化，希少家畜の保護，ビオトープ保護，有機農業への転換，技能開発を目的として，またローカル事業ではビオトープ保護，農地荒廃防止を優先課題として，規則2078/92を適用した。

第4-1表は，農業環境プログラムの助成目的もしくは助成対象ごとの実績を示す。これは申請，審査の手続きをすべて終えた契約実施段階の実績である。助成単価の水準は契約によって生じる営農への制約の強さを示し，1契約当たりの契約面積の多寡は農業者にとっての契約のしやすさを示すといっていい。助成金単価が低く，契約面積が多いのは，草地奨励金のほか，火災防止

第4-1表 農業環境プログラムの実績（1997年までの累積）

	給付目的	契約件数	契約面積・頭数[1] (ha, UGB)	給付単価[1] (フラン/ha, UGB)	契約当たり給付額 (フラン)
一般事業	投入量削減	2,976	19.9	1,005	19,983
	耕地の草地転換	3,102	5.4	2,077	11,175
	長期休耕（ビオトープ）	39	5.1	2,831	14,302
	（水質保全）	73	4.1	2,865	11,695
	飼養密度軽減	1,295	18.3	1,459	26,759
	希少家畜の保護	1,921	6.3	386	2,439
	有機農業への転換	2,301	26.6	861	22,947
ローカル事業	ビオトープ保全	11,952	15.8	724	11,430
	農地荒廃防止	7,663	28.0	382	10,700
	火災リスク防止	231	45.5	444	20,224
	水質保全（ローカル）	297	24.2	664	16,509
全国措置	草地奨励金[2]	104,862	44.6	300	13,393

資料：一般事業は，ISARA, *Evaluation des mesures agri-environnementales. synthèse des évaluations régionales*, septembre 1998, ローカル事業と草地奨励金は, CNASEA, *Les mesures agri-environnementales*. Annuaire statistique 1997.1998. より作成．

注(1) 飼養密度軽減，希少家畜の保護については，UGB（大家畜単位）当たりの契約，助成金．
(2) 1996年実績．

や農地荒廃の防止を目的としたローカル事業で，粗放的な草地の維持管理を目的とした農業環境プログラムである．

他方，助成金単価が高く，契約面積が少ないのは，長期生産停止，耕地の草地転換にかかる措置で，集約的な農地利用の粗放化による水質汚染の防止を目的とした環境措置である．

1契約当たりの助成額は，飼養密度の軽減が最も高く2.7万フラン，有機農業への転換の場合2.3万フランである．ローカル事業の中核をなすビオトープ保全と農地荒廃の防止はどちらも1.1万フランに過ぎない．ただ，ローカル事業による助成金は，一般に草地奨励金と重複受給が可能である．このため，そのほとんどが飼養密度の低い草地であることから，草地奨励金とあわせた助成金を受給していると見られる．

3．環境支払いと農業所得

（1） 農業財政と環境支払い

　1997年に農業環境プログラムに投じられた財源は19億フランで，うち16.3億フランが草地奨励金に対する歳出である。全農業関連歳出のうち農業環境プログラムにかかる歳出は1.1％で，さらに生産補償金，市場介入・輸出補助金，近代化助成，休耕等の生産調整，ハンディキャップ補償金等，農業者に対する直接支援策にかかる歳出項目のうち，2.6％である。第4-1図は，フランスにおける経営補助金，すなわちハンディキャップ補償金，生産補償金，休耕補償金，農業環境プログラム助成金の推移を示した図である。

　ハンディキャップ補償金は，1972年にフランスで導入された後，1975年にはEUの指令75/268によりCAPの一環として位置付けられた。導入当初は山

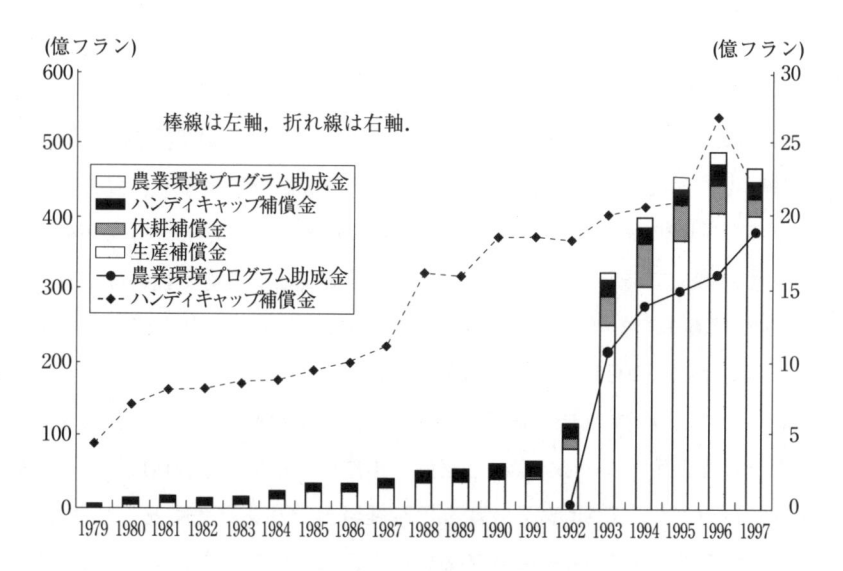

第4-1図　経営補助金の歳出の推移

資料：Boyer, Ph., La dépense pubique en faveur de l'agriculture française en longue période. *Notes et études économiques*, n.10, DAFFE/MAP, 1999.

間地域に限定されていたが，1988年より通常の条件不利地域に対しても補償金給付が開始される一方，補償金単価の引上げや対象地域の拡大が随時行われ，歳出が増加した。

　生産補償金は，1980年に肉牛や羊肉の介入価格の引下げを受けて，繁殖メス牛やメス羊に対して頭数当たりの経営補助金が導入されたことを契機として，歳出拡大が始まった。1992年CAP改革により，耕種部門における介入価格の大幅引下げの代償として導入された経営補助金によって，生産補償金にかかる歳出は膨張し，農業関連歳出の中で支配的となった。

　また，CAP改革による生産補償金受給の要件として休耕が義務となったことから，休耕補償金も経営補助金の中で比重が大きい。環境支払いは，農業関連歳出の中ではマージナルな財政規模であるが，1992年の導入決定から5年を経てハンディキャップ補償金の財政規模に急接近した。ハンディキャップ補償金やCAP改革による一連の生産補償金とならんで，農業環境プログラムは第3の経営補助金として登場したのである。

（2） 農業所得形成への寄与

　経営補助金に関する歳出の構成から類推できるように，環境支払いが農業経営所得に占める割合は小さい。1995年の農業簿記調査によると，農業経営が受け取る経営補助金のうち，69％は耕種生産の補償金であり，20％が畜産関連の生産補償金である[7]。ハンディキャップ補償金や環境支払いはそれぞれ4％，3％であり，また，可処分所得に占める経営補助金の割合が49.9％であるから，それぞれの可処分所得比は2％以下である。

　しかし，特定の経営部門，地域においては，農業環境プログラムが農業所得に大きな影響を与えている。第4-2表は，山間地域や条件不利地域とそれ以外の平地に区分して，CAP改革による生産補償金，ハンディキャップ補償金，環境支払いの構成と農業所得に占める割合を示している。環境支払いの構成比やそれらの所得に占める割合が，山間地域で相対的に高いのが明らかであろう。

第4-2表　生産条件別の経営当たり経営補助金（1995年）

	平地	山間	条件不利地域*	フランス
（1,000フラン）				
穀物等生産補償金	88.4	16.0	82.7	75.2
畜産補償金	12.0	36.6	40.8	21.6
環境支払い	0.5	10.0	4.7	2.9
ハンディキャップ補償金	0.0	21.4	3.1	4.2
経営補助金計	106.5	89.1	136.7	109.3
可処分所得	248.1	146.9	183.9	219.0
（％）				
可処分所得に占める割合	42.9	60.7	74.3	49.9
穀物等生産補償金	35.6	10.9	45.0	34.3
畜産補償金	4.8	24.9	22.2	9.8
環境支払い	0.2	6.8	2.6	1.3
ハンディキャップ補償金	0.0	14.5	1.7	1.9

資料：Blanc, C., Les aides directes: montant, répartition, et poids dans le revenu. *Notes et études économiques*, N.4, DAFE/SDEPE, Ministère de l'agriculture et de la pêche, juillet 1997.

注．*山間を除く．

第4-3表　地域圏別にみた農業環境プログラム

地域圏	農業経営数（％）	予算配分（％）	経営補助金に占める環境支払い（％）	参加経営の割合（％）	参加経営	
					経営当たり給付額（1,000フラン）	環境支払い/農業所得（％）
オーヴェルニュ	5	26	14	71	21.2	15
ミディ・ピレネ	9	14	4	32	13.9	13
リムザン	3	13	11	70	18.8	14
ブルゴーニュ	4	11	4	35	22.6	12
ローヌ・アルプ	8	11	7	33	12.1	10
アキテーヌ	9	4	2	11	17.5	14
フランシュ・コンテ	2	4	7	36	18.0	12
ラングドック・ルシヨン	5	4	5	10	20.0	15
ペイ・ドゥ・ラ・ロワール	9	4	1	10	13.8	7
その他地域圏	47	9	—	—	—	—
フランス	100	100	3	17	16.7	13

資料：Berthelot, Ph., Chatellier, V., Colson, F., L'impact des mesures agri-environnementales sur le revenu des exploitations agricoles françaises. *Economie rurale*, n.249, 1999.

助成金の配分構造の特性の第1は，農業環境プログラムの歳出が地域的に偏っていることである[8]。第4-3表には，環境支払いが上位の地域圏について，1995年の実績が掲げられている。これによると，オーヴェルニュの農業経営数は全国のそれの5％に過ぎないが，環境支払いの26％を占めているし，さらに農業経営数全体の29％，農業環境プログラム対象経営の70％を占める上位5地域圏には助成金の75％が投じられた。特に農業環境プログラムの対象経営の割合が高いオーヴェルニュとリムザンでは，経営補助金全体に占める環境支払いの構成比が高い。以上のことは，農業環境プログラムの歳出のうち草地奨励金が88％（1995年）を占めること，中央山地に位置する両地域圏では，農業利用面積に占める永年草地の割合が約65％と支配的で，典型的な粗放型畜産地帯を形成していることによる。

第2に，農業環境プログラムの受益者は草食家畜生産経営である。農業環境プログラムの実績について，経営組織別に見たのが第4-4表である。肉牛や羊・ヤギの生産に特化した経営では，農業環境プログラムの対象となった経営の割合がそれぞれ55％，69％と高い。酪農に特化した経営をあわせた3類型は全農業経営の28％であるが，環境支払いの82％を占める。

第3は，環境支払いへの依存度は農業粗生産額が小さく，農業所得が低い経営で高くなることである。第4-5表によると，農業所得に対する環境支払いの割合が3割を超える経営の農業粗生産額は，環境支払いなしの経営のそれの27％，1割未満の経営の40％に過ぎない。ここから，農業環境プログラムは所得分配に寄与していることがわかる。地域別もしくは経営組織別と所得階層別の組替えデータは得られないが，第4-5表を見ると，いずれも草食家畜頭数がかなりにのぼること，農業利用面積のうち穀物等の生産面積が少ないことから，環境支払いの比率が高いのは，粗放的な畜産経営で占められていると見ていいだろう。

このようにフランスにおける農業環境プログラムは，ハンディキャップ補償金とともに，山間地を中心に展開する粗放型畜産の維持に不可欠な所得の確保に寄与しているのである。

第4-4表　経営組織別にみた農業環境プログラム

経営組織	農業経営数(%)	予算配分(%)	経営補助金に占める環境支払い(%)	参加経営の割合(%)	参加経営 経営当たり給付額(1,000フラン)	参加経営 環境支払い/農業所得(%)
肉牛	7	41	10	55	22.0	16
羊・ヤギ	5	21	9	69	15.6	14
酪農	16	20	6	24	13.3	10
乳肉複合	4	6	4	24	17.0	12
耕種・畜産複合	0	9	1	11	13.4	10
耕種	26	2	0	2	10.7	6
その他経営類型	42	1	—	2	—	—
全経営	100	100	3	17	16.7	13

資料：第4-3表に同じ．

第4-5表　農業環境プログラムの参加経営の特徴

	不参加経営	参加経営				
		全体	農業所得に占める環境支払い			
			0－10%	10－20%	20－30%	>30%
経営数 (1,000経営)	355.8	75.3	25.0	28.7	8.4	13.2
農業労働単位	1.83	1.52	1.72	1.43	1.48	1.35
飼養草食家畜 (UGB)	31	60	59	63	59	51
農業利用面積 (ha)	57	67	65	69	64	61
穀物等生産面積 (〃)	31	10	14	7	6	7
飼料生産面積 (〃)	20	52	47	57	47	51
農業粗生産 (1,000フラン)	681.6	330.3	463.9	306.2	239.7	187.0
付加価値 (〃)	268.1	104.6	183.3	97.1	54.3	3.5
農業所得 (〃)*	198.4	130.8	203.9	128.8	89.7	22.7
経営補助金計 (〃)	107.9	112.1	113.2	110.7	113.5	104.7
うち環境支払い (〃)	0	16.7	11.0	17.4	20.9	22.5

資料：第4-3表に同じ．
注．*税引き前経常収支を農業所得とした．その算出は以下の通りである．
　　　付加価値＝農業粗生産－中間消費－賃貸料－保険料
　　　経営粗余剰＝付加価値＋付加価値税償還＋経営補助金＋保険収入－税－人件費
　　　経営収支＝経営粗余剰＋費用移転＋その他経常所得－減価償却費－その他経常経費
　　　税引き前経常収支＝経営収支＋金融収支

4．農業環境プログラムの実際と課題

　農業環境プログラムでは，保全の対象となる環境は様々であるが，営農行為の是正の仕方は大きく二つに分けられる。一つは，集約的な耕地利用の粗放化であり，二つは，粗放的な草地の維持管理である。本節では，前者について水質汚染対策と粗放化にかかる事業を，後者について環境保全区域制度と草地奨励金を取り上げて，その実際と課題について検討する。

(1)　集約的な耕地利用の粗放化
1)　水質汚染対策
　農業部門における水質汚染対策は，特に飲料水への直接的な影響が想定される取水源周辺の強い規制と，硝酸塩指令による「優良農法規定」遵守の導入，さらに汚染問題が深刻化し始めた地域における情報普及，啓発，指導事業として発達してきた[9]。農業者の所得の損失や費用負担を発生させるような制約に対する代償として，環境支払い制度が展開するのは，規則2078/92の適用によってであり，農政側からの財源負担が可能になってはじめて実現したのである。

　規則2078/92のもと，水質保全対策として環境支払いの対象にしたのは，耕地の草地転換，投入量の削減，長期生産停止であった。

(i)　耕地の草地転換
　耕地の草地転換にかかる措置の要件は，取水源周辺の保全を目的とする場合，草地への転換と飼養密度の制限，最大窒素施用量の設定，農薬使用の禁止であり，表流水の保全を目的とする場合には，小河川沿いの草地転換と草地帯の管理，農薬使用の禁止である。

　この措置は，穀物や油糧種子の生産を行っていた農地を草地に転換することにより，取水源周辺の保全や表流水の保全に一定の効果をもつと期待されたが，農業者にとってはその要件が厳しいと見られたこともあり，実施当初はき

わめて少数の契約申請しかなかった。このため，1996年の通達で一時的草地（耕種作物との輪作体系の中に位置付けられる播種後2～3年の採草放牧地）が契約の対象に加えられた。

助成単価は耕種作物について1,900フラン/ha，一時的草地について1,000フラン/haで，対象区域ごとにそれぞれ20％の範囲で引上げもしくは引下げができる。なお，あわせて経営地全体の草地面積を維持する場合，耕種作物について2,500フラン/ha，一時的草地について2,000フラン/haである。

耕地の草地転換の契約を行った農業者のほとんどが畜産経営であった。また，契約対象圃場は，経営内の劣等地や休耕地であり，生産体系の修正を必要とされるケースは限定された。この措置が敬遠された理由は，①穀作経営の場合，穀物等の生産補償金や休耕奨励金の単価に比べて，当措置の単価設定が低いこと，②水質汚染の削減を目的として導入された投入量の削減措置と競合すること，③施肥の制限や河畔緩衝帯の維持管理など，契約細則における制約が大きいことであった[10]。

第4-2図は，耕地の草地転換に対する助成金と，競合関係にある休耕奨励金，投入量削減に対する助成金のha当たりの額を比較したものである。投入量削減に対する助成金の場合，穀物生産補償金を加えた額があわせて示してある。草地に転換した場合でも，契約細則による一定の管理費用がかかるにもかかわらず，その助成金単価は，一部地方を除き休耕補償金よりも低い。また，同じく水質汚染防止を目的とした投入量削減の場合，あわせて穀物生産補償金と穀物生産から得られる収入が得られるが，これと比べると，明らかに草地転換への助成金単価は低い。このように水質汚染防止としては，高い効果が期待されたとしても，CAP改革以降の生産補償金の水準がその展開の一つの障害となっていることを示している。

(ii) 投入量の削減

水質保全対策にかかる措置の第2は，投入量の削減である。農業環境プログラムにおける投入量削減に対する助成は，農業生産が水質に影響を与えていることが明らかな特定の区域において，面源汚染のリスク軽減を目的として試験

(フラン/ha)

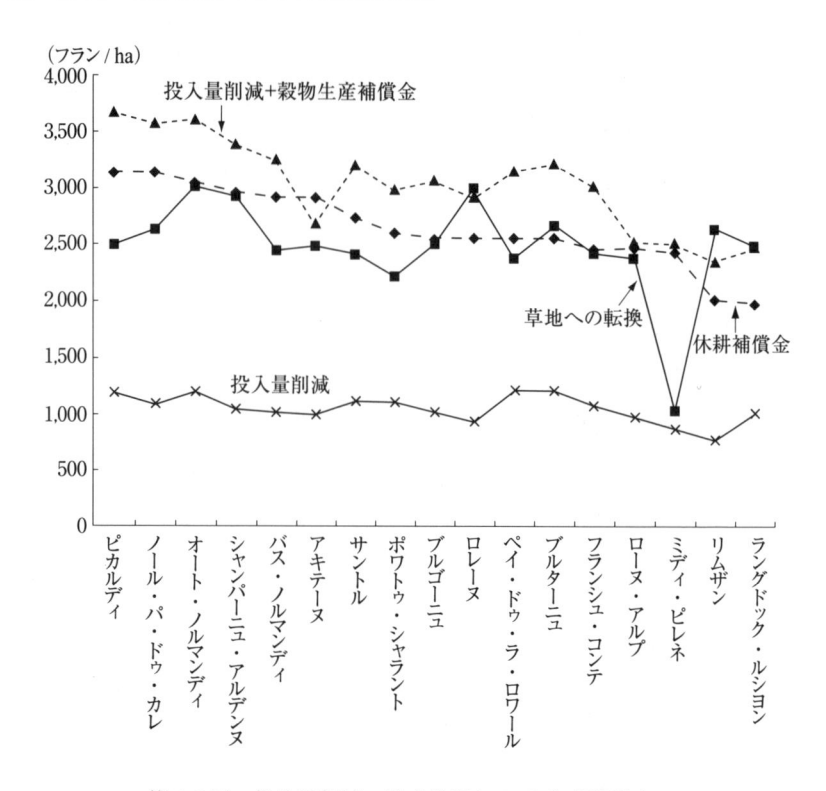

第4-2図 投入量削減の助成単価とCAP生産補償金
資料：CNASEA, *Les mesures agri-environnementales. Annuaire statistique 1997*, 1998. およびフランス農林省資料より作成.
注．ミディ・ピレネ地方の草地転換に関する助成単価が極端に低いが，その理由は不明である．

的に実施された。高い硝酸塩濃度が検出されている地下水の取水源の周辺を対象区域とし，その要件は，対象区域において過去5年間の平均的な標準収量を得るのに必要とされる窒素施用量を，5年間，圃場の一部もしくは全部について，20％削減することである。

　国が定める標準助成単価は1,000フランであり，対象区域ごとにそれぞれ20％の範囲で引上げもしくは引下げができる。また，農薬の場合には投入削減率は区域ごとに定めることとし，ha当たり800フランを上限として給付される。この他に，①施肥の仕方について優良農法全国規則に従うこと，②藁

の裁断，鋤き込みを行わないこと，③春作物の播種前にカバークロップ（冬季の窒素溶脱を防止する目的で作付けされる窒素を吸収する作物）を作付けること，④施肥管理記録を作ること，などの要件を遵守する必要がある。農林省通達の契約細則は地域固有の立地条件等を斟酌できるように，一定程度解釈の余地を残しており，実際に契約される際の契約細則の詳細はローカルレベルで指定される区域ごとに異なっている。

　投入量削減に関する措置の展開の障害となるのは，第1に，施肥量の削減以外に遵守しなければならない要件の存在である。例えば，カバークロップの作付けには費用とともに，他の作業との競合が生じる場合があるし，藁の鋤き込みをできなければ，その処理が必要になる。農業者にとって農業環境プログラムへの参加が任意であることを前提にすると，給付の対象とならない行為がプログラムの参加への付帯要件として設定される場合には，一定の強制力が働かない限り農業者は参加しないであろう。

　第2は，収量減のリスクを回避するために，農業者は通常の収量に必要な施肥量に対して，過剰に施肥を行っていると見られていることである[11]。このような場合，過剰となっている施肥量を標準的な収量が得られる施肥量に落とした上で，さらに20％の削減を行わなければならない。これも，農業環境プログラムへの参加の任意性を念頭におくと，過剰な施肥を行い環境汚染に与える影響が大きいと見られる場合ほど，プログラムの誘因が小さくなる。

　第3は，地下水の取水源を保全するために指定した対象区域について，農業者がその妥当性について信頼を寄せない場合である[12]。農業者の理解と関心を高め，プログラムへの参加を促すには，経済的な誘因を提示するだけでは達成されず，農業者に対する指導・普及活動の重要性が示唆される。

　さて，投入量削減の対象となる農地の4割は麦類の穀物が作付けされており，CAP下の生産補償金の対象となるトウモロコシ，油糧種子，豆類を加えると76％に達すると見られている[13]。このため，耕地の草地転換にかかる措置と同様に，助成単価の水準は農業者の参加に大きな影響を及ぼす。

　助成単価の水準に関する調査研究によれば[14]，契約条件の遵守に伴う所得

の損失額は，20％の窒素肥料投入の削減が15％の収量減をもたらすと仮定すると，89～91年の農業簿記調査データから，穀作を中心に営む経営群で所得の減少は1,092フラン/haと算定された。また，農薬については10％の削減が10％の収量減をもたらすと仮定した上で，同様に所得の減少は784フラン/haとされた。これが助成単価の根拠として利用された値であった。

これに対して，92～95年の農業簿記調査データにより評価すると，窒素施肥20％削減の場合の所得の減少額は800フラン/ha，農薬投入10％削減の場合のそれは460フラン/haであった。さらに，施肥技術の向上や適正化を考慮すると，窒素施肥を20％削減しても，所得の減少額は助成単価の半分程度にすぎず，例外的な収量減を想定しても，大規模畑作経営の所得減は1,000フラン/haであると評価された。ただ，地域的な差異は大きく，アキテーヌのトウモロコシの場合は900フラン/haの所得減となるのに対して，ロレーヌの場合には600フラン/haを超える所得減となることはまれであることが紹介されている[15]。

このように契約細則の標準値として設定された助成額は，明らかに所得の減少額を過大評価したことになる。農業者の参加を促すにあたって，経済的誘因の限界が示されているといっていいだろう。

（ⅲ）**長期生産停止**

第3は，長期生産停止によって水源保護をねらった措置である。その実績は全国で79件の契約しかなく，農業者の関心は薄かった。

その理由は第1に，想定される地域は集約的な農業地域であるが，水質保全を目的とする措置には農業者により受け入れやすい上述の投入量削減や耕地の草地転換の措置があることである。第2に，この措置には上水道を管理する地方公共団体に恩恵をもたらすことから，地方公共団体等の一部負担が要件となることも関係している。通常，対象とすべき取水源の周辺だけでは面積が小さく，地方公共団体は上水道事務組合を通じて収用するほうをむしろ選択した。第3に，農業者側，水道管理側の双方にとって，20年という契約期間の長さが当措置の運用の障害となったと言われている[16]。

2） 粗放化

生産調整を目的とした粗放化助成に関する規則1094/88は，経営内の生産数量について20％の削減（飼養家畜については大家畜単位換算で20％の削減），もしくは粗放的な生産技術により生産量の20％の削減を，5年間継続して実施する場合に助成金が支払われる。また，条件不利地域や山間地域を対象として，経営面積の拡大により飼養密度を低めることで，生産量の削減に寄与する方法も可能である。

これを受けて，フランスでは1990年に肉牛とワイン生産を対象に試験的に実施された。粗放的な生産技術の導入による手法は，1992年に有機農法に適用することではじめて実現した。粗放化助成の適用は加盟国の義務であったが，フランスを含め実際の適用例があったのは5カ国のみであり，しかも1993年になっても500万ECUの歳出に過ぎなかった[17]。

粗放化規則を引き継いで，規則2078/92に基づいて実施されたのは，飼養密度の軽減と有機農業への転換にかかる措置である。

（ⅰ） 飼養密度の軽減

飼養密度の軽減にかかる措置は，契約申請前の飼養密度が3.5UGB（大家畜単位）/ha未満の経営，かつ農業を主業とする経営を対象として，経営面積の取得により飼養密度の軽減を促すことを目的とした。

その要件は，第1に飼料基盤面積を15％以上拡大し，飼養密度を10％以上軽減すること，第2に5年間，当初の飼養密度の90％以下，かつ2UGB/ha未満に維持すること，第3に飼料基盤面積に対する草地面積比を向上もしくは維持すること，第4に飼料生産面積全体について適当な飼料密度を維持し，過放牧，農地荒廃を回避することである。これらを満たすことにより，UGB減少分当たり1,500フランを上限とし，5年間の給付が受けられる。

全国的に見れば，家畜飼養密度が高く，集約的な畜産や酪農が営まれている大西洋岸の地域圏で予算配分，契約件数ともに多い。国が示した契約細則では，契約申請前の飼養密度が3.5UGB/ha以下の経営を対象としたが，山間部諸県や粗放型畜産地帯では，過度の粗放化を防止するために，助成対象となる経

営の飼養密度の下限を1UGB/haに設定したところも少なくない[18]。

　飼養密度の軽減について設定された契約細則の問題点として，第1に，一般に経営規模の拡大は逐次的であり，15％に相当する農地を一度に取得するという要件は，実態を反映していないこと，第2に，もともと粗放的な生産体系に対し，よりいっそうの粗放化を進める措置として機能し難いこと，第3に，青年農業者の自立と競合するような規模拡大に対する助成として機能する恐れがあること，が指摘された[19]。特に粗放的な生産体系が支配的なオーヴェルニュでは，この理由からプログラムの途中で，飼養密度の軽減に関する新規契約を停止した[20]。第4は，助成金の算出方法が複雑であり，契約実施状況の検査の際に照合すべき書類，実態等の確認作業が煩雑である点も，飼養密度の軽減に関する措置の欠点である。第5は，契約細則には一部の圃場の過放牧や荒廃を避けるよう飼料基盤面積全体の適正利用が明記されるが，この契約事項の遵守を監視することも容易ではないことである。

　飼養密度が高い集約的な生産体系において，経営面積拡大による粗放化はトウモロコシの生産面積の縮小，草地における窒素施肥の削減や農薬散布の制限など，投入依存の農法の再考を促すきっかけを与える。ただ，経営全体の飼料基盤面積の適正管理いかんの問題がある。また，契約対象農地が散在するため，環境への影響は非常に小さいと見られている。特にほとんどの地域圏で措置の対象区域が設定されていなかったことが，対象農地を散在させた原因の一つであった。

（ⅱ）　**有機農業への転換**

　粗放化規則の適用の一環として開始された有機農業への転換措置は，規則2078/92のもと実施された地方プログラムの中で，農業者の反応が最もよかった。順調な契約数の伸びにあわせて，初年度配分した予算額を大幅に上方修正した地域圏も7地域圏にのぼった。助成総額上位の地域圏は畜産地帯であり，助成総額下位のそれは大規模畑作地帯であった。肉牛経営，酪農経営の契約者が多いことについて，狂牛病発生の影響により家畜に与える飼料に対して鋭敏になったことが指摘されている。ただ，契約者の多くはすでに有機農業に取り

組んでいたり，あるいは構想を持っていた農業者で，かならずしも有機農業への転換に関する助成措置が慣行農業から有機農業への転換を促したとはいえないようである[21]。

　有機農業への転換の場合にも，やはり他の助成金とのバランスの問題は大きい。例えば，畜産経営が直面するのは，サイレージトウモロコシに対する補償金とのバランスである。サイレージトウモロコシを飼料用に自給する経営の場合，慣行農業を営むと5年間にha当たり10,000フラン（2,000フラン/ha×5カ年）の給付が得られるのに対して，有機農業に転換するために草地に転換すると，5年間に給付される助成金は2,900フラン/haになってしまう（草地奨励金300フラン/ha×5カ年，プラス有機農業（草地）助成金700フラン/ha×2カ年）。また，有機農業への転換に対する助成金と，投入量の削減に対するそれとのバランスについても，農業者に対する制約が小さい後者の方が明らかに選択しやすい。このため，有機農業に転換する過程で，投入量の削減に対する助成金を受けた農業者もあった。

　有機農業への転換に対する助成金は，契約した生産部門全体について5年後に有機農業生産に転換することに対して支払われる。有機農業生産に移行する期間の所得減を補うという考え方から，給付期間は2～3年である。しかし，実際の推計例を見ると，小麦以外の品目については，助成金額込みの所得でも慣行農業であげられる所得をはるかに下回るのが実態であった[22]。他方，ラングドック・ルシヨン地方のブドウ生産のケースのように，有機農業商標付きで販売できる4年目以降，慣行的生産よりもha当たり約5,000フランの純所得増につながる例もある。

　国が定めた契約対象の範囲が狭いため，地方公共団体が農業環境プログラムとは別枠で単独の制度を設けたところがあった[23]。その一つは，規則2078/92では有機農業の継続に対する助成も認められたが，フランスでは助成対象を新規に有機農業に転換する場合に限ったため，地方公共団体が単独でこれを行った例である。これは，すでに有機農業を営む農業者に対して公平性を欠くという問題が生じるからである。このため，一定の条件のもとですでに有機農業へ

の転換を図った農業者がそれを継続する場合にも，地方公共団体が独自に助成を行うケースがあった。さらに，地方公共団体の中には，農業を主業とする経営に限った国の対象範囲を副次的な経営にも広げたり，国が一生産部門全体の転換に限定したのに対して，生産部門の一部に限った場合でも助成対象としたところもあった。

　有機農業が環境に与える影響として期待されるのは，契約圃場における投入量の削減による水界汚染の軽減のほか，土壌の肥沃度の改善，草地の維持管理が生み出す景観やビオトープ保全などの効果である。しかし，有機農業への転換措置においては，特定の環境目的に合わせてゾーニングがされたわけではない。契約する農業者は全国に点として存在するわけであり，圃場を越えたレベルの環境保全には全く寄与しないと見られている。有機農業への転換に対する措置を農村の環境資源の保全管理に結び付けようとするならば，他の農業環境プログラムと同様に，環境保全目的を明確にしたゾーニングが必要となろう。

　フランスにおける有機農業は1998年の段階で，6,100経営，22万haで実施されている。全農業経営の1％，農業利用面積の0.6％である。EU加盟国の中で，有機農業の転換が進んだイタリア（64万ha），ドイツ（39万ha），オーストリア（34.5万ha）には及ばないが，特に近年，有機農業に転換する経営が増え，1998年には1,350経営，5万haが転換中である[24]。

　1997年にフランス農林省は，有機農業について2005年には全国で2.5万経営（全農業経営の5％），面積100万ha（農業利用面積の3％）を目標に振興計画を立てた[25]。この背景には，EU加盟国の中で有機農業の振興に遅れをとったとの認識がある。有機農業経営に対する助成額をEU規則の限度額いっぱいに引き上げるほか，食肉部門のトレーサビリティの確立，技術支援制度の拡充などが含まれ，農業生産者に限定されない総合的振興策が企図されている。

　有機農法への助成は粗放化規則の適用のもと過剰生産の解消を目的とした措置の一環として開始された後，農業環境プログラムの中で発展した。しかし，今後，有機農法の振興策は，農業環境プログラムというよりも，消費者ニーズを反映した農業生産への助成として，地域農業振興の一環という性格を強めて

いくのだろう。

（2） 粗放的な草地の維持管理
1） フランスの環境保全区域制度の展開 —— 環境OGAFとローカル事業 ——
（i） 環境保全区域制度の導入

環境保全区域制度は，EUの規則797/85第19条に基づく制度であり，前述の通りフランスは，この制度を国内に適用することに後ろ向きであった。しかし，環境保全を目的とした諸制度が農業と全く無縁だったわけではなく，ローカルベースでは環境保全に資する営農行為への支援や，集約化を制限するような協定が農業者と結ばれたケースがあった[26]。

その第1は，国立公園や地域自然公園に見る活動である[27]。国立公園の周辺区域や地域自然公園は自然環境に恵まれつつも，社会経済活動の基盤が脆弱な地域に存在する。これら地域では限界的で粗放的な営農が景観やビオトープの保全に寄与することから，粗放的な営農の維持に関する農業者との管理協定や経営地外の景観，アクセス路の維持管理を農業者に委託する事業が実施されてきた。

第2は，山間地における地方公共団体が設立した事務組合や任意団体（associations）が行う事業である。山間牧野の荒地化を防止し山間放牧が形成する景観を保全するために，営農行為の継続に対して直接的な支援を行ったケースがある。国が環境支払いを導入する以前の先行事例といっていい。

第3は，フランスのナショナルトラスト（Conservatoire des sites）や野鳥保護連盟（Ligue de la protection des oiseaux）などの環境保全団体が中核になる場合である。環境保全団体の場合，貴重な生態系を保持する区域を買い上げ保有したり，長期賃貸借契約を行った上で，農業者に適切な管理を委託する活動を行う。

さらに，以上の公園事務局，地方公共団体，環境保護団体が単独で，環境保全機能を持つ湿潤放牧地，乾燥放牧地，山間放牧地などの農地の保全管理にかかる協定や役務委託を行うこともあれば，3者の協力の下に行われるケースもあ

った。規則797/85第19条の試験的実施を行った区域や初期の第19条適用は，このようなローカルレベルの実績のある地域から実現していったのである。

フランスにおける第19条の適用は，パイロット事業として4区域が指定され，1990年に開始された。いずれも生態学上注目されてきた区域であり，粗放的な放牧による農業生産活動と生態系保全の連関について調査研究が積み重ねられてきた区域であった。

第19条の適用にあたって，①集約農業の汚染削減，②希少生物生息地における経営システムの適応，③農地荒廃（déprise agricole）地域の管理，④地中海地方の森林火災防止，が事業目的として設定された。このうち①と④は，欧州委員会により第19条の目的に合致しないとして，EUの負担金が得られなかった。上記のパイロット事業の4区域が指定された同じ90年に，15区域が指定区域の候補としてあげられるが，このうち9区域において事業目的とされたのが荒廃農地の管理であった。

当初，環境助成に対して後ろ向きであった農業団体が方針転換したのは，1991年秋のことであった。当時，農産物市況はきわめて悪く，農業者のデモが多発し，それに応えて政府は畜産部門に対して緊急助成措置を講じるにいたった。このとき，最有力農業者団体のFNSEA（全国農業経営者組合連合会）会長は，第19条の適用を全国に拡大させることと，大幅な補助金の増加を求めたのである[28]。

(ii) 環境保全区域制度と農政手続き

フランスは第19条の適用のために，条件不利地域における構造改善を進める目的で，1970年に制度化された土地整備集合事業（opération groupée de l'aménagement foncier，以下OGAF）の手続きを活用して実施した。わが国の市町村に相当するフランスの基礎的自治体のコミューンは，その数3.6万に及ぶが，人口数百人程度の農村コミューンでは，国の経済振興にかかる施策の受け皿となったり，独自の地域振興策を講じる人的資源，財力がない。OGAFはこのような空白を補い，地域固有の農政課題に対処するためのアドホックなローカル農政の手段といっていいだろう。

4．農業環境プログラムの実際と課題　153

　OGAFは1960年，62年の農業基本法において確立した一連の農業構造政策の一環をなしている。構造政策は高齢者離農補償金制度により農業経営者層の若返りを促進するとともに，農外就業への転職を促す制度により過剰農業労働力を排出し，活力ある家族農業経営を育成することであった。このような構造再編政策が十分機能しなかったのが条件不利地域であり，時代の変化への準備を促す必要があった。こうして，OGAFは構造再編政策の補完として条件不利地域で優先的に実施されるとともに，農業者の考え方の転換を図ることを目的として，地域集団の中で協議を繰り返しながら実施する事業として定着した。

　OGAFの特色は，地域のイニシァチブによる事業という点にある。地域の農業者組織の役員や地方議員等が地域の実態を踏まえ，課題の特定，事業区域の設定，講じるべき事業を立案することから，OGAFは始まる。ここには農業技術，経営の専門家として農業会議所の指導員や行政手続き等のエキスパートとしてDDAF（県農林局，農林省の地方局）の職員らが参画し，助言指導を行う。

　OGAFの目的は，交換分合や農地整備から，世代交代の促進，すなわちリタイアと青年農業者の自立，また高速道路の建設に伴う収用時の権利調整など，農業経営者や土地所有者の合意形成が不可欠な課題についてローカルベースで解決の円滑化を図ることにあった。

　第19条の適用手続きとなるOGAFは，環境OGAF（OGAF Environnement）と呼ばれる。環境OGAFもローカルイニシァチブから組み立てられる点は従来の形式と同じである。ただ，農業行政部局担当者や職能団体役員に加えて，環境団体や地方公共団体のほか，これに準ずる地域自然公園などの機関が参加した。環境OGAFの計画書には，当該区域における環境特性と環境への影響の可能性，農業者が被る所得の損失もしくは追加費用の根拠，さらには農業者との管理契約の内容が盛り込まれなければならない。環境OGAF計画書の承認は県知事を通じて，全国農業環境専門家委員会（CTNAE）に提出される。CTNAEは審査機関として機能し，その構成は農林行政や農業職能団体の代表のほかに，環境省や全国組織の自然保護団体代表が加わって構成される。

CTNAE の内部において，環境省もしくは環境団体はビオトープの保全など環境面の課題が契約細則に適切に反映されているかについて，農業職能団体は第 19 条の適用により新たな制約が恒久化し，全国に拡大するような事例を残さないかどうかについて，また農林省は各区域の適用の整合性，すなわち同等の制約に対する助成金単価の水準などについて，それぞれ関心を寄せたという[29]。

環境 OGAF は 1993 年 6 月に最後の申請案件が承認された段階で，総事業数 61，総契約面積 8.1 万 ha の実績を残したが，総助成額は 4,170 万フランで当初予算の 45 ％に過ぎない。この低い比率は農業者にいかに誘因を与えるかが難しい課題になっていることを示す。ビオトープ保護の実施率，すなわち助成対象面積に占める契約面積が 56 ％に達したのに対して，農地荒廃防止の実施率は 23 ％に過ぎなかった。この事業の中で，ビオトープ保護の実施率が高かった理由として，比較的小面積単位で区域が設定され，かつ目的が明確であったこと，対象区域の沼沢地保全について環境団体の圧力が強く，対策の緊急性が高かったことがあげられている[30]。

このように，第 19 条適用は必ずしも農業界が積極的に推進したものではなく，環境保護団体や地方公共団体が進めたローカルベースの保全活動がその前身となった。それが，農業構造政策の一角を占める OGAF を媒介とすることによって，農業者のメンタリティの転換を促す環境助成として，農業政策に組み込まれたのである。

（ⅲ）　ローカル事業による地方化

規則 797/85 第 19 条が規則 2078/92 に統合されると，フランスではこれを地方プログラムにおけるローカル事業として引き継いだ。第 19 条適用のために設置された CTNAE の機能は，地域圏ごとに設置された CRAE（地域圏農業環境委員会）に移管され，ローカルレベルで立案された契約細則は地域圏ごとに承認する手続きに改められた。CRAE で承認されたローカル事業に関する国（農林省）の審査は，EU 規則との整合性にかかる審査に限定されることになった。これは，農業界と環境保全グループの協議，連携の場の地方化といって

いいだろう。

1997年末の段階の実績は事業数270にのぼり、その契約数は地方プログラムのもとで実施された契約、すなわち草地奨励金以外の契約の7割を超える。第19条を引き継いだローカル事業は農業環境プログラムの中核的な実施手法となったといえる。

他方、地域もしくは地方レベルで企画立案されるようになったローカル事業は、その事業数に見られるように多様化した。そこで、国が設定した二つの基本目標を踏襲したローカル事業のおおよその傾向について述べておこう[31]。

(ⅳ) ビオトープ保全

第1の基本目標は、希少な動植物の生息地や影響を受けやすい生息地が存在する区域で、農村景観を維持しながら、経営システムの適応を図ることである。特に、湿地の保全や渡り鳥の生息地の保全を優先課題とした。ビオトープ保全を目的としたローカル事業を立ち上げる地域は、ZNIEFF（学術的動植物生態区域）、県ビオトープ保全令の指定区域、地域自然公園内の特定区域といったビオトープ保全にかかる指定制度や保全活動がすでに実施されている地域が大半である[32]。また、EU環境政策の一環で実施されてきたACE（共同体環境活動）やACNAT（共同体自然保護活動）に基づく助成制度を活用し、研究調査や保全目的の収用に対する助成等が行われてきた地域もある[33]。

これら指定制度やEU環境政策による助成制度では、農業環境プログラムのように一定の経済活動を行う者に対する経済的誘因措置は、きわめて限定的にしか実施されてこなかった。したがって、ローカル事業の実施を契機として、ビオトープ保全を目的とした環境支払いが実現するのではなく、従来から取り組まれてきたビオトープの保全活動に経済的誘因措置が組み込まれたと捉えなければならない。保全管理にかかる契約細則は、生態系保全管理のノウハウが必要なことから、地域圏環境局、狩猟管理局といった国の機関から、地域自然公園事務局といった地方公共団体の連合組織、野鳥保護連盟などの環境団体のスタッフが中心となり、県農林局、農業会議所等の農業関連機関との連携を維持しながら作成された[34]。

一般的な契約細則は，まず耕起の禁止，排水事業の禁止，農薬投入や施肥の禁止，刈取りもしくは放牧による草地の維持，排水路の維持管理など，放牧地の保全管理を基礎要件とした上で，飼養密度の制限や採草時期の制限などが加わる。採草時期の制限は野鳥の営巣を保護することが目的で，そのために飼料の品質が落ちるなど，営農への制約が大きい。穀物や集約的な飼料作物の生産が可能な地域であれば，農業者を啓発し，高い理解を求めることが必要となろう。

事業区域の面積は200ha程度の事業から9,000haに及ぶものまで様々であるが，1事業当たり年間予算100万フラン，契約件数120件が平均的な事業規模となっている[35]。

（ⅴ）農地荒廃の防止

第2の基本目標は，非常に粗放的な農業生産を行う地域で，農地荒廃の恐れがある地域の空間管理である。そこでは，農地の放棄が野生生物の生息地や景観の悪化に加えて，自然災害のリスクに帰結するからである。フランスにおいて，農地荒廃という用語は80年代中ごろから用いられるようになった[36]。

わが国において「中山間」なる用語が登場し，農業就業者の減少や高齢化により農地の管理者が不在となり，農地の荒廃あるいは耕作放棄地といった土地資源管理が問題として取り上げられるようになった点に通じる[37]。フランスで言う農地荒廃も，農地における農業利用の後退であり，代替的用途が見出されない状態あるいはその過程のことを指す[38]。

第4-3図は，農地として利用される状態から完全な放棄にいたる過程を示す。農地荒廃の過程は，農地としての維持管理に必要なインフラ（排水路，圃場を区切る垣根，テラスの石積みなど）の管理の放棄に始まり，土地利用の粗放化（草地の放牧利用の低下とそれにともなうイバラ類の繁茂）を経て，完全な放棄にいたる。この過程にあわせた農地荒廃防止対策には，農業利用の維持管理と荒廃地の管理の2段階がある。農業利用の維持管理は，農地に付帯する排水路・垣根・テラスの維持や生産を目的とした放牧の維持を図ることであり，荒廃地の管理は野生動植物の保全を第一の目的とした放牧や刈取りを行う

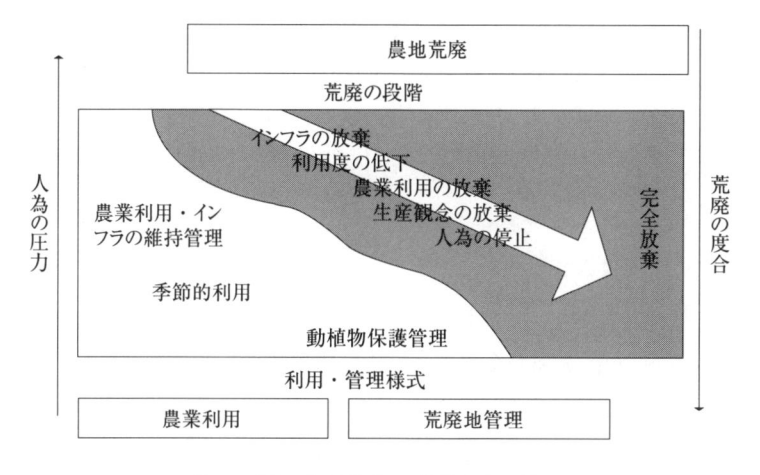

4．農業環境プログラムの実際と課題　157

```
                    農地荒廃
              荒廃の段階
          インフラの放棄
            利用度の低下
              農業利用の放棄
              生産観念の放棄         完全放棄
   農業利用・イン       人為の停止
   フラの維持管理
        季節的利用
              動植物保護管理
              利用・管理様式
          農業利用        荒廃地管理

   人為の圧力 →          荒廃の度合 →
```

第4-3図　農地荒廃の過程と利用管理

資料：Ministère de l'environnement, *Ecologie et friches dans les paysages agricoles*. La documentation française, 1993.

ことである。

　農地荒廃防止を目的とした助成措置を講じる地域では，多くの経営が草地奨励金を受給しており，飼養密度の制限が行われている。このため，ローカル事業を実施する場合の助成要件は，草地奨励金の給付要件よりも強い制約が必要となる。ローカル事業の実施要領を定めた通達（DEPSE/SDSEA94年通達第7006号）では，農地荒廃防止を目的とした契約細則について，次のような要件を例示している。第1に契約者共通の制約となるのは，耕起の禁止や化学肥料投入の禁止である。これを前提に，① 放牧後の刈り込みを行い，特定の景観構成要素を維持管理する場合400フラン/ha，② ①に加えて，木本植物の除去を目的とした刈り込み（軽度の作業）を行い，圃場へのアクセス不便による制約がある場合700フラン/ha，③ ①に加えて，木本植物の除去を目的とした刈り込み（重度の作業），放牧のローテーション管理を行い，かつアクセスに制約がある場合1,000フラン/ha，となる。

　農地荒廃の防止を目的としたローカル事業の実績は1事業当たり契約面積2,835ha，契約数120，年間歳出152万フラン（契約当たり10,100フラン，ha

当たり540フラン）である。事業区域の農業者の5～9割が契約を行っており，農業者の参加率は高い[39]。前述したように，ビオトープ保全は環境関係の諸機関が主導的な役割を果たしたのに対し，農地荒廃に関するローカル事業は，農業会議所をはじめとした農業関連の諸機関が主導したようである。このことは，農地荒廃に関する事業のほうが，ビオトープ保全にかかる事業よりも，農業界にとって受け入れやすかったといえそうだ。

2）草地奨励金

規則2078/92が，従来から営まれてきた粗放的な生産の維持に対して助成できることを定めたことを受けて，フランスでは全国を対象とする粗放型畜産システム維持奨励金（prime au maintien des systèmes d'élevege extensif，以下，通称として用いられる草地奨励金（prime à l'herbe））が導入された。標高が高い農業地域では草地基盤の畜産の選択が不可避である。単位面積当たりの生産量は低く，所得も低い。平坦な圃場が確保されなければ，規模拡大の技術的制約は大きく，1経営当たりの農業所得も低いのが普通である。草地奨励金のねらいは，このような地域における草地の維持管理にある。

草地奨励金は，5年間農業者が保有する草地について適正な管理を行うことに対して支払われる，面積当たりの年次奨励金である。農林省通達（93年3月26日 DEPSE/SDEEA 通達7011号）が挙げている導入の背景・理由は，第1に，粗放的な草地は森林とともに，国立公園，地域自然公園，自然保護区，登録・指定区域，学術的動植物生態区域の景観を構成するほかに，多くの優良景観を作り出していること，第2に，1970年まで拡大した草地面積はその後20年間に20％減少し，草地が維持されている地域においても，農地荒廃が地域全体の維持の脅威となっていること，第3に，ビオトープの保全や農地荒廃の防止を目的とした第19条適用事業において，環境に好影響を及ぼす粗放的な草地畜産を維持することを定めた基礎となる契約部分を導入することが必要である点が明らかになったこと，である。

第3の点については，最有力の農業者団体であるFNSEA（全国農業経営者組合連合会）の主張，すなわち第19条を全国に適用し，大幅な補助金の増額

を求めていたこと，92年CAP改革において自給飼料として生産されるサイレージ用のトウモロコシに対して穀物と同等の生産補償金が認められ，集約的な畜産経営を利するようになったこと，その一方で，草地飼料依存の粗放的な畜産経営が競争上の不利を強いられたことが背景としてある[40]。実際にフランスは，ブリュッセルにおける規則2078/92に関する加盟国間交渉の最終局面で，全国規模で粗放的な畜産部門に対する助成制度として草地奨励金の導入をすでに表明していたのである[41]。

規則797/85第19条に始まるEUの環境支払い政策は，対策を講じるべき区域を設定した上で講じられる措置である。この立場から見るならば，フランスの草地奨励金は，一定の粗放密度以下の草地に対して，地域固有の環境状況とは無差別に給付される特異な措置であり，実質的に粗放的な畜産経営を助成対象としたハンディキャップ補償金や繁殖メス牛生産補償金に近い。このため，欧州委員会は草地奨励金に対する財政負担について承認したというよりも，単に容認したものであったとも指摘される[42]。

いずれにせよ農林省通達（93年7011号）では，草地奨励金を農業環境プログラムの基盤として位置付けた。この「基盤」の意味するところは，契約面積550万ha，契約者数11.6万人，奨励金総額15億フラン（うちEU負担が50％）と，フランスにおける農業環境プログラムの中で，圧倒的な比重を占める実績を上げたことにある。草地奨励金の給付単価は初年度（1993年）には200フラン/ha，1994年には250フラン/haに設定されたが，1995年以降300フラン/haである。なお，1経営当たり限度面積は100haである[43]。

草地奨励金が，粗放型畜産地帯における低所得問題に一定の貢献をしていることはすでに明らかにした。限界的な草地の維持管理に対する効果は認められたのであろうか。

草地奨励金の効果に関する調査研究によれば，少なくとも次のような実態や可能性が明らかにされた[44]。一つは，草地奨励金の導入と穀物価格の低下がもたらす濃厚飼料価格の低下は，濃厚飼料用の自給穀物面積を減らし，草地に転換するよう促す効果が見込める。実際，農業利用面積に占める草地の割合が

すでに高い地域, すなわち耕種作物の限界的な地域で草地の割合がわずかに高まった。二つは, 経営数の減少が著しく, 農地需要が相対的に小さい地域では, 1991年以降経営面積の拡大のテンポは家畜頭数の増加よりも速まり, 家畜飼養密度が低下した。草地奨励金はこのような傾向を下支えし, 限界的な草地の維持管理を促す機能を持ちうる。とりわけ林野率が高い地域において, 景観の開放性を草地利用によって維持する効果が期待される。

他方, 立地的に穀物生産が可能な地域, すなわちより集約的な畜産を営める地域では, 草地奨励金の要件となる飼養密度の制限が制約になりうる。飼養密度と経営面積に占める草地割合に関する要件を満たそうとすると, 輪作体系の変更を必要とする場合も生じるし, 経営面積の拡大を迫られることもありうる。また, 一定程度集約的な畜産を営める場合には, 草地奨励金と競合的な助成金, すなわち, 穀物と同等の生産補償金が設定された自給飼料用のサイレージ・トウモロコシの補償単価が決定的となる。サイレージ・トウモロコシに対する補償金は, 環境保全的な生産行為に関する条件が設定されていないにもかかわらず, 草地奨励金の単価の5倍に達するからである。これが, 一定程度集約的な生産が可能な畜産地域における粗放化を妨げる最大の原因となっている。

5. 経営補助金の限界と課題

農業政策と環境政策を統合する施策として, 規制的手段, 経済的手段, 農業者に対する普及・指導による手段がある[45]。農業環境プログラムによる助成は, 投入財に対する課税や汚染者負担原則と並ぶ経済的手段である。

農業環境プログラムにおける給付単価の設定は, 環境保全にかかる営農手法により被る損失, もしくは営農行為がもたらす追加的な費用を補填する水準を原則とし, 経済的な誘因として, 20％まで加算されることが認められている[46]。すなわち, 規則上は農業所得とリンクする余地はない。ところが, すでに農業所得の形成は, 国際貿易摩擦や財政問題が規定する幾多の政策介入の

所産である。第3章で論じた粗放型畜産経営における所得形成が，まさにそのことを物語る。農業経営の所得が，生産物価格を規定する市場政策と環境保全的行為に対する報酬の政策決定に依存するとき，WTOに見る国際協定を制約として前者による所得形成機能が低下するならば，後者の強化によってのみ，安定的な所得形成がなされなければ，農業経営の存続は果たしえない。

環境保全的行為による環境財の供給と営農行為が不可分であることを念頭におけば，農業所得とリンクした報酬の政策決定が不可欠となろう。農業経営が存立できなければ，環境保全が達成されなくなるからである。環境保全にかかる固有の営農行為を切り離して，報酬単価の算定を行うのでは，市場政策による所得形成機能が今後いっそう低下する場合，農業所得を維持し農業経営の存立を図ることで環境を保全することは困難であると考えられる。

他方，水資源の脆弱化やビオトープの縮小をもたらしてきた集約的な農業に対して，農業環境プログラムを施す場合に，政策介入の所産はまた別の障害をもたらす。価格支持政策下において形成された所得水準は，CAP改革によりその一部が経営補助金のかたちで継承された。このため，環境保全にかかる営農手法により被る損失，もしくは営農行為がもたらす追加的な費用を補填する水準を原則とするならば，政策によって高められている所得水準を補償するように助成単価が設定されなければならない。

このことは第1に，農業環境プログラムの効率性を阻害する要因となる。さらに第2に，環境保全に寄与する粗放的な草地利用の維持にかかる政策費用よりも，環境汚染を引き起こす集約的な耕地利用の粗放化にかかる政策費用の方が数倍大きいことは，プログラムの公平性に問題を投げかけているといえよう。こうして見ると，環境支払いによる農業環境政策が十分機能するようになるには，農政の根幹である市場政策や所得政策の再構築が必要なのではなかろうか。

経済的手段のうち，肥料等の投入財に対する課税措置が，いくつかのEU加盟国で独自に実施されている。フランスでも1998年7月，緑の党所属の環境相が農業を汚染源とする面源汚染抑制の一環として，汚染排出活動一般課税

(TGPA)を農業部門に導入することを表明し，2000年1月より農薬について課税されることが決まった。これは農薬の毒性と生態毒性に応じて，フランスで認可された有効成分700種を7分類し，1kg当たり0から11フランの課税を行うものである。見込まれる税収は3億フラン（農薬売上高の2〜3％）である。また，農業生産活動を原因とする水質汚染問題において，より深刻な窒素施用についても，過剰施用量に対して課徴金をかける案が具体化されようとしている[47]。

しかし，課税による効果に疑問を投げかける論者もある[48]。農業経営の効率性の度合いが，課税措置の効果に大きく影響すると見られているからである。窒素肥料需要の計量経済的推計によれば，農業者の効率性（資源配分の効率性）が低ければ低いほど，弾力的になるという。計測によれば，課税は農業者が技術的な非効率を改善する誘因を与えるが，効率性が高まると，逆に生産者の課税措置に対する反応は著しく鈍くなるのである。すなわち，農業経営が技術的に非効率であれば，投入財の適切な活用によって，使用量を削減しながら農業所得の維持向上に寄与するとともに，周辺環境にも影響を小さくすることができる。他方，高い効率性を達成した場合には，より本源的な技術革新なくして投入量使用の軽減は期待できない。

農業者に対する技術指導が，汚染防止対策として有効な論拠である。規制的手段とあわせて，汚染防止にかかる指導・啓発事業の検討は，次章の課題である。

注(1) Alphandery, Bourliaud〔2〕。
(2) Schwarzmann et al.〔24〕，Boisson et al.〔9〕等を参照。
(3) 環境保全上の必要性ならびに自然空間の維持に適合的な農業生産方法に関する理事会規則第2078/92号に基づく政策措置を総称して，農業環境プログラム（Agri-environment programmes（英），Les mesures agri-environnementales（仏））と呼ばれる。なお，規則797/85第19条，もしくは農業環境プログラムによる経営補助金を便宜的に環境支払いと呼んでおく。
(4) European commission〔14, pp.85-86〕。
(5) Baldock, Lowe〔3, p.19〕。

5．経営補助金の限界と課題　*163*

(6) 1991年の段階で，加盟国全体で191万haが助成対象となる休耕を行った。このうちフランスでは17万haが休耕された。
(7) 以下で行う補助金と農業経営所得に関する検討の基礎となるデータは，いずれも1995年農業簿記調査（RICA）に基づいている。これは小麦生産12ha相当以上の標準所得をあげ，かつ年間労働単位0.75以上の経営7,500あまりの標本により，フランスの農業経営のうち42.9万経営の「プロフェッショナル」な経営を代表させる。フランスの全農業経営のおよそ6割に相当する。
(8) Berthelot, Chatellier, Colson〔6〕に基づく。なお，データは1995年RICAによる。
(9) 本書第5章を参照されたい。
(10) ISARA〔16〕。
(11) Turpin〔25〕。
(12) ENESAD〔13〕。
(13) ADEPRINA〔1〕。
(14) Turpin〔25〕。
(15) Turpin〔25〕。
(16) ISARA〔16〕。
(17) Blumann〔8〕。
(18) アリエ県やオートロワール県では1UGB/ha以下，フランシュ・コンテ諸県では0.4UGB/ha以下に設定した。
(19) ISARA〔16〕。
(20) 1999年11月に行ったオーヴェルニュ地域圏農林局農業経済課長へのインタビューより。ただ，ISARA〔16〕は，青年農業者の自立との競合に対する批判があるが，経営農地の拡大に資する農地の規模は，自立用の農地とするには狭小すぎること，また，飼養密度の軽減に関する契約に先立って，経営規模の拡大過程にあったり，計画されたりする場合がほとんどであり，必ずしも本措置の実施が経営規模の拡大の誘因を与えるものではないと言及している。
(21) ISARA〔16〕。
(22) 同上。
(23) 同上。
(24) Ministère de l'agriculture et de la pêche〔17〕。
(25) Riquois〔23〕。
(26) Veron *et al.*〔27〕。
(27) フランスの国立公園制度は1960年に創設された。フランスの国立公園は中心区域と周辺区域から構成されるところに特徴がある。中心区域における人の活動は厳しく制限され，区域内の動植物に影響を与えるような行為は禁止されることがある。この中心区域の中にはさらに手付かずの自然を残す区域として「完全保護区（réserve integral）」が指定される。他方，周辺区域は環境保全と地域整備や地域振興の両面にねら

いがおかれている。すなわち，周辺区域では「種々の行政機関が（国立公園を管理する）行政法人と連携し，公園内における自然保護を効果的に行いつつ，社会，経済，文化にかかる実現と整備を伴う一連の措置を講じることができる」。このように国立公園における周辺区域は単に環境保全上の緩衝地帯ではなく，フランスの制度では，地域経済支援や観光の振興目的も並置されているのである。

　地域自然公園は，① 自然資源，文化遺産の保全と活用，② 地域住民が定住できるような経済的，社会的活動の発展，③ 観光用施設の整備，④ 地域自然資源，文化歴史資産の保全管理と地域の発展の整合的な結びつきを得ることを目的として1967年に制度化された。国立公園の周辺地域に準じる制度である。国立公園は国が拠出するが，地域自然公園は区域内のコミューンをはじめとした地方公共団体で構成され，これらの出資と補助金で運営される。

(28)　Alphandery, Bourliaud〔2〕。

(29)　Barrue-Pastor〔4〕。

(30)　Mainsant〔19〕。

(31)　国はビオトープ保全，農地荒廃防止を優先課題として示したが，第19条適用のもとに実施された事業を含めて，若干数，水質保全を目的としたローカル事業も存在した。98年の農業省の通達では二つの優先課題に加えて，水質保全もローカル事業の優先課題とした。

(32)　ZNIEFF（zone naturelle d'intérêt écologique, faunistique et floristique）は，環境省が指定する学術的に貴重な生態系を有する区域である。1982年から実施された。希少種や絶滅危機種の群落地や生息地が指定される。ZNIEFFは14,600区域，国土の28％にのぼる。保護品種，危機品種のほか地域特有の品種が生息する類型Ⅰと類型Ⅰを含む広域的な類型Ⅱ（1,934区域）がある。ただし，ZNIEFFは貴重な生息地の存在確認を行うことが目的で，区域指定による規制等はない。

　県ビオトープ保全令は1976年自然保護法によって導入され，指定区域において保全に支障をきたす行為を禁止することができる。およそ400あまりの保全令が発効している（Cans〔11〕）。

(33)　ACE（action communautaire pour l'environnement）は1979年EU野鳥保護指令に基づく野鳥保護措置（危機品種の野鳥生息地の維持や復元）に対する助成を目的として1984年から実施された。ACNAT（action communautaire pour la conservation de la nature）はその後継であり，1992年野生動植物生息地指令に基づく保全事業が加えられた。これらは，加盟国から提示のあった事業案件に対し，EUが通常の場合50％の負担を行うものである。フランスにおける対象事業は75件（1984～92年）に過ぎない。そのほとんどが自然保護団体が受益者となった。

　対象事業の中には，自然保護団体と農業者が管理協定を結び，野鳥保護目的の農地管理を行ったケースがある。事例としては極めて少ないが，環境保全団体主導型の農業環境支払いの先進事例をここに見ることができる。

(34) ISARA〔16〕。
(35) 同上。
(36) Veron et al.〔27〕。本書では "déprise agricole" を農地荒廃と訳した。しかし，この語は農地に対する視点だけでなく，営農活動の撤退も含意する。
(37) モンド，ゲらは，第19条適用に向けて設置されたCTNAEにおいて，実施要領などの検討がされていた際に，農地荒廃が進む可能性のある地域として以下のような統計上の定義を示した（Mondot, Guet〔20〕）。

これは，①農業の縮小（農業利用面積/コミューン面積＜33％，かつ1979～1988年の農業利用面積の減少率＞10％），②粗放化の進行（飼養密度（飼養頭数/飼料生産面積＋共用牧野）＜0.5，かつ，1979～1988年の飼養密度の低下＞20％），③農業就業者の高齢化（55歳以上農業経営者/35歳未満農業経営者＞5），の三つの指標からなる（1979, 88年は農業センサスが実施された年である）。
(38) Ministère de l'environnement〔18〕。
(39) ISARA〔16〕。
(40) 第3章第3節を参照。
(41) Boisson et al.〔9〕。
(42) Boisson et al.〔9〕。
(43) 第3章注（27）を参照。契約申請期間は93年，94年の2カ年で，95年は農業経営者の資格を得た場合，もしくは草地奨励金にかかる契約の譲渡があった場合のみ，新規契約が認められた。
(44) Belard et al.〔5〕。
(45) OECD環境委員会〔21〕。
(46) EU委員会規則746/96第9条。WTO協定のうち，農業に関する協定付属書二，第12項は，「(環境に係る施策による）支払の額は，政府の施策に従うことに伴う追加の費用又は収入の喪失に限定されるものとする」と規定する。
(47) Agra presse hebdo, n.2733 (1er novembre 1999), n.2730 (le 11 octobre 1999), n.2726 (le 13 septembre 1999) ほかによる。
(48) Vermersch〔26, pp.123-125〕。

〔参　考　文　献〕

〔1〕 ADEPRINA, *Evaluation nationale de la mesure agri-environnementale "Réduction d'intrants". Rapport de synthèse*. Direction de l'espace rural et de la forêt (MAP). décembre 1997.

〔2〕 Alphandery, P., Bourliaud, J., "Chronique d'un mariage de raison: les mesures agri-environnementales dans la politique agricole française". In *Agriculture, protection de l'environnement et recomposition des systèmes ruraux: Les enjeux de l'article 19.*

Rapport final. Programme interdisciplinaire de recherche environnement. Comité systèmes ruraux. août 1995.

〔3〕 Baldock, D., Lowe, Ph., "The Development of European Agri-environment Policy". In Whitby M.(dir.), *The European Environment and CAP Reform. Policies and Prospects for Conservation.* CAB International. 1996.

〔4〕 Barrue-Pastor, M., "Recomposition des procèdures et émergence de politiques publiques agri-environnementales". In *Agriculture, protection de l'environnement et recomposition des systèmes ruraux: Les enjeux de l'article 19. Rapport final.* Programme interdisciplinaire de recherche environnement. Comité systèmes ruraux. août 1995.

〔5〕 Belard, J.-F., et al., *Etude sur l'évaluation de l'impact de la prime au maintien des système d'élevage extensif sur la gestion du territoire: environnement et exploitations agricoles. Première Partie.* Synthèse interéchantillons, CEMAGREF/INRA, novembre 1996.

〔6〕 Berthelot, Ph., Chatellier, V., Colson, F., "L'impact des mesures agri-environnementales sur le revenu des exploitations agricoles françaises". *Economie rurale,* n.249, 1999.

〔7〕 Blanc, C., Les aides directes: montant, répartition, et poids dans le revenu. *Notes et études économiques,* n.4, DAFE/SDEPE, Ministère de l'agriculture et de la pêche, juillet 1997.

〔8〕 Blumann, C., "Marché commun agricole. Organisations communes de marchés". 11. 1996. *Droit Rural. Editions technique,* Jurisse Classeur.

〔9〕 Boisson, J.-M. et al., "France". In Whitby M(dir.), *The European environment and CAP reform. Policies and prospects for conservation.* CAB International. 1996.

〔10〕 Boyer, Ph., La dépense pubique en faveur de l'agriculture française en longue période. Notes et études économiques, n.10, DAFFE/MAP, Ministère de l'agriculture et de la pêche, octobre 1999.

〔11〕 Cans, C., "Typologie des procèdures de protection des milieux naturels". 5. 1996. *Droit rural. Editions technique,* Jurisse Classeur.

〔12〕 CNASEA, *Les mesures agri-environnementales. Annuaire statistique 1997,* 1998.

〔13〕 ENESAD, *Evaluation des mesures agri-environnementales: Programme régional Bourgogne. Rapport final,* 1998.

〔14〕 European Commission, *State of Application of Regulation (EEC) NO. 2078/92: Evaluation of Agri-environment Programmes.* DG VI Commission Working Document. VI/655/98, 1998.

[15] European Commission, *Report to the European Parliament and to the Council on the Application of Council Regulation (EEC) No.2078/92 on Agricultural Production Methods Compatible with the Requirements of the Protection of the Environment and the Maintenance of the Countryside.* 1998.

[16] ISARA, *Evaluation des mesures agri-environnementales. Synthèse des évaluations régionales*, ISARA, septembre 1998.

[17] Ministère de l'agriculture et de la pêche, *BIMA*. n.1478, avril 1998.

[18] Ministère de l'environnement, *Ecologie et friches dans les paysages agricoles*. La documentation française, 1993.

[19] Mainsant, B., "Opération groupées d'aménagement foncier". 2. 1994. *Droit rural. Editions Techiniques*, Juris-Classeurs.

[20] Mondot, R., Guet, J., *Article 19, défenition de zones prioritaires et mise en place d'un suivi*. INERM/CEMAGREF, janvier 1991.

[21] OECD 環境委員会編 (嘉田良平監修, 農林水産省国際部監訳)『環境と農業 先進諸国の政策一体化の動向』(農山漁村文化協会, 1993 年)。

[22] Région de Bourgogne, *Montage d'une opération locale; mesures agri-environnementales*, février 1994.

[23] Riquois, A., *Tentative de réponse à certaines objectives et idées fausses concernant le développement de l'agriculture biologique et ses relations avec l'agriculture conventionnelle*. Ministère de l'agriculture et de la pêche, novembre 1997.

[24] Schwarzmann, C., Mahé, L., Rainelli, P., "Environnement et agriculture; une comaparaison France-Allemagne". *Cahiers d'économie et sociologie rurales*, n.17, 1990 (「環境と農業―フランスとドイツの比較―」〔『のびゆく農業』817, 農政調査委員会, 1993 年〕).

[25] Turpin, N., "Mesures agri-environnementales relatives à la réduction d'intrants. Estimation technico-économique des surcoûts subis par les exploitations agricoles". In *Séminaire mesures agri-environnementales*, 10-12 juin 1998, Bergerie de Rambouillet, CEMAGREF, 1998.

[26] Vermersch, D., *Economie politique agricole et morale sociale de l'Eglise*. Economica, 1997.

[27] Veron, F. et al., *Suivi de l'article 19 en zones de déprise (Ariege, Jura, Lozere et Var). Rapport final*, CEMAGREF, avril 1999.

補論　経営補助金の実際と地域，環境
───　モルヴァン地方の調査から　───

1. モルヴァン地方の概略

　モルヴァン地方（le Morvan）は，ブルゴーニュの中央部に位置し，コート・ドール県，ニエーヴル県，ソーヌ・エ・ロワール県，ヨンヌ県に跨る地域である[1]。この地方は人口密度が低く（18人/km^2，1990年人口センサス，以下同様），高齢化が進み（60歳以上人口比率31%），農業就業人口比率の高い地域である（23%）。また，1982-90年間に人口は4.9%減少しており，過疎化も進んでいる（両年は人口センサスの実施された年）。フランスの「過疎」農村地域の一つの典型といえる。

　1988年農業センサスから，モルヴァン農業の特徴を素描しておこう。センサスで捉えられる農業経営，およそ3,000経営のうち，フルタイム経営（週労働時間40時間以上）はそのうち73%を占める。穀作を専門とする経営は1%に満たない（第補-1表）。フランス全体では最も構成比の高い「酪農」経営が，

第補-1表　モルヴァン地方の経営組織

経営組織	全経営		フルタイム経営	
	経営数	(%)	経営数	(%)
穀物および大規模畑作	25	0.8	15	0.7
その他耕種経営	21	0.7	16	0.7
酪農	44	1.4	23	1.0
肉牛	1,980	65.2	1,708	77.4
酪農・肉牛	68	2.2	52	2.4
羊，ヤギおよびその他草食家畜	548	18.0	235	10.7
養豚・養鶏	10	0.3	8	0.4
畜産複合	155	5.1	55	2.5
畜産・耕種複合	181	6.0	92	4.2
全経営	3,037	100	2,206	100

　資料：Ministère de l'agriculture et de la forêt, Recensement général de l'agriculture 1988-89.

モルヴァン地方では1%強にすぎない。羊などの小家畜や肉用牛を主とする経営は83%に達し，典型的な草地基盤の粗放型経営地帯である。フルタイム経営だけを見ると，「肉牛」経営の割合はさらに高い（65%に対して，77%）。フルタイム経営では，羊などの小家畜よりも肉用牛への志向が強い（18%に対して，11%）。

モルヴァン地方における粗放型畜産，特に肉用牛への特化は，すでに19世紀後半から20世紀前半に始まり，1930年代から1950年代にその傾向がさらに強まった[2]。1970年代以降，牛乳生産の過剰を背景として，全国的に肉牛を導入する酪農経営が増加したが[3]，モルヴァン地方は伝統的な粗放型肉牛生産地帯としての歴史を持つ。この地方で飼養される肉用種は，シャロレ種（race charolaise）のみといっていい。

シャロレ種はソーヌ・エ・ロワール県シャロレ地方原産で，増体に秀でていることで知られる白色の肉専用種である。優良種牛は近年EU各国のほか，東欧にも輸出されており評価は高い。出荷年齢の選択[4]は，①土地生産性（草地の生産性，穀物やサイレージ用トウモロコシ等の生産能力），②販売価格，③流動資金の有無，④補償金の受給条件（オス牛補償金を受給するためには，離乳後若干肥育した素牛を生産する必要があり，肉牛まで肥育するとオス牛補償金を受給できる。また，草地奨励金を受給するには草地当たり家畜飼養密度を下げる必要がある）によって左右される。モルヴァン地方の経営の多くは，飼料基盤が脆弱なこともあり，育成用の子牛素牛を出荷している[5]。

1980年代に，経営規模別の経営数割合は70haを境界に，それ以上で増加，それ以下で減少している。この結果，1980年代に農地は100haないし200ha規模の経営に集積する度合いを高めた（第補-1図）。ただ，100ha以上の経営への集積といっても，前回の農業センサス（1979年）と比較して雇用労働は大幅に減っていることを考えると，GAEC（共同経営農業集団）や有限会社などの経営者親族を中心とした共同経営体への集積と見ておいた方が適切であろう。

モルヴァン地方のニエーヴル県側6郡に関する主な農業関連指標は，第補-2

170 補論 経営補助金の実際と地域,環境

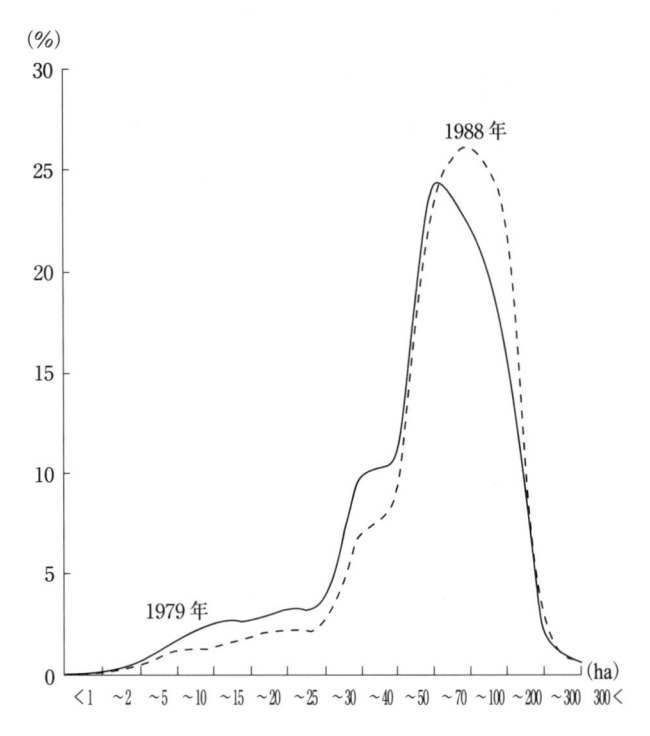

第補-1図 モルヴァン地方の経営規模別農地集積
資料:第補-1表に同じ.

第補-2表 モルヴァン地方6郡(ニエーヴル県)の農業指標

郡	経営数			1993年			
	1979	1988	1993	経営当たり面積(ha)	うち草地基盤の割合(%)	経営当たり繁殖メス牛頭数	メス羊頭数
シャトーシノン	387	315	243	60.5	92.5	36.5	3,943
ロルム	333	273	181	70.0	87.1	33.4	2,108
モンソシュ	399	296	228	45.2	87.2	27.6	1,295
フール	290	257	167	93.4	87.4	52.5	7,549
リュズィ	512	414	314	72.2	90.7	49.4	5,761
ムーラン・アンジベール	373	325	214	79.5	92.2	47.6	5,898
ニエーヴル・モルヴァン	2,294	1,880	1,347	69.0	89.8	41.6	26,554

資料: Ministère de l'agriculture et de la forêt, Recensement général de l'agriculture 1988-89.
Chambre d'agriculture de la Nièvre, CLARE Bourgogne centrale, 1995. より作成.
注. 農業利用面積,飼料基盤面積(1988年),経営数(1993年),繁殖メス牛,羊頭数(1994年).

第補-3表　モルヴァン地方6郡（ニエーヴル県）の経営主年齢と経営規模（1993年）

	35歳未満	35～45未満	45～55未満	55歳以上	計
10ha未満	4	7	7	13	31
10～50ha未満	78	81	115	159	433
50～100ha未満	126	169	145	115	555
100ha以上	101	94	70	63	328
計	309	351	337	350	1,347

資料：Chambre d'agriculture de la Nièvre, CLARE Bourgogne Centrale, 1995.

表の通りである。北部モルヴァン（ロルム Lormes，モンソシュ Montsauche，シャトーシノン Chateau-Chinon の3郡）は，ほとんどの地域で標高400～500m以上であり，山間地域（モンソシュの大部分，シャトーシノンのおよそ半分），もしくは山麓地域（ロルム）に指定されている[6]。山間地域ほど規模は小さく，モンソシュの経営当たり平均規模は45ha，繁殖メス牛の平均飼養頭数は28頭である。南部モルヴァン（ムーラン・アンジベール Moulins-Engibert，フール Fours，リュズィ Luzy の3郡）は条件不利地域に属し，北部モルヴァンと比較して傾斜は緩く，標高もそれ以下である。経営規模も大きくなり，平均経営面積は70ha以上で，繁殖メス牛飼養頭数も50頭前後である。

経営主の年齢構成は6郡全体で見ると，35歳未満22.9％，35歳以上45歳未満26.1％，45歳以上55歳未満25.0％，55歳以上26.0％であるが，特にロルム郡のように生産条件が劣り，経営規模が小さい北部で高齢経営者割合が高くなる（第補-3表）。また，経営者年齢55歳以上の年金受給間近の経営は，その他経営に比べて規模が小さい。こういった高齢者経営の農地は，今後の規模拡大や青年農業者の自立のための農地のプールとして位置付けられるものである。

2. 経営所得と補助金

粗放型畜産経営に対する経営補助金について分析を試みた結果，第1に生産者価格低落下における農村社会の激変緩和，第2に環境財生産の維持奨励など，

政策目的にあわせた経済的誘因,第3に政治的な利害調整の手段としての直接所得補償の機能について示した。しかし,農業経営者から見れば,何よりも重要なのはこれら経営補助金が,いかに農業経営所得の維持,向上に寄与するかであろう。そこで,個別の農業経営に対して支給される経営補助金の構成や,それが経営所得に与える影響について,フランスの代表的な粗放型畜産地帯であるモルヴァン地方において筆者が行った現地実態調査[7]に基づいて分析を行う。

　第補-4表は,ニエーヴル県農業会議所が経営指導を目的に作成した個別経営の経営収支の集計を基礎に作成したものである。このような経営簿記を記帳する経営は,近代化融資の条件となる経営計画を実施する経営,青年農業者給付金を受給した経営,その他自主的に参加する経営のいずれかであり,モルヴァン地方の平均的規模69haよりもかなり大きな経営である(対象経営の1995年平均規模は87ha)。粗放型畜産地帯における「自立経営(exploitations viables)」と言っていいだろう。なお,補助金は毎年申請する家畜生産補償金,粗放加算,草地奨励金,穀物生産補償金,ハンディキャップ補償金の他,1990年に実施された牛肉,羊肉価格下落時の一時的救済措置として講じられた小額投資に対する補助金を含めたものである。ただし,青年農業者助成金(DJA),畜舎投資助成金など投資にかかわる補助金は含まれていない。なお,表中の生産額には家畜頭数の増減が,価値換算された上で計上されている。

　粗放型畜産経営の補助金依存度は,1980年代に一貫して高まる傾向を明らかにしたが,ここでは第補-4表における1991年と1995年を比較することで,CAP改革前後の補助金依存の動向について指摘する。集計対象となる経営は,各年次において異同があるため,ha当たりの経営成果を用いた。

　集計対象経営の平均面積は,1991年以降,毎年上昇しており,「自立経営」の規模拡大が著しいことがうかがわれる。ha当たりの固定費用の増加は,資本装備の比重の高まりを反映したものといえよう。1991年は,粗余剰,経営粗余剰ともに最も低かった年次である。1993年以降,牛肉の介入価格は漸次引き下げられたが,ビーフサイクルの過程で供給が引き締まった時期と重な

第補-4表　モルヴァン地方（ニエーヴル県）の経営所得

	1988	1989	1990	1991	1992	1993	1994	1995
サンプル経営数	33	34	31	34	55	57	70	73
平均経営面積（ha）	67	66	67	67	74	77	80	87
生産額（フラン/ha）	4,841	4,749	4,590	4,391	4,615	4,606	4,589	4,181
補助金（フラン/ha）	573	584	621	734	865	1,370	1,512	1,676
流動費用（〃）	1,366	1,332	1,323	1,462	1,609	1,529	1,400	1,411
うち飼料（フラン/UGB）	487	480	466	546	598	571	492	480
うち肥料（フラン/ha）	310	319	316	329	367	338	271	254
粗余剰（〃）	4,047	4,001	3,888	3,663	3,871	4,447	4,701	4,446
固定費用（〃）	1,481	1,418	1,451	1,456	1,499	1,560	1,604	1,623
償還金・減価償却（〃）	740	776	775	626	832	837	845	744
経営粗余剰（フラン/ha）	2,566	2,583	2,437	2,207	2,372	2,887	3,097	2,823
可処分所得（〃）	1,826	1,807	1,662	1,581	1,540	2,050	2,252	2,079
補助金（フラン/経営）	38,381	38,534	41,582	49,198	64,012	105,483	120,993	145,775
可処分所得（〃）	122,342	119,262	111,354	105,927	113,960	157,850	180,160	180,873
補助金/可処分所得（％）	31.4	32.3	37.3	46.4	56.2	66.8	67.2	80.6

資料：ニエーヴル県農業会議所資料より作成．
注．粗余剰＝生産額＋補助金－流動費用
　　経営粗余剰＝粗余剰－固定費用
　　可処分所得＝経営粗余剰－償還金・減価償却
　　なお，可処分所得は，家計費のほか，自己投資用資金を含む．

り，生産額は1994年まで増加し，介入価格の引下げの影響は1995年になって表れた．1995年のha当たりの生産額は，入手しえたデータの最も古い年次に比べて，およそ14％減少した．1995年の補助金受給額は，介入価格引下げの代償とした補償金単価の上昇や草地奨励金などの導入を反映して，1991年と比較すると約2.3倍に達した．この間の経営粗余剰の増加は約1.3倍である．可処分所得に対する補助金の割合は，46.4％から80.6％に達し，経営所得の補助金依存度は一貫して上昇していることが明らかである．

さて，調査対象とした経営は，経営組織（繁殖肥育一貫，繁殖肉牛，繁殖肉牛・羊複合），立地条件（山間，山麓，普通条件不利）の異なる経営を選んだ．事例数は少ないが，それぞれの比較を通じて補助金の構成や所得への影響度について検討する．

経営補助金の農業経営所得に与える影響についてより具体的に明らかにする

第補-5表　調査経営の概要と補助金構成

	調査経営1 繁殖肥育一貫経営 山麓地域		調査経営2 繁殖肉牛・羊複合経営 条件不利地域		調査経営3 繁殖肉牛経営 山間地域		調査経営4 繁殖肉牛経営 山麓地域		調査経営5 繁殖肉牛・羊複合経営 山麓地域	
経営規模										
経営面積（ha）	187		220		77		145		105	
うち草地飼料面積（ha）	144		151		71		120		105	
繁殖メス牛頭数（頭）	59		53		54		106		65	
メス羊頭数（頭）	—		373		—		—		116	
総大家畜単位数（UGB）	117		137		84		171		138	
労働力単位数	1.5		1		1		2		2.3	
経営実績										
販売額（フラン）	504,621		462,579		288,347		687,399		325,660	
経営純所得（フラン）	372,311		246,162		187,548		191,820		203,950	
補助金/経営純所得（%）	74.0		179.1		70.8		156.1		95.0	
補助金内訳	(フラン)	(%)	(フラン)	(%)	(フラン)	(%)	(フラン)	(%)	(フラン)	(%)
穀物生産補償金	66,451	24.1	66,371	15.1	10,654	7.4	—		—	
飼料用トウモロコシ生産奨励金	6,558	2.4	6,955	1.6	—		—		—	
油糧種子生産補償金	—		64,546	14.6	—		—		—	
休耕補償金	12,879	4.7	34,306	7.8	—		—		—	
耕種部門計	85,888	31.2	172,178	39.0	10,654	7.4	48,474	16.2	—	
繁殖メス牛生産補償金	70,240	25.5	56,271	12.8	53,078	37.0	102,530	34.2	—	
オス牛生産補償金	36,618	13.3	12,940	2.9	16,514	11.5	38,054	12.7	124,928	64.5
粗放加算	27,485	10.0	16,282	3.7	17,112	11.9	34,177	11.4	—	
羊生産補償金	—		57,425	13.0	—		30,000	10.0	19,024	9.8
農村奨励金	—		15,365	3.5	—		—		5,091	2.6
草地奨励金	30,000	10.9	30,000	6.8	16,737	11.7	—		29,034	15.0
市況悪化緊急補償金	12,000	4.4	—		—		—		—	
畜産部門計	176,343	64.0	188,283	42.7	103,441	72.1	204,761	68.4	178,077	92.0
ハンディキャップ地域補償金	13,225	4.8	17,625	4.0	25,125	17.5	44,399	14.8	15,585	8.0
その他	—		62,880	14.3	4,180	2.9	1,883	0.6	—	
補助金計	275,456	100.0	440,966	100.0	143,400	100.0	299,517	100.0	193,662	100.0

資料：筆者が実施した調査およびニエーヴル県農業会議所資料より作成．

注．各種補助金の単価は以下の通り．
　　穀物生産補償金　　　　　　1,980フラン/ha　　　休耕補償金　　　　　　2,550フラン/ha
　　飼料用トウモロコシ生産補償金　　〃　　　　　　油糧種子生産補償金　　3,584フラン/ha
　　市況悪化緊急補償金　　　　　240フラン/繁殖メス牛（上限50頭）
　　（イタリア，スペインの通貨の下落に伴う緊急補償．子牛素牛の多くはイタリアに輸出されるため，相手国通貨の下落は需要の低下を招き，子牛素牛の市況が悪化する．）
　　なお，経営純所得は販売額±家畜ストック＋補助金－流動費用－固定費用（借地料，租税公課等含む）－償還金・減価償却で算出．

ために，5人の農業経営者に対して補助金給付の実態に関してヒアリング調査を行った。とりわけ，経営補助金の内訳に関するヒアリングを行うことで，どのような補助金の影響が大きいかを明らかにすることができた。ヒアリング調査によって得られた各種補助金の構成は，第補-5表の通りである。

これによれば，第1に，経営純所得に対する補助金の割合は，山間地域肉専用繁殖経営（調査経営3）の71％から，条件不利地域繁殖牛・羊複合経営（調査経営2）の179％と，経営の発展段階や，経営者のライフサイクル上の位置付けに応じて大きく異なるが，補助金の存在は極めて大きいことが理解される。

第2に，ハンディキャップ地域補償金の上限UGB（大家畜単位）は50単位であるため，いずれの経営も満額受給しているが，経営所得に対する補助金の影響は，ハンディキャップ地域補償金よりも家畜頭数規模，生産面積の規模に応じたその他の補償金の方が圧倒的に大きい。しかしながら，穀物生産の比重が小さい経営においては，ハンディキャップ地域補償金や草地奨励金は，補助金受給総額の2～3割に達している。

第3に，牛肉市場，家畜取引き市場の低迷により，コスト削減圧力が働くこともあり，農地の生産性や労働力の制約条件が許す範囲内で，自給飼料の拡大が進行している。制度的にもCAP改革により導入された穀物生産補償金（サイレージ用トウモロコシを含む）により，自給飼料の生産に対する誘因がいっそう高まった。とりわけ，20ha未満の穀物生産に対しては休耕義務が免除されるため，畜産を主とした経営の自給飼料生産には都合がよい。自給飼料の確保は肥育期間の長期化を可能とし，経営戦略の選択の幅を広げている。各経営が受け取る各種補助金の構成からも明らかなように，穀物生産に関る補償金額が所得に与える影響は大きい。肉専用種粗放型経営の中でも，穀物やサイレージ用トウモロコシ生産の可能性が，所得の格差に影響を与えるものとみられる[8]。特に自給飼料穀物の調合には，一定の設備が必要である。自給穀物に生産補償金の対象を広げたことは，経営規模が大きく投資能力のある経営に対して集約化の誘因を与えるとともに，草地基盤の粗放的な畜産地帯において，

所得の格差を広げる重要な要素となっている。

　第4に，ハンディキャップ地域補償金の対象区域や補償金単価は，必ずしも生産条件を十分反映していない場合が見られた（たとえば，山麓地域に立地する調査経営1と山間地域の調査経営3や山麓地域の調査経営5）。補償金単価が生産条件の良し悪しに十分反映していない点は，当地の農業指導員も指摘するところである。区域指定の単位となるコミューンは，フランスの場合その他のEU構成国に比べると小面積であるため，生産条件の違いを反映しやすくなっているが，経営単位の生産条件の違いを反映させるには十分ではない。仮に，補償金単価の異なる隣接した区域の経営を比べてみれば，補償金単価の格差は必ずしも公正なものとは言えないであろう。これは区域指定による補償金給付制度の制約である。最近導入された草地奨励金は，経営単位の集約度で給付資格を区別するため，ハンディキャップ地域補償金制度の区域指定がもつ制約を回避することができ，より公正さが確保される制度だといえるであろう。

　モルヴァン地方は，4県にまたがる山間地域に立地し，文教，医療施設や都市的施設に対するアクセス条件が悪い過疎地帯である。このため，生活環境のハンディキャップがあり農村生活上の問題は残る。しかし，農業経営の減少とともに経営規模は拡大し，農業経営者の若年化が進んだ。農業生産手段，農業経営能力といった経営資源は充実する過程にある。ただ，農業経営所得に占める補助金の構成比が極めて高いように，所得政策に対する依存度は依然解消されていない。

3. 農業環境プログラムの取組み

　農業環境プログラムの助成対象が多岐にわたることを指摘した。また，農業環境をめぐる課題には，地域性がきわめて強い。しかし仮に，わが国においてEUで実施されているような農業環境プログラムが運用されるとしたら，市町村の役場が実施主体となるのではなかろうか。

　ところが，フランスにおいて農業環境プログラムのような地域性が強い施策を実施する場合，多岐にわたる助成対象や地域性に応じて，実施主体が全く異

なってしまう。すでに論じたように，日本の市町村に相当する基礎的自治体（コミューン）が極めて零細であり，国の財源を運用するにも人的資源は皆無である。このため，農村市町村において，わが国における役場の経済課あるいは産業課が果たす役割を望めない。

そこで，農業環境プログラムの実施主体の一例として，地方公共団体や関連諸機関が機能的に連帯する場合を取り上げよう。自然環境保全と経済振興を設置目的とする地域自然公園制度の運用事例である[9]。

（１） 地域自然公園 —— 制度と目的 ——

地域自然公園は DATAR（国土整備・地域振興庁）の発案により，1967年に制度化された。制度の目的は，① 自然資源・文化資産の保全とその活用，② 地域住民が定住できるような経済的・社会的営みの発展，③ 観光客を呼び込むための各種整備，④ 地域自然資源，文化・歴史資産に関する認識の向上と教育と普及，であり，自然資源，文化・歴史資産の保全管理と地域の発展の整合的な結びつきを得ようとするものである。地域自然公園に指定される範囲は，数千 ha から数十万 ha で，市町村の他，県や地域圏といった関連する地方公共団体は多岐にわたる。

地域自然公園の設置は，公園を構成する団体，予算管理組織，出資の分担，投資計画などで構成される地域自然公園設置憲章（charte constitutive）を環境大臣が承認した後，政令で定められる。設置を主導する権限は地域圏議会（régions，フランス本土に 22 ある）にあり，関連する地方公共団体の首長らの意見・同意を得ながら，憲章が立案，作成される。

フランスには地域自然公園の他に，国立公園制度がある。両者はともに，自然資源の保全をその目的の柱とするが，以下の点で異なる。国立公園は，希少な自然環境の保全・管理が最優先され，人の住まない区域が指定される。これに対して地域自然公園の場合には，希少な自然環境とともに余暇・自然・文化・教育・観光に資する自然環境として位置付けられるため，自然保護により観光事業や既存の経済活動の障害となってはならない。したがって，国立公園

の指定による自然環境の保護に比べれば柔軟な制度であり、地方公共団体の参加を得やすくしている。

地域圏は現在では、直接選挙に基づく議会を有する地方公共団体の資格をもつが、元来は国土政策を講じる上での地域区分であった。自然環境の保全という点から、地域自然公園は環境省（1971年設置）の所管となっていると同時に、地域圏が自然公園の設置の裁定、および予算構成上重要な役割をもっている。このことは、地域自然公園が地域経済の振興・開発のための機関として位置付けられていることの表れである。

モルヴァン地域自然公園は1970年に設立され、現在その運営は、広域的自治体間組織である混合組合（syndicat mixte）[10]があたっている。理事会の構成は、ブルゴーニュ地域圏議会、ブルゴーニュ経済社会評議会（地域圏議会の諮問機関）、県議会（コート・ドール県、ニエーヴル県、ソーヌ・エ・ロワール県、ヨンヌ県）、加盟コミューン（73）、隣接する都市的コミューン（9）、国を代表する地域圏知事（préfet）と県知事で、合計125名である。この理事会のもとに理事長を含む21名の加盟市町村の議員で構成される事務局、またその下に、専門家委員会、各種作業グループが置かれ、随時、国立林野局、各種会議所、各種団体が諮問メンバーとして参加する。実際の業務は18名の職員が行っている。

地域自然公園の指定を受けるには、理事会を構成する機関による設置憲章が必要となる。モルヴァン地域自然公園は、1995年9月に設立以来2度目の憲章の見直しを行った。それは、1995－2005の10年間にわたる将来構想と基本計画として位置付けられる。その項目には、①自然環境の保全と活用および景観の変化の抑制、②林業の調和的発展、③均衡ある観光部門の推進、④生活環境の改善と文化の発展、⑤開発と構想の調和、⑥教育・普及活動、がある[11]。

94年の歳出は、投資的経費470万フラン、事務的経費670万フランとなっている。投資的経費は、環境省50％、地域圏25％、県13％、残り部分をFEDER（EU構造基金）および地域自然公園協会が分担している。事務的経費

については，参加市町村の住民1人当たり4フラン，隣接する都市的市町村住民の同2フランに加えて，国，地域圏，県がそれぞれ29％，26％，45％を分担している。

モルヴァン地域自然公園の広さは，1,961km^2，管内人口は31,306人，人口密度は17人/km^{2}で，住民の80％が「農村」（統計上2,000人以下の市町村）に居住している。

（2） 農業・環境問題の所在

モルヴァンはDATAR（国土整備地方振興庁）が分類するところによれば，「非常に脆弱な」地域であり，人口減少，高齢化，農業経営の減少，公共サービス機関の脆弱化，所得の不安定がみられる地域である。

モルヴァンの農業は，シャロレー牛（白色の肉専用牛）の繁殖でほとんど占められる。子牛の大半は域外に搬出され，肥育経営や一貫経営は少ない。これは，冷涼な気候かつ肥沃度が低いため，肥育のための飼料生産に不向きなためである。繁殖のほかには多角化の一環として，薬草栽培，クリスマス用のモミの木の生産などが行われている。

1979年と1988年に農業センサスが実施されたが，その間に農業就業人口は3分の2に減少した（年減少率3.7％。ブルゴーニュ全体では約3.3％）。それでもなお，総就業人口のうち農林業が22％を超える。概して，モルヴァン地域の将来展望は，観光と一定程度の農林業にかかっているといってよかろう。

農業経営，就業者ともに減少する過程にあり，放牧地の放棄や植林が進み景観の悪化が懸念される一方，残る経営の拡大意欲は高く，放牧地への需要は旺盛である。このため，土壌改良剤散布や排水施設整備など，放牧地の集約的利用が進行しており，生物種の保全管理上の問題が発生した[12]。

① 景観：放牧地の放棄による荒れ地化・森林化が景観の変質の大きな要因となっている。放牧地の放棄は，傾斜地や湿地となっている部分など生産条件の悪い経営地だけでなく，モルヴァン全域にわたっている。景観の変質により，観光資源としての景観の喪失だけでなく，荒れ地や森林

の拡大により，集落や村落の孤立化が起こり，生活環境の悪化や住民の孤立感を増幅している。

② 生物種の減少：湿潤な放牧地や泥炭地では，伝統的な農業の営みにより，生物種の多様性が維持されてきた。これらの放牧地は，クリスマス用のモミの木の作付けや植林地に転用される傾向にある。このような用途変更に伴う廃水事業や土壌改良が，生物種の減少をもたらす。また放牧後，数年経過した放牧地を復元するコストは，農業経営に耐えられるものではなく，新たな放牧地に対する需要には集約度を高めることで対応している。このような農業経営者の選択も，生物種の減少につながっている。

生物種の減少は，家畜の糞尿，特に畜舎から漏出する汚水による小河川の汚染からも生じている。モルヴァンのように人口密度の極めて低い地域では，生活廃水や経済活動による小河川の汚染からの被害は限られている[13]。

（3） 実施上の課題

モルヴァン地域自然公園は，ローカル事業の実施単位となり，① 農業が作り出す景観の維持，② 湿潤草地の保護，③ 小河川の保全，に資する農業を営む経営に5年間の契約を取り付けることで助成を行った。

① 湿潤（半泥炭）草地の保護

半泥炭質土壌の草地の放牧を維持しながら，特有の野生植物の植生を変えずに，野鳥の営巣を促進することが目的である。補助金の条件は，（イ）耕起をしないこと，（ロ）除草剤の禁止，（ハ）7月15日以前に草刈りをしないこと（営巣を促すため），（ニ）施肥量を一定以下に制限すること，である。この条件を遵守することで，年間400フラン/haの支給がある。また（ニ）'肥料や土壌改良剤を全く使用しない場合には，800フラン/haとなり，（イ）～（ニ）の条件に加えて最大放牧頭数時に2UGB/ha以下の場合には年間1,100フラン，初年度に草刈作業が必要な場合には1,200フラン/haとなる。

② 草地景観の復元

地域自然公園の事前調査により，草地の放棄が特に景観に悪影響を与える区域を設定し，その区域内で放棄されている草地（2年以上放置もしくは圃場の5割以上の面積に木本性植物が繁茂した場合）を再利用する場合に，補助金が支給される。契約初年度に圃場の整備を図り，次年度以降，①の（イ）～（ニ）を条件として1,000フラン/haが給付される。なお，農家から3km以上離れた圃場の場合には100フラン/haの加算がある。

③ 小河川の保全

農業活動による小河川の汚染を防止する対策であり，淡水生物の保護と清流の保全が目的である。対象となる区域は，特定の甲殻類（ザリガニの一種）の生息様態により選定されている。補助の条件は，（イ）圃場の人為的排水の禁止，（ロ）小河川沿いに幅20mの草地帯を設置，（ハ）草地帯上の農薬・肥料散布の禁止，（ニ）家畜の水のみ場を固定（適宜），（ホ）小河川沿いの草地帯の維持・管理であり，年間750フラン/haが支給される（ただし，対象となるのは20m幅の草地帯に限る）。

以上の目的別の条件に加えて，補助金を受ける経営は，（イ）経営草地面積1ha当たり1.4UGB以下（1.4UGBを超えると一般に施肥による収量増が必要となる。なお，UGBは大家畜単位），（ロ）経営内の農地を放棄したり，過度に低利用しない，（ハ）経営地に植林をしない，（ニ）新規に排水工事をしない，これらの事項を守る必要がある。担当者によれば，補助金額は，おおむね農業生産に対する諸々の制約がもたらすコスト増分に相当するとのことである。

1994年10月から2カ年にわたって農業者からの申請を受け付けた結果，プログラムに参加した経営は，194経営，契約対象面積2,462ha，のべ契約数348件にのぼった[14]。助成金額は，参加経営当たり約1万フランであった。契約対象面積10ha未満の場合（88経営）平均して5,000フラン，同様に10～20haの場合（71経営）12,500フラン，20～30haの場合（27経営）20,000フラン，30ha以上の場合（5経営）32,500フランであった。地域の平均的な経営におけ

るその他の補助金は，草地奨励金20,000フラン，ハンディキャップ補償金25,000フラン，繁殖メス牛補償金50,000フランであり，プログラムによる所得への影響は小さくない。

しかし，モルヴァン地域自然公園で実施されたローカル事業について，環境保全効果を評価するには時期尚早のようである[15]。

第1に，放棄された草地の復元について公園は優先区域を定めたが，申請の足取りは重く，結局，圃場の立地にかかわらず受理されたため，景観への効果はほとんど認められなかった。契約を行った経営のうち，41経営は平均して約100ha規模の経営であり，放棄された草地を取得し（0.5～17ha，平均5.5ha），そのほとんどが湿潤草地の保護に関する契約をあわせて行った。このため，実際には経営面積の拡大への助成金として，機能したといわれる。

第2は，契約圃場の維持管理の継続や，排水施設の設定，土壌改良剤（石灰）散布の禁止が，環境保全に一定の効果が期待されることである。経営面積の拡大に資するための草地需要が高い中で，草地の集約的な利用への誘因が，近年高まっていたことを考えれば，一定の効果を上げたことになる。反面，契約農業者の半数が，契約に伴う営農への制約はほとんどないと捉える一方，経営全体の投入剤使用量は減っておらず，契約外の圃場に使用される結果となった。

第3は，小河川の保全に関する契約について，保全すべき小河川が指定されたが，契約の任意性ゆえに，小河川沿いの契約圃場が連続しないことである。また，定められた契約の条件が，小河川の保全の指標となる甲殻類の生息条件に与える影響を評価するには中長期を要する。

モルヴァン地域自然公園における若干の経過から，農業環境プログラムにおいて次のような不備が明らかだといえる。

第1に，環境保全的見地から一定の対象地区を設定しても，契約の任意性ゆえに，面的なまとまりが保証されないことである。対象地区に位置する経営全部に一定の強制力が働くには，営農行為に対する農業者の規範が形成されなければならないと考えられる。

第2は，契約対象は圃場単位であるため，経営内の契約外圃場における投入

剤の使用量増大の誘因を妨げない。仮に，契約外の圃場が集約的に利用され，環境保全的見地から改善が必要となったときに，新たな措置を講じる事態が生じる。契約外の圃場の集約化を抑止するには，契約圃場以外の圃場について，集約化を制限することを契約に加えるか，集約化から得られるであろう利益について補償するかの選択が考えられる。しかし，前者の場合には，契約の任意性ゆえに契約は期待できないであろうし，後者の場合には，技術的な算定の難しさとともに，歳出の拡大は必至である。また，農業者の財産権に高い評価が与えられることに対して，大きな批判が沸き起こることになろう。一定の強制力が働き，農業環境プログラムにかかる費用を安価に抑えるためには，農業者自身の農業活動に対する規範の形成が課題であると考えられる。

　農業環境プログラムを運用，実施していく際に，施策の課題が強い地域性をもつため，ローカルレベルの実施主体の形成が欠かせない。地域自然公園のように環境保全を目的として区域が設定され，活動の実績がある組織体が農業環境プログラムを運用，実施していくケースは，まだまれであるといっていい。草地奨励金のような画一的な手法以外の方法で，農業環境プログラムが展開していくかどうかは，ローカルレベルにおいて農業生産と環境保全の二つの利害を調整できる能力をもった実施主体の形成いかんにかかっているといってよさそうだ。

注(1)　モルヴァン地方の位置は，第3-1図に示した。
　(2)　Blanc〔1〕。
　(3)　Guesdon et al.〔8, pp.16-19〕。
　(4)　シャロレ種オス牛の場合，出荷年齢は主として次のように分類される。
　　　① 秋出荷8～10カ月子牛素牛（broutards d'automne）：通常冬季に生まれ，春～秋に母牛とともに放牧，離乳期を過ぎる秋に出荷。
　　　② 12～13カ月子牛素牛（broutards repousés）：離乳後に若干，濃厚飼料等で肥育し，冬季に出荷。
　　　③ 15～18カ月素牛（taurillons maigres）：冬季に乾草および濃厚飼料等で舎飼い，翌年再び放牧した後，秋に出荷。
　　　④ オス肉牛（taurillons gras）：離乳後にサイレージ用トウモロコシで肥育。出荷時期は5～10月で，出荷時年齢は24カ月を越える。

⑤ 去勢肉牛 (bœufs gras)：夏期に母牛とともに放牧，離乳後に乾草および穀物飼料で舎飼い，翌年夏期に再度放牧した後，乾草，穀物，濃厚飼料で肥育し，30カ月程度で出荷。

ブルゴーニュ農業会議所が行う繁殖肉牛粗放型経営のモニター調査資料 (1994年度) によると，オス牛出荷総頭数のうち子牛素牛 (broutards) の割合は52%，屠殺直前まで肥育されるのは10%程度である。メス牛の場合は，オス牛の出荷年齢よりも高い。ただ，モニターの対象経営は，経営規模，組織ともに先進的経営に属するため，一般的には子牛素牛の出荷構成比はさらに高いと考えられる。

(5) 肥育素牛となる子牛のほとんどが，主としてイタリアに輸出される。

(6) モルヴァン地方は1987年に山間地域，山麓地域の指定を受けた。ハンディキャップ地域の拡大要求にこたえるために，山間地域に指定替えされたのが，このモルヴァン地域である。モルヴァン地方は，ヴォージュ，ジュラ，アルプス，マシフ・サントラル，ピレネーといった従来から山間地帯と認定されてきた地域とは異なり，国土整備政策上の山間経済地域対策には位置付けられていない。

(7) 現地調査は1996年9月16日から24日まで行い，ブルゴーニュ農林局，ブルゴーニュ議会事務局，コート・ドール県，ニエーヴル県，ソーヌ・エ・ロワール県の農業会議所等で聞き取り調査を行った。調査地の選定について，ディジョン国立高等農学教育機関 (ENESAD) のJ. P. ドバー氏，A. ルセニョール氏から貴重な助言，協力を得たほか，農業経営調査の際には，コート・ドール県およびニエーヴル県農業会議所の畜産担当指導員らの協力を得た。聞き取り調査を行った農業経営者は，補助金全体の総額についておおむね念頭にあったとしても，それぞれの経営補助金の構成については，決して十分認識しているとはいえなかった。このため，農業会議所指導員の助力がなかったら，経営補助金について農業経営者から短時間に情報を得ることはかなり困難であったろう。

(8) コルソンら (Colson et al. [5]) の推計においても，粗放型畜産経営のha当たりの各種補償金受給額は土地集約度が高まるにつれて上昇すると結論されている。

(9) 本節は，石井ほか [9] の一部を加筆修正したものである。

(10) 混合組合は，地方公共団体や公益的な職能団体である各種会議所 (農業会議所，商工会議所，手工業会議所 (chambre de métiers))，その他の公法人が構成団体となる公法人 (établissements publics) で，共通の利益をもたらす事業の実施やサービスの提供を行う目的で設置される。

(11) Parc naturel régional du Morvan [10]。

(12) Conseil économique et social de Bourgogne [6]，ならびに1995年9月に行った聞き取り調査による。

(13) Région de Bourgogne [11]。

(14) ENESAD [7]。

(15) ENESAD [7]。

〔参 考 文 献〕

[1] Blanc, M., "Couches paysannes et élevage charolais dans le Nivernais", *Economie rurale*, n. 129, 1979.
[2] Chambre d'agriculture de la Nièvre, *CLARE Bourgone centrale*, 1995.
[3] Chambre d'agriculture de la Nièvre, *Synthèse des fiches de gestion 1995: Morvan et bordure Morvan*, 1996.
[4] Chambre régionale d'agriculture de Bourgogne, *Réseau régional d'observation et d'expérimentation des exploitaions extensives de bovins allaitants*, 1996.
[5] Colson, F., Chatellier, V., *L'évaluation des conséquences de la réforme de la PAC sur les exploitaions bovines française: Analyse des effets diffrenciés selon les niveaux de chargement. Rapport de synthèse*, INRA/Nantes, 1994.
[6] Conseil économique et social de Bourgogne, *Avis sur la révision de la charté du Parc naturel régional du Morvan*. Session du 7 avril 1993.
[7] ENESAD, *Evaluation des mesures agri-environnementales: Programme régional Bourgogne. Rapport final*, 1998.
[8] Guesdon, J.-C., Chotteau, Ph., Kempf, M., *Vaches d'Europe: lait et viande. Aspects économiques*, Institut de l'élevage/Economica, Paris, 1995.
[9] 石井圭一, 小林弘明, 須田文明「CAP改革下のフランスの農業・環境政策」(『農総研季報』第29号, 農業総合研究所, 1996年)。
[10] Parc naturel régional du Morvan, *Charte revisée du Parc naturel régional du Morvan*. septembre 1995.
[11] Région de Bourgogne, *Montage d'une opération locale; mesures agri-environnementales*, février 1994.

第5章 農業の環境汚染と政策

1. 環境汚染問題の所在

　フランスでは，1970年代から表流水や地下水中の硝酸塩濃度の上昇が指摘されている。一定程度以上の濃度の飲料水については，人体への影響を考慮して，使用を控えるように勧告されている[1]。河川水を主な飲料水源とするわが国と異なり，フランスでは飲料水の68％を地下水に依存しており，硝酸塩汚染問題をクローズアップさせることにつながっている。第5-1図には，フランスにおける硝酸塩による地下水汚染の分布が表されている。ブルターニュ半島，パリ盆地，ガロンヌ川上流地域，ローヌ川中流地域で汚染が進んでいる。

　1981年に全国レベルで飲料水中の硝酸塩濃度が調査され，人口の2％にあたる120万人が硝酸塩濃度50mg/lを超える水道水を供給されていることが明らかになった[2]。さらに，3万人余りが100mg/lを超えた飲料水を供給されている（第5-1表）。飲料水に関する調査は87年にも実施された。81年と比較して，50mg/lを超える汚染が激しい水道水を供給されている住民数は減少したが，逆に50mg/lを超える給水単位が増加していることが明らかになっている（第5-2表）。これは，農村部における小規模給水単位の汚染が進行していることを意味する。農村部における硝酸塩問題の取り組みの難しさが，指摘されるところとなった[3]。水源の硝酸塩濃度が高まった場合，低汚染水源からの延長による給水，大規模な集水網への連結，低汚染水による希釈等が考えられるが，利用者が少ない給水源では自治体や利用者の負担の問題が発生し，実現は難しいからである。

　農業生産から生じる硝酸塩による水質汚染は，70年代後半から局地的に問

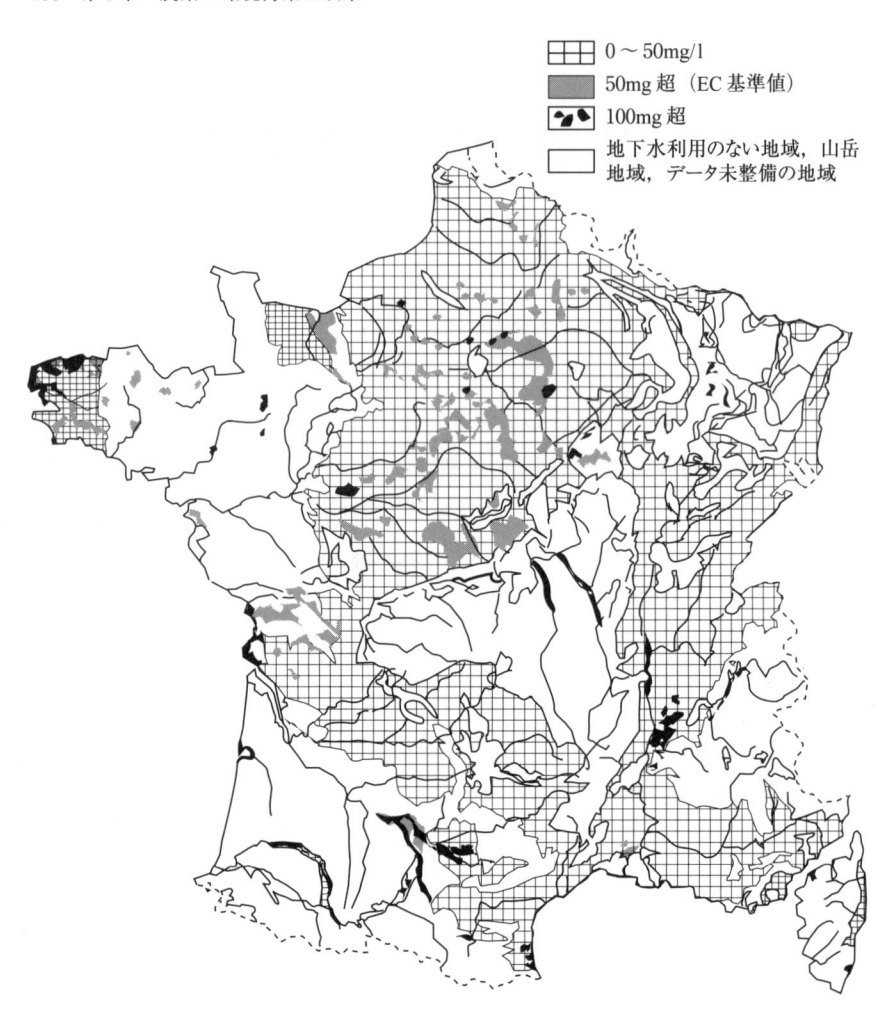

188 第5章 農業の環境汚染と政策

凡例：
- 0〜50mg/l
- 50mg超（EC基準値）
- 100mg超
- 地下水利用のない地域，山岳地域，データ未整備の地域

第5-1図 地下水の硝酸塩濃度 (1981-86)

資料：Water-Nitrate Mission, *French Policy in combating the pollution of water by nitrates*. June 1988.

1. 環境汚染問題の所在

第5-1表　飲料水中の硝酸塩濃度（1981年）

mg/l	0 – 25	25 – 50	50 – 100	100以上	計
給水を受ける人口	42,760	9,240	1,130	32	53,160
（1,000人）	80.4%	17.4%	2.1%	0.1%	100%
給水単位	16,729	2,661	555	29	19,974
	83.8%	13.3%	2.8%	0.1%	100%

資料：第5-1図に同じ．

第5-2表　硝酸塩濃度計測点の濃度別比率

(単位：%)

	10mg/l以下	10〜50mg/l	50mg/l以上
1971年	77.2	22.6	0.2
1976年	67.2	32.5	0.3
1981年	48.4	51.1	0.5
1988年	43.5	56.0	0.5

資料：第5-1図に同じ．

題とされるようになった。畜産施設からの糞尿の漏出や，圃場に散布される有機肥料や化学肥料の窒素成分が地下水中に浸透することがその原因となっている。80年代後半には，メディアを通じて消費者側の認識が高まり，農業対環境の構図が浮き上がった[4]。

前章で述べたように，規則2078/92の適用により経営補助金を活用した農業環境政策がフランスにおいても定着しつつある。しかし，環境汚染対策，とりわけ地下水や表流水の水質汚染防止対策の分野では，経済的な誘因措置がこれまでのところ十分な成果を上げているとはいい難い。本章では，水資源の汚染対策として，規制による措置の実際や汚染者負担原則の試みについて検討した後，農業者に対する技術指導や啓発にかかる事業の実態について明らかにしたい。

地下水や表流水にみられる地域環境は，気象条件，土壌条件，地形条件といった自然因子に規定されているため，問題の現れ方が地域的な差異をもつことが特徴である。また，農業生産，もしくは既存の農業生産手法そのものが環境と対立するという性格をもっている。飲料水の汚染については，汚染された取

水源から給水を受ける地域住民全員の切実な問題であり,それだけに農業生産と地域環境との対立が厳しいのが特徴である。

2. 各種規制と汚染者負担原則の適用の試み

比較的早くから問題視されてきたのが,畜産部門から生じる硝酸塩汚染である。糞尿貯蔵タンク,畜舎,サイロから,糞尿やサイレージ汁が漏出して汚染が引き起こされる。これらについては,点的な汚染源を直接規制することによる解決が企図された。

養豚や養鶏といった施設型畜産は60年代後半以降に急速に発展したが,購入飼料依存が高まる一方で,飼料生産基盤はそれに伴い拡大したわけではない。このため,糞尿散布に適した圃場面積と糞尿生産量の間に不均衡が生じ,過剰な窒素投入の原因が生まれる[5]。過剰窒素投入については畜産部門だけでなく,大規模畑作,園芸作物,畜産―畑作経営などでも発生するが,これについては後で触れる。

ここで農業施設に対する規制,公衆衛生規則,水資源法による規則について取り上げておこう。

第1の規制は,環境汚染をもたらす施設に関する規制である。1976年に環境汚染をもたらす施設を規制する「指定施設(installations classées)に関する法律」を改正した際に,畜産施設の設置基準が盛り込まれることになった[6]。これは第5-3表に示したように,家畜頭数が一定規模以上の経営の畜舎施設の立地や建築基準について,一定の規制を設けた上で届出と認可を必要とするものである。

届出,認可の対象となる経営は,施設から水源や水道施設,河川や湖沼などまでの距離に関する規程,汚水処理の管理上必要な設備に関する規程を遵守する必要がある。また,堆肥,スラリー等の散布圃場については,水源や水道施設,河川や湖沼などからの距離に関する規程の他,地下への窒素成分溶脱を防止するような施肥方法や,散布日,散布量,散布窒素量,散布場所,散布時の

第5-3表　指定施設規制の対象となる家畜頭数規模

	届　出	認　可
重量 30kg 以上の豚	50 ～ 450	450 以上
生後 1 カ月以上の鶏	5,000 ～ 20,000	20,000 以上
生後 30 日以上の兎	2,000 ～ 6,000	6,000 以上
肥育牛	50 ～ 200	200 以上
搾乳牛	40 ～ 80	80 以上
繁殖牛	40 以上	

資料：Ministère de l'agriculture et de la pêche, *Bulletin d'information du Ministère de l'agriculture.* le 2 avril 1992.

圃場状態，鋤込みまでの時間などに関する施肥記録の提出などが，定められている[7]。

認可制度は，大規模畜産経営を規制するもので，届出を必要とする経営よりも厳しい規制をクリアする必要がある。認可申請があると，申請案件ごとに環境アセスメントが行われるほか，住民に対する意見調査の実施が認可審査に必要となっている。また，一度認可された場合でも，認可条件が守られない場合には取り消されることがある[8]。認可を必要とする規模の経営に対して，このような厳しい量的規制が定められているが，認可の要件として必要なアセスメントが不十分であることが多く，汚染の拡散については十分考慮されていないと指摘する向きもある[9]。

なお，以上のような諸施設およびその使用に関する規制については，次のような問題点が指摘されている[10]。

一つは，1992年の改正で改善が図られたが，それまでは乳牛を飼養する施設に関する規程がなかったことである。規制の対象となっていたのは，専ら養豚，養鶏にみられる施設型畜産であった。

二つは，畜産施設に設置される糞尿貯蔵タンクの容量が少ないことである。窒素成分が地下へ浸透する危険が小さい時期をねらって糞尿圃場散布を行うには，最低6カ月分の糞尿貯蔵タンクが必要であるにもかかわらず，45日分を最低貯蔵容量としていた。

三つは，1ha 当たりに散布する糞尿量は，豚40頭，成牛4頭，子牛15頭，

家禽類250羽の相当量が上限として定められたが，分量的にも過大であるとともに，それぞれの家畜種の上限頭羽数を超えなければ，家畜種を取り混ぜた量の散布が可能であったことである。ECレベルの議論の中では，過度な汚染地域の頭数制限を豚16頭，乳牛2頭，肉牛4頭，産卵鶏133羽とし，投下される糞尿について，家畜種の累積計算は認められないという厳しい内容となっていた[11]。このように，硝酸塩汚染対策としての指定施設制度について，その実効性が疑われる側面を持っている。

　第2の規制は，一般公衆衛生について定めた県衛生規則における規程である。農業生産分野に関する規程が設けられたのは1984年になってからで，指定施設制度の対象とはならない規模や畜種について，適用されることになった。県衛生規則も，畜舎や糞尿貯蔵施設の気密性，畜産施設の設置場所から表流水および取水源までの距離，肥料散布禁止期間について規定し，施肥計画の作成について勧告している。これら畜産施設に関する規制措置は，一般に汚染を発生させうる施設を対象にしたもので，農業生産関連施設が特別に取り上げられているものではない。県衛生規則の対象となる畜産施設は，84年以降に設置される施設のみであり[12]，一連の県衛生規則によって，どの程度汚染削減，防止に役立っているか疑問のあるところである。

　第3の規制として，1964年の水資源法（loi sur l'eau）の中に，水理地質学調査に基づいて，県知事が定める地下水取水源の保全区域制度がある。県知事保全令により公益認定されると，用地の収用，あらゆる行為の禁止，行為規制（農業の場合，施肥やサイレージ飼料の放置などに対する規制）が課される。しかし，取水源の1/3で保全区域が設定されていないのが実態であるといわれている[13]。

　以上のような規制措置に加えて，1990年代に入ると，畜産経営に対して汚染者負担原則を適用しようとの動きが具体化し始めた。それは，水質汚染者に対し負担金を課す一方で，汚染防止投資に対して一定の補助金を交付する制度である[14]。対象となるのは，指定施設に関する法律により認可を必要とする大規模な畜産経営である。徴収される負担金は，水質保全投資への助成金の原

資となる。投資に対する助成率は，1件当たり30％の見込みである。これについては現在実施されている農林省の汚染防止施設投資に対する補助金（補助率上限は投資額の35％）との二重取得が可能である。農業者はしたがって，汚染防止投資を行う場合，投資額の65％まで助成を受けることができ，手厚い配慮を窺わせている[15]。

フランスにおける汚染者負担原則の適用は，農業部門の点源汚染対策として，ようやく政策的視野に入り込んだにすぎないといえる。農業者の既得的な財産権，すなわち生産活動により汚染を排出する権利を直接侵害する保全区域制度や汚染者負担原則が，どのように実効的な制度となっていくか今後注目していく必要があろう。

さて，FNSEA（全国農業経営者組合連合会）などの有力農業者団体は，基本的にこの硝酸塩による水質汚染問題の重要性を認めているものの，過度な規制が実施されることに対して強い懸念を表明している。農業部門だけが汚染者ではない，他の産業部門の責任回避があってはならないとするのが，農業者団体の基本的主張である。1991年にクレッソン首相が，硝酸塩による水質汚染問題における水質悪化に対する負担金問題について，農業者団体との協議の末，環境省と農林省間で枠組み同意がなされることを期待する旨表明した。これに対して，FNSEA側は農業団体と環境省の間に大きな状況認識の差異がある点を，1992年活動報告で述べている[16]。

農業を起源とする硝酸塩による水質汚染問題については，環境省サイドの汚染防止対策案と有力農業者団体間の見解との間に依然として相違がある。農業生産と環境保全との間の利害対立は明確である一方，両者を調停する原理原則や制度は確立されていない。このような段階でむしろ重要なのは，関係諸機関や利害グループを一同に集めた協議機関の中で図られていく調整，妥協のプロセスであろう。

3. 問題協議と合意形成機関

　以上，農業生産，とりわけ畜産施設から生じる硝酸塩汚染に対する規制についてみてきた。規制対象となったのは大規模畜産施設といった点的な汚染源であり，個別農業経営に焦点をあてたものであった。また，これらは環境汚染や公衆衛生上の問題として，その他産業や住民生活から発生する公害と同一の枠組みで，規制されているものである。

　次に，農業生産を汚染源とする水質汚染について独自に取り上げ，解決を図ろうとする合意形成組織について見てみよう。これは，指定施設制度や県衛生規則のような行政→農業者の一方向的な関係による問題解決に対して，農業者や消費者，関係諸機関を含めた双方向的な協議，合意形成を媒介とした利害調整により，問題解決を図ろうとする政策手段であるといえる。

　ローカルレベルの動きから見てみよう。畜産物の一大供給基地となったブルターニュ半島では，養豚や養鶏にみられる施設型畜産が著しく発展し，集約的な酪農部門も相当程度集中している。しかし，それに伴い窒素施肥を行える圃場面積に対して，過剰な糞尿をかかえることになった。このため，ブルターニュ半島は硝酸塩による汚染問題が最も深刻な地域のうちの一つである。

　ブルターニュ半島の付け根に位置するイル・エ・ヴィレンヌ県では，1982年に先の取水源保護区域の設定を行うため，農業職能団体，行政，地方議員，水道管理組合らで構成される常設協議機関が設置された。それと同時に，適正な施肥や冬期作物導入など，汚染防止に資する農業生産に対するコンセンサスを得るために「優良農法」に関する規程の作成を行った。

　ブルターニュ半島北岸に位置するコート・ダルモール県の場合には，1983年から5カ年計画で，県内を流れるトリオー川流域の総合水質改善プログラムに取り組んだ。そこでは，農業部門だけに限らず，生活排水，産業排水，養殖業から発生する汚水に対して，それぞれ固有の行動計画が打ち出された。プログラムを推進する運営委員会には，地域の議会議員，農業会議所，漁業団体，

自然保護団体，政府行政機関，その他関連諸団体が参加している。

また，同県内では，この他にローカルな水系レベルで，農業生産から発生する硝酸塩汚染対策として，スラリーバンクパイロット事業等を行っている。この場合にも，プログラムに参画するのは農業関連機関だけではなく，行政機関，議会組織など汚染問題に関連したり，関心を示す地域の「パートナー」が含まれている。

硝酸塩汚染の「先進地域」であるブルターニュの事例を若干紹介したにとどまるが，指定施設規制など制度に裏打ちされた行政─農業者の関係ではなく，80年代前半には地域の問題として，農業生産や水質問題に関わりを持つ諸団体がローカルレベルで横のつながりを築き始めたのである。

他方，全国レベルでは，1984年に農業省と環境省により「農業活動を起源とする硝酸塩及び燐酸塩による水質汚染削減指導委員会（CORPEN：Comité d'orientation pour la réduction de la pollution des eaux par les nitrates et les phosphates provenant des activités agricoles（以下CORPEN））が設置されて，本格化した[17]。CORPENは，硝酸塩による水質汚染問題に関わりのある省庁，各種機関，団体の代表で構成され，情報，意見，見解の相互交換の場となるとともに，専門分野ごとに作業グループが設置され，それらの議論をもとに関係省庁に対して提案を行う機関である[18]。

CORPENおよびその作業グループに期待される機能の第1は，研究機関等の専門家を結集し，相互の情報交換を図ることにより相乗作用を発現させることである。農業生産に対し過度の規制が加えられないためにも，また施肥後の窒素動態を解明して行くためにも，専門家集団の動員が問題解決に当たって要請される。専門家で構成される各種作業グループでは，経営内の窒素収支，硝酸塩簡易分析，拡散窒素限度量に関する基準などに関する報告書が作成され，研究・試験結果が公開される。これらは，ローカルレベルの個別的な取り組みの参考データとして役立てられる。

第2は，様々な利害関係にある諸団体間の恒常的な相互意見交換の場にするとともに，環境省内に設置された事務局や，農林省担当部局といった国側の援

助を受けながら水質改善プログラムを作成していくことである。CORPEN 自体は独自の財政基盤はもっていないが，その提案に基づいて，関連省庁や地方公共団体などがプログラムの予算を受け持っていく。

例えば，ブルターニュを対象とした地域プログラムへの取り組みがある[19]。もともとブルターニュでは，水系レベルの地域プログラムについて，県，農業会議所，流域管理局等の機関が出資して取り組みがされてきたが，事業費の制約という問題があった。この問題を打開する上で，CORPEN の方針に沿って中央政府，地域圏議会の財政支出が施され，水系レベルごとの汚染対策プログラムは，地域政策として統合されるようになった。

第3に，農業を起源とする硝酸塩の汚染拡大対策に必要な事業について，徐々にコンセンサスを作り上げる場としての役割が期待されている。この硝酸塩汚染問題については，農業者と消費者の利害対立にみられるわけであるが，農業者も汚染者であるとともに消費者でもある。なかでも，農業者の水質汚染に関する意識は弱いとの報告がなされる中，情報提供などを通じた啓発活動が重視されている。このような各界の関係者が集う組織が作られたことにより，「農業汚染」あるいは「汚染者としての農業者」という言葉が禁句ではなくなったと言われ，農業職能団体も少なくとも責任の一端を認識するようになった[20]。

硝酸塩汚染問題は，汚染を引き起こす産業施設に対する国の規制や，汚染の「先進地域」の独自のプログラムの中で取り組まれてきた。しかし，こうして全国レベルに協議・提案機関が設置されることで，様々な当事者機関の合意形成を図る中で，環境問題と農業生産の摩擦について，正面から議論できるようになったのである。農業政策と環境政策の統合の第一歩は，このような利害調整と合意形成にあるといえる。

4. 硝酸塩汚染とローカル・イニシァチブ

(1) 硝酸塩問題の特徴
1) 問題の地域性

　点源汚染の場合，畜産施設に関する各種規制措置が講じられてきたのに対して，圃場に散布される窒素肥料成分が流失し，地下水や表流水を汚染する場合には，規制等の対策を講じるに当たっていくつかの問題がある。

　第1に，畜産施設単位の規制の場合，畜産施設周辺に汚染が発生するため，汚染者を比較的特定しやすく，汚染者負担の原則に照らしたペナルティが課しやすいのに対して，圃場への窒素肥料散布を原因とする場合には，汚染者が特定しにくいという問題である。

　第2に，地下水の汚染問題は気候，土壌，母岩といった自然要因に応じて，地域的に問題の性格が異なることである。

　例えば，花崗岩や頁岩を母岩とする地域では，十分な滞水層が形成され難いため，一般に地下水利用単位は小規模であり，水質保全管理が十分になされていない。地中の水の動きは速く，地下水中の硝酸塩濃度の上昇速度は大きいが，地下水中への硝酸塩の流れを減らすと，地下水中の硝酸塩濃度は急速に低下すると言われている。ブルターニュ地方がこの典型である。

　他方，堆積岩を母岩とする場合，滞水層中の地下水量は豊富である一方，硝酸塩濃度の上昇速度は非常に緩やかになる。特に泥質石灰土壌の場合，年間40〜60cm程度しか水は下方に浸透しないといわれ，地下水面に達するまで20〜40年の時間がかかる。このような地域では硝酸塩濃度が安定するのは40〜50年後と推定される一方，長期にわたって集約的な農業が営まれている地域では，規制濃度である50mg/lを超えるのはそう遠いことではないと言われている。このタイプの典型はパリ盆地やアキテーヌ地方である[21]。つまり，場合によっては，地下水の硝酸塩汚染の解決に非常に長期的視野に立った改善策が求められることになる。

第3に，窒素肥料の施用から，硝酸塩が地下水中に達するまでの詳細なメカニズムや汚染を発生させない農業生産体系について，地域レベルでみると十分明らかにされていない点もあり，汚染対策と調査研究を同時に進めなければならない点である。また，糞尿処理施設の問題にせよ，代替的な生産体系にせよ，経済的な合理性も同時に合わせもつ必要がある。このため，硝酸塩汚染を削減し，予防するために農法の改善を促していこうとする際に，圃場への散布窒素量と地下水中硝酸塩濃度の相関に関する実証研究も同時に進めなければならない[22]。

　このように土壌の性質をはじめ自然条件に応じて，硝酸塩汚染問題の性格は地域ごとに異なっている。フランスでは，大規模畑作地帯，集約型畜産地帯，園芸作物地帯，有畜複合地帯，果樹・ブドウ生産地帯というように，比較的明瞭な地帯区分ができている。適正な窒素肥料の投入は，各作物の窒素吸収量が正確に計られた上で行われる必要がある。硝酸塩汚染問題が全国的な関心となり，全国的な対策の必要性もさることながら，地域固有の自然条件，作物生産に応じた対策が必要となる所以である。

2） 汚染問題に関する農業者の認識

　第4に，農業生産上，不可欠な肥料散布が地下水汚染問題の原因とされていることに対して，農業者側で反発を感じていることである。これについては，EC規則797/85の第19条（「環境保全区域」について規定した条項）が適用されたヨンヌ県の農業者60人を対象に，シェレンベルジェらが行った意識調査の結果が参考になる[23]。簡単に紹介しておこう。

　ヨンヌ県に適用された「第19条」規程は，パイロット的性格を持つもので，地下水汚染をもたらさないと考えられる生産手法が，どの程度有効性を持ち，経営経済にどのような影響を与えるかを確認する，という意味合いを持っている。冬作と春作の間の中間作物の作付け，刈株畑の鋤返しを6週間遅らせること，豆類収穫後の植物残渣等の撤去，豆類作付け後のアブラナの作付けといった一定の条件を満たして生産に従事する農業者に対して，奨励金が給付される内容になっている。

4．硝酸塩汚染とローカル・イニシァチブ

　ヨンヌ県はパリ盆地南東端に位置する穀作地帯であり，穀作専門経営や畜産複合経営が見られる地域である。この調査のサンプルは，経営面積，経営者年齢，取得した農業技能水準について，多様な層で構成されている。サンプル全体から観察される農業者の反応は，まず30年来続いてきた集約的な生産方法に対して，強くその正当性を主張していることに表れる。そして，硝酸塩汚染の原因が農業生産にあるという認識に対して，同意しないという点が挙げられる。このような農業者の反応は，先に触れた有力農業者団体FNSEAの見方にほぼ一致する。

　以上のような調査サンプルの全体像を描き出した上で，農業者の意識傾向を5グループに分類している。まず，①水質汚染対策計画に最も批判的で，場当たり的な施肥管理を行っている「無理解」グループ，②窒素肥料の施肥管理について若干意識に登っており，「無理解」グループよりは水質汚染に関する農業部門の責任について否定の度合いは弱い「反感」グループ，③溶脱していく窒素分については意識しているものの，農法体系の修正に対して曖昧な態度をとっている「疑念」グループ，④施肥管理に関心を持ち，農法の大幅な修正については反対の立場をとるが，汚染問題の責任が農業生産にあることを認識している「関心」グループ，⑤最後に「無理解」グループに対して反感を抱き，窒素施肥管理に強い関心を持つと同時に，農法体系に対し科学的なアプローチを図り，提示されている農法の転換に対して，受け入れの用意がある「理解」グループである。

　この「無理解」，「反感」，「疑念」，「関心」，「理解」の順に，年齢が下がる傾向，技術教育水準が高い傾向，バカンスを定期的にとる傾向が指摘されている。特に「理解」グループでは，農業専門誌や全国誌を読み，バカンスへ出かける農業者が多数を占めていることが報告されている。水質汚染対策に必要な農法体系の変更に対する受容性について，年齢，教育水準，一般社会への関心といった事項との間に，かなりの相関が見られるものの，経営面積，自小作率といった経営構造との相関については見られないとの見解が述べられている。

3） 改善すべき生産手法と政策課題

　以上のような性格を持つ農業起源の硝酸塩による汚染防止対策は，投入窒素量と作物吸収窒素量の均衡を図ることにより，地中への余分な窒素成分の浸透を防止できる施肥方法を導入することに集約される。このためには，農業者が有機肥料中もしくは無機肥料中の窒素成分や，散布時の圃場状態を熟知し，溶脱しにくい期間に施肥を行うなどの配慮が不可欠となる。また，溶脱しやすい冬期は，輪作体系の調整や裏作，緑肥作を通じて，裸地状態を回避する必要も伴う。畜産部門の場合には，溶脱しにくい期間に有機肥料散布を行うためにも，一定期間の糞尿貯蔵施設が必要となる。また，産出される糞尿に対して経営内の圃場面積が過小である場合には，経営外部に移送する仕組みが必要になってこよう。これらは，硝酸塩の地下水溶脱を防止するための，最も一般的な農業生産方法の改善点である（第5-4表）。

　畜産施設が直接原因となる点的な汚染に対して，以上のように圃場に散布される窒素肥料が原因となる，面的な硝酸塩汚染問題の特徴を列記した。窒素肥料投下を直接的に削減する方法として，窒素肥料への課税や割当制度が考えられるであろう。しかし，肥料価格に対する肥料消費の弾力性は小さく，また低窒素投入技術が開発され普及しない限り[24]，大きな効果は期待できない。いたずらに農業所得の減少を招く事態に陥る[25]。畜産経営から排出される糞尿の圃場散布については，単位面積当たりの散布量を規定したとしても，監視コストの問題が生じてこよう。

　現段階での農業者の環境保全に対する意識や肥料成分に関する認識水準にみられるように，農業者のコンセンサスが十分に形成されていなければ，監視コストは大きいと考えられる。県衛生規則にある畜産施設の設置基準に付随する糞尿散布規程についても，必ずしも遵守されているとは言い難い点については先に触れた。

　また，ミネラルウォーター大手のヴィッテル社（Vittel）が，汚染源となりうる農地を取得し，汚染防止効果のある一定の農法体系の実施を盛り込んだ長期賃貸借契約を個別に農業経営と結んだという事例があるが，売却の申し出は

第5-4表 水質保全と両立する農業生産手法

水質保全の観点から好ましい農業生産	水質汚染の原因となる農業生産
集約度の問題 　中程度の集約性もしくは粗放的生産 　単位面積当たりの家畜頭数は中程度もしくはそれ以下	高度の集約的植物生産 単位面積当たりの家畜頭数が高密度
作物体系と冬期の土壌被覆状態 　1年生マメ科作物なし，もしくは若干 　永年草地が重要な位置付け 　冬期作物が重要な位置付け 　緑肥生産もしくは裏作 　裸地面積が低割合 　下草放置もしくは緑肥生産（ブドウ生産）	輪作体系においてマメ科作物が重要な位置付け 永年草地なし，もしくは若干また永年草地の耕地化 春作物が重要な位置付け 緑肥生産，裏作なし 冬期の裸地面積が高割合 樹間が裸地状態（ブドウ生産）
畜産施設および糞尿貯蔵施設の設置条件 　畜産施設および糞尿貯蔵施設に気密性が備わった適切な設計（畜舎，堆肥置き場，スラリー溝） 　汚水投棄をしない 　作物の必要量に応じた施肥を可能とするために十分な貯蔵能力	畜産施設や糞尿貯蔵施設の気密性に問題 汚水，サイロ液を直接，間接に投棄 糞尿貯蔵能力が不十分
窒素施肥量計算法 　小麦，トウモロコシについて「収支法」に基づいた施肥量計算 　土壌中残留窒素量の計算 　3成分含有肥料中の窒素成分計算 　施肥量計算時に有機肥料投入量，草地転換，灌漑を考慮 　各圃場について最適な収量目標の計算	小麦，トウモロコシについて窒素収支計算なし 土壌中残留窒素量に関する考慮なし 3要素含有肥料の燐酸，カリのみ成分計算 無機肥料のプラスアルファとして有機肥料を投入，草地転換後の習慣的な施肥 収量目標の過大評価
肥料成分量と施肥地点 　収量に適した施肥量 　圃場に適した施肥量 　小麦については分割施肥（2～3回） 　1回めの施肥は窒素分少量 　樹間が開いている場合には線上に施肥（ブドウ生産）	収量に均衡していない施肥投入 全圃場について画一的な施肥 小麦の施肥について全量1回散布 1回目の施肥時に多量投入 樹間が開いている場合の全面施肥（ブドウ生産）

水質保全の観点から好ましい農業生産	水質汚染の原因となる農業生産
施肥適期，気象条件，取水源の有無の考慮　乾燥期の施肥　散布地点について取水源，河川からの距離規程を遵守　開花期もしくは着芽期と開花期の間に施肥（ブドウ生産）　スラリー散布禁止期間を遵守	湿潤期，積雪時，凍結期の地中深い施肥　散布地点について取水源，河川からの距離規程を無視　着芽期前に施肥（ブドウ生産）　スラリー散布禁止期間を無視
植物残滓の管理　藁の粉砕もしくは埋め込み，堆肥として還元　マメ科作物残滓の排出	還元せずに藁を処理（畑焼き等）　マメ科作物残滓を埋め込んだ後，冬期裸地状態

資料：Larrue, C., "Le comportement des agriculteurs face aux mesures de protection de l'eau", *Economie rurale*, n.208-209, 1992.

当該面積の10％程度に過ぎない[26]。地下水の汚染に極めて敏感なミネラルウォーター会社と農業者の個別対応の場合，個別契約交渉に伴う取引コストが大きいことが推察される。

硝酸塩による汚染問題固有の地域性を考えれば，ローカルレベルにおける調査研究や，対策の立案，実施を担うネットワークが必要であろうし，また，問題解決に長期を要することを考えれば，効果を検証しつつ対策を講じていかなければならない。

（２）　汚染防止対策の実際
１）　EUの「硝酸塩指令」

フランス国内を越えて，EUレベルではどのような枠組みが目指されているだろうか。1980年に水道水中の硝酸塩濃度を50mg/lを上限とする指令が出されているが，これは衛生上の基準であって，汚染源自体を規制しようというものではない。1985年の規則797/85第19条において，「環境保全区域」の指定を行い，環境保全的農業に対して助成を施すことができることが規定されている。この枠組みの中で，フランスは2カ所について集約的な農業生産がもた

らす地下水汚染対策に取り組んだ。改善された農法がどの程度汚染を削減できるかという点について，モニターするというのがその目的であった。

1988年12月に欧州委員会は，硝酸塩汚染から淡水，沿岸，海水の水質を保全するための指令案を欧州理事会に対して提案した[27]。飲料水の取水源の保全や，表流水の富栄養化防止を目的としたものである。この中で，硝酸塩汚染が深刻な地域を脆弱地域として指定し，圃場への過度な糞尿散布を削減するための ha 当たりの家畜頭数制限のほか，家畜糞尿の圃場散布を可能とする時期，圃場状態，表流水からの距離，糞尿貯蔵能力，糞尿貯蔵施設の基準等についての一定の規則，化学肥料の施肥量基準を設けるなど，必要な措置を講じることを提起している。また，家畜頭数制限や，脆弱地域に対して講じられるプログラム作成上の留意点や，そのモニタリング手法等について検討する規制委員会（regulatory committee）の設置が提案されていた。農業部門に対する対策の他に，表流水や海水の富栄養化を防止するために，家庭排水処理に関する規程も合わせて盛り込まれていた。

しかし，理事会で採択された指令の中には，家畜頭数制限や化学肥料の施用，規制委員会の設置については盛り込まれるに至らず，家庭排水については，この指令内では扱われなくなった。結局，1991年12月12日に採択された「農業起源の硝酸塩による汚染に対する水質保全対策に関する」指令（91/767/CEE）（以下硝酸塩指令）は，各構成国が講じるべき，具体的な汚染防止対策を提示したのではなく，一定の留意すべき項目を列挙したにとどまった。委員会提案から理事会採択指令にいたる間には，明らかに後退がみられる。

欧州委員会の指令提案に付随する各構成国に関するリポートから窺えるように，デンマークやオランダのように規制が進められている国とそうでない国の違いは大きい[28]。規制が進んだ国は，汚染対策による規制の違いが競争の歪曲要因になるとして，EUレベルでの規制強化に積極的になる一方，農業団体側の理解が得られにくい国では緩い規制にとどまっており，EUレベルの規制強化には消極的になるためであろう。その間の妥協点が，EUレベルにおける規範の水準になったと考えられる。

硝酸塩指令は，構成国が脆弱地域（zone vulnérable）を指定し，優良農法規程（code de bonne pratique agricole）を定め，それぞれの脆弱地域に対する地域事業プログラムを立案，実施することを定めている[29]。また，必要に応じて農業者において技能訓練，情報提供事業の実施が盛り込まれている。この硝酸塩指令は，汚染対策の枠組みを提示したという性格が強く，具体的な施策は各構成国が独自に立案，実施していかなければならない。

　フランスにおける優良農法規程の作成は，CORPEN参加組織の専門家らで構成される作業部会で立案され，担当当局に対し提案するという手続きがとられた。この規程は脆弱地域以外の農業者に対しては勧告としての性格をもち，脆弱地域においては県レベルで実施される行動プログラムの最低基準を示したものと位置付けられている[30]。フランスの農業利用面積の46％が脆弱地域に指定され，農業経営の43％が優良農法規程に従わなければならない。しかし，農業環境プログラムに参加する経営に対して実施されているような契約遵守の確認にかかる手続きは，全く確立されておらず，その実効性には大きな疑問が残るのが現実である。

　優良農法規程が実効性をもち，その遵守の確認にかかる手続きが農業者に受容されるようになるためには，環境を保全する義務が農業者に存在し，生産する権利が一定の制約を受けることについて，農業者に十分認知され規範化されなければならないであろう。現段階のフランスでは，全国一律の規制や直接的な肥料価格への介入，窒素散布量割当といった介入手法に対して，十分なコンセンサスが得られていない中で[31]，啓発，指導事業が果たす役割は大きいと言える。

　２） フェルティミュー事業[32]

　先に触れたように，硝酸塩汚染の発現形態は，土壌や母岩の性質，気候条件等により非常に地域的に異なっている。また，汚染源となる既存の作物生産体系が異なれば，作物生産体系の修正の方向も異なったものにならざるをえない。このため，深刻な汚染問題が発生してきた地域では，それぞれに汚染の拡散の実態，農業者の施肥技術様式，輪作体系等に関する研究が行われてきた。

4．硝酸塩汚染とローカル・イニシァチブ　205

　このようにして地域レベルで得られた成果を踏まえながら，農業者への指導事業として地域レベルの取り組みを推進しようとするのが，ここで取り上げるフェルティミュー事業である。これまで全国的に取り組まれてきた畜産施設環境規制や硝酸塩汚染防止投資に対する補助金に加えて，ローカルレベルにおいて多くのパートナーを結集した指導事業が展開する契機になると考えられる。

(i) ねらいと仕組み

　フェルティミュー事業は，農業者の行動様式を少しずつ変えていくことを目的とした指導事業で，ローカル・イニシァチブに誘因を与えることをその手段としている。すなわち，この事業の特色は，硝酸塩から水質を保全するための地域レベルの取り組みに対して，認定ラベルを供与するところにある。これにより，地域のイニシァチブに対して，インセンティブを与えていくことが事業のねらいである。

　この事業は，硝酸塩の汚染問題にかかわる関係者，諸団体，諸機関などが協調しながら，汚染のリスクを目に見える形で低減させていく具体的措置を講じることを目的とする。農業者の他に，農業職能団体，農業省，環境省，水質—硝酸塩事務局，CORPEN，肥料製造業団体（SNIE），肥料購買農業協同組合（UNCAA），肥料流通業者（INAC），流域管理局，市町村水道局（SPDE），市町村議会，県議会といった公共機関や職能団体など，水質問題に関連する広範な諸機関が当事者として，議論，活動に参加することが求められる。

　フェルティミューのラベルが交付されるということは，農業者に対しては指導の質の高さと一貫性，指導員に対しては自らが適正な指導方針を実施していること，資金提供者に対してはその使途の適正さ，また地域住民に対しては水質の保全と農法が適合的であることの保証を意味する。ただし，ラベル認定を受けるためには，ローカルレベルの事業の改善点が指摘された上で，その改善を行う期間として1年間の猶予を得なければならない。1年間の暫定期間には，プレラベルが認定される。

　フェルティミュー事業は，「農業者の所得を維持しながら，農業生産を起源とする硝酸塩による水質汚染を削減すること」が目的であり，「農業者や指導

員が，主体的に農法を変更していくような地域指導事業に対する援助」を通じて，その目的を達成するものである。したがって，農業者が優良農法規程を自発的に尊重し，脆弱地域独自のプログラムを実施していくための組織基盤づくりの役目をもっている。「硝酸塩指令」の条項に照らし合わせると，「必要であれば」と付記される農業者に対する技能訓練，情報提供に相当することになる。

フェルティミュー事業は，1999年までに脆弱地域の全ての農業者および当事者に対して，助成を行えるような体制を目指している。指定施設規制や県公衆衛生規則が各畜産施設に適用されることにより，点的な汚染防止を進めるのに対して，このフェルティミュー事業では面的に適正な施肥を実施していくことによって，長期的視点から汚染を減らしていこうとするものである[33]。

(ii) 農業界の主導的役割

フェルティミュー事業は1990年に，硝酸塩による水質汚染を明確に削減することを目的とした農業者指導事業に対し，公に認められうる資格を提供するという農林省サイドの提案を発端とした。この発案は農業職能団体をはじめ，環境省など硝酸塩水質汚染に関連する各方面からの賛同を得た。この農林省サイドのイニシァチブと並行して，CORPENでも同様の目的を持つ農業者指導事業細則（cahier des charges des opérations de conseil aux agriculteurs）の作成過程にあった[34]。これがフェルティミュー事業の名の下に，全国農業振興協会（ANDA：Association national pour le développement agricole）[35]が事業主体となる全国事業に発展した。

ANDAのもとには，運営委員会（comité de pilotage）が設置され，ここが最終的に認定ラベルを供与する。この委員会は，農業会議所，農業職能団体，農業金融機関，協同組合，肥料製造業，肥料流通業の他，農業省，環境省，CORPENなどの代表者で構成される。初代の委員長には，農業生産から生じる水質汚染の問題に，ローカルレベルにおける取り組みが比較的早かったコート・ダルモール県（ブルターニュ）の県農業経営者組合連合会（FDSEA）会長が就任している。

運営委員会の他に，各地域からラベル申請のために提出された書類を検討する科学技術委員会がある。ここで鑑定を行うとともに，提示された各地域のプログラムが真摯に作成されていることを認定する。この科学技術委員会は，国立の研究所，農林省，環境省の他，農業技術普及関係の専門家で構成され，フェルティミュー事業の中立性を確保するための組織として位置付けられている。

この他に二つの委員会の作業を準備したり，地域レベルの事業当事者に対し方法上の助言を与える専門的，技術的集団たる事務局が置かれている。事務局はANDAの専門家のほか，農業職能団体，農業会議所，農業技術普及組織の専門家で構成されている。

(ⅲ) **事業の経過**

1993年10月現在，ラベル，プレラベルの認定を受けているのが，前者7事業，後者21事業となっている（第5-5表）。対象面積600ha，対象農業経営数20経営の事業から，80,000ha，2,000経営といった大規模な事業まで，事業規模が様々な点が一つの大きな特徴である。これは対象面積や対象経営数といった事業規模について，ローカルレベルで決定すればよく，対象面積，対象経営数が水質汚染防止対策の目的を達成するために有効か否かが認定の審査で問題とされるからである。

土壌や水系の特性，農業生産体系に応じて水源汚染の原因となる範囲は異なるため，一定の規模を前提とするというのはなじみにくい。また，問題となる農業生産体系をみても，必ずしも畜産部門から排出される糞尿の過剰な圃場投下を原因としているのではない。大規模畑作や灌漑畑作における無機肥料中の窒素が地下水に溶脱する危険性も大きい。概して，既存の生産体系の中には地下水汚染の危険がないと言い切れるものはないと言っていい。

ラベル認定を受けている7事業のうち，3事業は飲料水として利用できない水準50mg/lを超え，残り4事業もEUの指令でガイドラインとされている25mg/lを超えている。しかし，基準値を超えないものの，今後対策を講じなければ汚染が深刻化するとの懸念から，予防を重視する事業もある。硝酸塩汚

第5-5表　フェルティミュー事業のラベル認定を受けたローカルレベルの
　　　　　硝酸塩汚染対策事業

県　名	認定時期	対象面積(ha)	対象経営数	支配的生産体系	問題の所在
シャラント・マリティム	93/6	80,000	2,000	大規模畑作と若干の畜産	表流水，地下水の保全県内で最も深刻な地域
ドローム	93/6	90,000	1,800	大規模畑作，施設型畜産果樹，野菜	ヴァランス地区と周辺コミューンの取水源
					いくつかの取水源は汚染がひどく使用中止
マイエンヌ	96/6	21,000	800	酪農	エルネ，ラヴァンスの一部に供給される表流水の汚染
パ・ドゥ・カレ	93/6	7,700	125	牛飼養，施設型畜産	河川契約の中の地下水，表流水の水質汚染
ソーヌ・エ・ロワール	93/6	16,350	288	畜産（事業地域は冠水地域のトウモロコシ作）	県人口の45％に供給する取水源の保全
セーヌ・エ・マルヌ	93/6	10,000	70	大規模畑作	パリの水道供給の10％をまかなう取水源の保全硝酸塩濃度は基準値に接近
ヴォージュ，ムルト・エ・モゼール	93/6	2,900	40	牛飼養と影響の大きい丘陵のトウモロコシ作	12コミューン，3水道組合の取水源保全
プレラベル認定					
アルデンヌ	92/7	33,500	300	大規模畑作と若干の畜産	26コミューン（6,400人）の取水源の硝酸塩濃度が上昇傾向（うち1カ所が50mg/l超）
アリエージュ	93/10	20,000	500	畑作灌漑（トウモロコシ）	使用不能の水源の水質を一定期間内に改善
オード	93/10	34,700	500	大規模畑作，粗放型畜産（羊），施設型畜産	50mg/lを超える地下水，最大値120mg/l
シェール	92/12	7,000	87	大規模畑作，畜産	50mg/lを超える地下水源が2カ所
ユール	92/7	18,000	160	大規模畑作と若干の畜産	2万人が対象となる取水源の濃度が40mg/l超

4．硝酸塩汚染とローカル・イニシァチブ　209

県　名	認定時期	対象面積(ha)	対象経営数	支配的生産体系	問題の所在
ユール・エ・ロワール	93/2	21,700	203	大規模畑作（80％灌漑）	ボース地方の地下水の一部が50mg/l超
ジェール	93/10	59,000	1,300	大規模畑作，複合，特殊作物	50mg/lを超える検出が頻繁化した河川水
ジェール	93/10	600	20	集約的な油糧種子，畑作	モニター実験中の小河川
イル・エ・ヴィレンヌ	93/10	6,265	133	酪農	レンヌ市外一部の供給源3カ所が40mg/l超
アンドル	92/7	2,500	23	大規模畑作	アンドル県北部の地下水系は25～75mg/l
イゼール	93/2	26,000	586	牛飼養，穀作，タバコ	18取水源のうち数カ所が50mg/l超
イゼール	93/2	11,300	350	大規模畑作，クルミ，施設型畜産	数取水源で50mg/l超
ロワール・エ・シェール	93/10	16,000	140	灌漑利用頻度の高い大規模畑作，養豚	地表に近い地下水の汚染
ロワレ	93/10	48,000	500	大規模畑作と露地野菜若干	地下水面が交錯，農業用井戸は100mg/l超
ムルト・エ・モゼール	93/10	28,000	484	牛飼養，羊，養豚若干	都市区域，工業地域に供給する水源が25mg/l超
モゼール，ムルト・エ・モゼール	93/2	5,900	53	穀作，酪農，肉牛	メッツ市街に供給する水源が40mg/l超
ピレネ・オリエンタル	92/7	4,100	869	果樹2/3，ブドウ1/4野菜若干	県都ペルピニャンを含む県内の50％を対象とする水源を保全（現在は20mg/l以下であるが上昇中）
バ・ラン，オ・ラン	92/7	25,000	600	畜産，トウモロコシ	地下水系は浅く，汚染を受けやすい
セーヌ・マリティム	92/12	65,000	2,400	畜産複合，都市近郊野菜	ルアーブル地域の人口の2/3に供給する水源を保全（現在30～35mg/l）

県　名	認定時期	対象面積(ha)	対象経営数	支配的生産体系	問題の所在
セーヌ・エ・マルヌ	92/12	900	35	大規模畑作	6コミューンに供給する水源汚染が深刻（70mg/l超）
ヴァンデ	93/10	20,000	400	畜産複合	県西部の水源が冬季に50mg/l超
ヴィエンヌ	92/12	35,000	800	大規模畑作	汚染水を希釈しているにもかかわらず40〜50mg/lの供給水，県都ポワチエに影響

資料：全国農業振興協会（ANDA）資料（1993）より作成．

染問題の深刻度もそれぞれのローカル事業によって異なっている．

　地域レベルで汚染防止事業を提唱するのは，県農業会議所が最も一般的であるが，パリの水資源基地の一端を担うセーヌ・エ・マルヌ県や地方中小都市の水源保全を目的としたマイエンヌ県，イル・エ・ヴィレンヌ県，ムルト・エ・モゼール県などでは，水道管理会社や都市コミューンがローカル事業の提唱を行っている．

　事業を担うパートナーは，まず資金提供者として地域圏議会，流域管理局，農業会議所などであり，そのほかに自治体の水道管理当局が，資金提供を受け持つこともある．農業者に対する指導は，農業会議所が中心となるが，肥料の供給を行う協同組合や流通業者団体が人的な貢献を行う[36]．資金提供や人的貢献を行う諸機関の他，ローカルレベルの事業の運営委員会には，農業者を代表とする農業職能団体，水資源の利用者代表となる自治体の議員や水道管理当局，また国立農学研究所や国立鉱業地質研究所，農業技術普及機関などの機関が専門家として参加する．

　第5-6表には，ロレーヌ地方のヴォージュ県とムルト・エ・モゼール県に跨る地域における硝酸塩汚染防止事業の参加者や機関と，その役割が示されている[37]．このヴォージュ県，ムルト・エ・モゼール県の例を含めたラベル認定第一世代に当たる事業は，従来のローカルレベルの取り組みに対して，認定されたものである[38]．

4. 硝酸塩汚染とローカル・イニシァチブ

第5-6表 ムルト・エ・モゼール，ヴォージュ県の硝酸塩汚染対策事業の関係機関

関係機関	役　割	期　待
実行者 　農業者（40名）	・重要な実行者 　村代表者（10名）がその他の農業者に対して指導的役割を果たす	・汚染者としての汚名を返上 　現在丘陵地に作付けされているトウモロコシについて草地化を行わないこと
コミューン⑿および当該丘陵を供給源とする水道管理事務組合（3組合）	・水道水の安全性を確保 ・取水源保全に関する即時見直し ・水道の統制を確保し，事業を推進	・1993年末までに飲料水を確保することを流域管理局に要請
専門家・技術者 　ラン・ミューズ流域管理局	・各コミューンを誘導する役割 ・事業資金調達の組織化	・水道水の飲用可能の状態を迅速に達成すること ・当該丘陵で取り組まれる事業を農業活動の効率性の証明ができるような実験と捉えること
ヴォージュ県およびムルト・エ・モゼール県厚生・社会政策部	・当初，コミューンに対して警告 ・従来の監視体制の強化	・コミューンレベルで農業界との協力関係を樹立
ヴォージュ県農業会議所	・専門技術的資料や資金配分資料を作成 ・事業の活性化，パートナー間の調整 ・専門的事前調査の実施 ・初期段階事業の実施	・一般に考えられている代替的解決法に対する農業生産の順応性を証明すること ・家畜排泄物の有効利用としてコンポスト化の規模の経済性をテストすること
ムルト・エ・モゼール県農業会議所	・事業の補佐 ・事前調査の協力	
ロレーヌ地域圏農業会議所	・91年中に農学的標準データの収集（トウモロコシを作付けする土壌の窒素供給量）	・地域圏レベルの事業との調整
ムルト・エ・モゼール県農林部	・関係コミューンの要請により，89，90年に代替水源調査を実施（その後中断）	・両県で取り組まれるその他の事業に対するパイロット的位置付け

212　第5章　農業の環境汚染と政策

関係機関	役割	期待
ヴォージュ県農林部	・コミューンの組織化を促しながら，事業を支援	
畜産技術協会(ITEB)	・事業の枠組みづくりの支援 ・専門的事前調査の検討の支援 ・事前調査段階の農業者意識調査の実施	・環境に関するコミュニケーション事業のノウハウの獲得 ・技術的データの収集（事業対象地域は「畜産経営における施肥診断法」に関するプロジェクトのサンプル地域のうちの一つ）
科学者関係 　国立農学研究所農業システム開発部	・関係コミューンより専門家としての役割を要請 ・事前調査の中で水理地質学的調査を担当（還流・流量・集積のモニター，滞留期間の予測） ・奨励されている解決法の実地試験	・栽培法と植物根下の水質を関係づける法則の解明 ・土壌型に関するデータの収集
国立地質鉱山研究所	・当該丘陵が属する水系について再調査を流域管理局が要請 ・取水源の保護区域の見直しについてコミューンより依頼	・豊かな水資源を保全し，汚染を復元可能な水準にとどめておくこと ・地域水源の漸次放棄の一般化に反対すること
資金提供者 　ランーミューズ流域管理局 　ロレーヌ地域圏議会 　環境省	・3年間の資金提供（91〜93年）事業資金の2/3（120万フラン）	
ヴォージュ県議会	・事業資金の1/3（60万フラン）	
ムルト・エ・モゼール県議会	・議論への参加のみ	

資料：ムルト・エ・モゼール，ヴォージュ県硝酸塩汚染対策事業資料（1992）より訳出．

　この事業の場合，飲料水の供給事業主体であるコミューンが，農業者側に改善の申し出を行ったことに始まった．農業生産サイドの自主的な取り組みというよりも，水質保全を求める住民，コミューン側と農業者側の妥協の形を取ったものといえよう．

農業者側は，第1に，汚染者としての汚名を返上すること，第2に，汚染源となっている飼料作物（トウモロコシ）向けの圃場を，永年草地に転換しなければならなくなる事態から逃れること，が事業への取り組みの誘因となっているからである。また，農業者自らも飲料水の消費者であり，現在利用している水源を放棄することになれば，離れた地域から飲料水を引かなければならず，水道供給のため高いコストを支払わなければならなくなる。農業生産手法の変更によって，93年末までに飲料水として，使用に耐えうる水質が得られない場合には，集水管理局は水源保護区域について，草地転換を通告する予定になっている。

　住民・コミューン側から改善の要請を受けた農業者側は，農業会議所に対して，事態改善の方策，すなわち永年草地に転換せずに，地下水汚染を防止できる方策の検討について依頼した。フランスの農業会議所は，農業技術，経営問題について農業者の相談窓口としての機能を持っているからであり[39]，この事業の中でも，事前汚染実態調査・経営調査→農業者の取り込み・動機付け→事業資金配分→各事業主体の役割分担→経営指導事業→事後点検という流れに沿い[40]，いずれの段階においても農業会議所が中心となり，調整を行っている。

　対象区域の農業者も，指導の内容を遵守するという規約を設けた任意団体を設立し，これを農業者側の窓口としながら，事業へ参加している。一定期限後に事態が改善されない場合には，飼料作物や穀物の作付けができなくなるため，農業者側はかなり切羽詰まった状況に追い込まれている。事前に行われた経営調査に基づき，スラリー投入量が過大な経営や圃場など，水質保全上の問題に応じて経営をいくつかに分類し，経営ごとに綿密な生産手法の修正が実施される計画になっている。このヴォージュ県とムルト・エ・モゼール県の事業の特徴として，事態の緊急性に迫られたこと，事業区域が限定的で，関係する農業者の数が少ないこと，差別的な農法修正の指導が計画されたこと，があげられる。

(iv) 対話と意識改革

　汚染地域のパートナーを結集した農業者指導事業は，各種規制による汚染防止，汚染者負担原則の適用や補助金等を通じた経済的インセンティブに対して，第3の対策として位置付けられよう。汚染者負担原則や各種規制の適用の困難は，圃場への窒素肥料散布を原因とする硝酸塩汚染に対して，汚染者を特定することが難しいという点から発生している。

　しかし，他方で農業生産が汚染源であるという点について，農業者の理解は十分でなく，これらの議論に対する抵抗が生じる。農業者の意識の今後の動向如何が，フェルティミュー事業の成功の一つの鍵となり，意識の改革が各種規制や汚染者負担原則の適用へのステップとなるものと考えられよう。

　フェルティミュー事業には，農業者も飲料水の消費者であるものの，「環境対農業」という構図が明確である。ローカルレベルの事業が認定されることにより，農業者は認定された指導事業を受け入れることによって，汚染者としての汚名を返上し，農業者に非難を向ける飲料水の消費者に対しては，水質の改善を保証する。フェルティミュー事業として全国レベルの審査機関を設置することにより，すなわちローカルレベルから見れば，中立的な機関の認定により，安全な飲料水を求める住民と，所得低下をもたらすような防止対策に不安を持つ農業者双方の期待に対して，妥当な事業が実施されていることが保証される。

　そして，汚染を引き起こす農業生産方法を改善する場合に，硝酸塩が地下水に浸透する地域的なメカニズムを特定する必要がある。その上で，住民にとってどの程度の硝酸塩濃度が許容範囲であるか，その許容範囲を可能とする生産手法がどの程度収益に影響するかが協議の対象となる。つまり，試験・研究を通じて得られた結果をもとに，硝酸塩濃度の軽減度合いと，所得への影響との間に解決策がある。

　ただ，窒素投入量を減らしたり，耕作地を永年草地や休閑地に転換しただけでは，所得の低減が避けられないということも起こりうるだろう。シアらが展望するように[41]，汚染を軽減する農業生産体系から得られる農産物の付加価

値（例えば，有機農業や良質な環境下で生産された生産物のイメージなど）を，独自に市場で実現することを目指した農業振興策も統合される必要がある。

5．結　語

　窒素肥料の過剰投入がもたらした飲料水源の汚染問題の解決には，適量の窒素投入をいかに図っていくかが，最も重要な課題である。そして，農業生産所得を低下させずに，汚染をくい止めることが最良の解決策である。そこで，これに関連してフランス農学研究者らが提唱する「潜在力（potentialité）」という概念について述べておきたい[42]。

　これは，農業近代化政策が基盤としてきた「生産性（productivité）」の概念から，気候条件，植物生態，土壌特性，生産システムに結びついた「潜在力」への回帰を試みようとする動きである。その背景となるのは，集約的農業生産が行き着いた農産物過剰問題であり，環境問題である。

　この「潜在力」の意味するところは，まず肥料，薬剤の多投や灌漑農法に頼らず，現在の技術水準で収益性を高めうる可能性のことである。堆肥や糞尿といった有機肥料中の肥料価を正確に認識し，無機肥料の過剰投入を避け，コスト削減の可能性を探ることである。そのために，地域レベルにおいて気象条件や土壌特性といった自然条件に対して，各作物の植物生態に見合った適正な収量目標の研究が要請される。収量の最大化を目標にするのではなく，適正な収量目標を達成するための肥培管理を行っていく。「潜在力」に関する知識は，地域レベルの気象条件や土壌条件と栽培作物の特性に関する地域農学研究の成果であり，農業者が得るべき情報である。このような試験研究と農業者への情報提供がいくつかの地域で実施され始めた。

　また，「潜在力」は環境保全や汚染防止を視野に入れた農業生産の可能性であり，希少な地域資源，特に水資源の有効利用を考慮に入れた灌漑農業の可能性でもある。硝酸塩が溶脱しやすい圃場を特定し，作物の選定や収量目標を設定し，農業生産を継続しながら汚染問題の解決を図る。また，地下水脈の実態

把握に基づいて,散水地域を限定したり,散水量,散水頻度を調整することができるのも,「潜在力」の認識如何にかかってくる。さらに,加工向け農産物の品質向上の面でも,適正な窒素施肥により,蛋白比率を調整したビール麦の生産や,気象条件や土壌の特質から新たな原産地呼称ワイン生産の可能性がある。

　この「潜在力」という概念は,既存の農業生産技術により,環境資源問題や農産物過剰問題を同時に視野に取り込める可能性と言い換えることができる。農業政策と環境政策の統合の必要が論じられる中で,農業生産と環境保全の統合を生産技術面で支える概念といえよう。

　本論で考察したフェルティミュー事業において,汚染を引き起こさない農業生産方法に転換可能であるというのも,当該地域の「潜在力」の活用に他ならない。すなわち,経済的な側面から見れば,経営的にも環境的にも効率的な技術水準に到達する過程を模索する試みがフェルティーミュー事業であり,「潜在力」とは生産物と環境財を同時生産するときの,現在の技術水準の非効率の部分をさすといえる。

　フェルティミュー事業は,環境保全や水質保全を目的とした農業者の投資に対する助成,生産者集団もしくは自治体等による共同施設建設への補助,研究開発への助成といった経済的インセンティブによる誘導ではない。また,先にみた法的強制による問題解決手法でもない。硝酸塩汚染対策を効率的に実施できるような地域レベルの組織化を推進するソフト事業である。そして,地域の多様な機関を結集し,そこでの協議を通じて,農業者が主体的に汚染の原因となる農業生産方法を改めるよう誘導することである。同時に,飲料水の消費者であり,農業生産のあり方を非難する住民側に対して,農業者の継続的な努力について情報提供を行い,それに伴い水質の改善が進められていることを保証するというのが目的である。地下水を汚染しないような一定の農業生産方法を実践することに対する助成金支給が,農業者にインセンティブを与えるのではなく,地域住民の農業批判という「社会的インセンティブ」が農業者に作用す

るといえよう。

　フランスの農業者が見舞われている農業不況や，共通農業政策の改革により，農業経営環境は悪化している。他方で，農業生産と硝酸塩による水質汚染問題，より広い視点では農業・環境問題が社会問題化している。その結果，農業者が共有する農業生産に関する規範は動揺し始めた。この規範は，農業の集約化や近代化を通じて形成されたものである。

　硝酸塩汚染問題を見ても，農業生産が地下水汚染の一大汚染源であるという批判に対して，有力農業者団体は反論するが，その反論の仕方は農業者だけが汚染者ではないという声に表れる。そして，環境保全サイドは，汚染者負担金制度に農業者を取り込もうとするのに対して，反対の勢いは強い。これに対して，農業生産サイドは，所得に影響を及ぼさない技術的な裏付けを伴う農法の改善による汚染防止対策には前向きである。これは，汚染者負担原則の適用を回避するための行動という面ももちあわせていよう。フェルティミュー事業で企図されているように，パートナーとして，対等の資格で，当事者全てが参加するローカルレベルのソフト事業の育成策は，両者間の妥協点を探る試みとして評価できる。

　注(1)　飲料水中の硝酸塩濃度が問題とされるのは，硝酸塩自体は体外に排出されやすくほとんど毒性はないが，一部消化器系内で亜硝酸塩に変化し吸収されると血中の酸素移動を阻害し，窒息症状を起こす危険があるためである。特に乳幼児の危険が高い。このため，妊娠中の女性や生後6カ月未満の乳児には，硝酸塩濃度50mg/lを超える飲料水を飲まないよう指導されている。また発癌性の疑いについても指摘されているが，人体に対する影響は十分に明らかにされていない段階にある。家畜に対しても，発育不良，流産，不妊などの障害の可能性について報告されている。
　(2)　飲料水の水質に関するEUの指令80/778では，硝酸塩濃度について25mg/lをガイドライン，50mg/lを最高許容濃度とするよう各構成国に勧告した。なお，フランスがこのEUの基準を国内法制に組み込んだのは1989年であった。
　(3)　Water-Nitrate Mission〔33〕。
　(4)　農林省担当課長によれば，1988年頃から消費者が農業を起源とする硝酸塩の水質汚染に非常にナーバスになり始めたという。硝酸塩汚染問題のクローズアップには，メディアが非常に大きな役割を果たしたと同課長は考えている（1993年11月ヒアリン

グ）．ある消費者団体がその機関誌の付録として，飲料水の水質を調べることができる簡易実験器具を配布し，大きな反響を呼んだ．地下水の汚染は，河川の汚染に比べてその解決に要する期間は長期を要し，5〜10年で解決できるような問題ではなく，対症療法的な対策では不十分であるところに問題の難しさがある．

(5) 畜産部門が原因となる汚染については，ブルターニュ半島で顕著に表れている．もともと農業人口が相対的に多く，1経営当たりの規模が小さかったブルターニュでは，畜産部門への専門化，特に養豚，養鶏といった施設型畜産により，農業部門の発展を目指した．それが成功をみたことにより，今日では，農用地面積当たり家畜頭数は，全国的にみて極めて多い．フランス平均でみた場合，1ha当たりの窒素投入量は，無機肥料起源で76kg，家畜糞尿起源37kgであるのに対し，ブルターニュの場合にはそれぞれ85kg，102kgである（ちなみに大規模畑作地帯であるイル・ドゥ・フランスではそれぞれ162kg，7kgである）．地下水汚染，河川，湖沼の富栄養化の他，沿岸部の養殖に大きな被害を与えている．

(6) 1971年の環境省の設置に伴い，産業省の所管から環境省に移管された．

(7) 他に肥料散布時の悪臭予防措置として，居住地域等から100m以内の堆肥散布の場合，24時間以内に鋤き込む必要がある．またスラリー，糞尿液は悪臭軽減処理がなされている場合，居住地域等から50m以上離れた上で24時間以内に，処理されていない場合には，50m以上離れた上で12時間以内に鋤き込むよう規定されている．これらの他に，指定施設規程では騒音に関する基準も組み入れられている．

(8) 認可を必要とする畜産経営は，さらに散布窒素量について，より厳密な規程がつけ加えられている．1年を通じてイネ科作物が生産されている草地では350kg/ha/年，マメ科作物を除くその他の作物が作付けされる場合には200kg/ha/年を超える窒素が散布されてはならず，マメ科作物の場合，窒素散布は禁じられる．これは全国レベルの上限量であり，地下水汚染問題にかかわる環境アセスメントの結果次第で，県段階でこれより低い上限量を設定することができる．加えて，認可された経営は，毎年施肥計画と圃場毎に作付けされる作物の変更を届け出る必要がある．また，養豚の届出，認可経営の他，育成牛，酪農の認可経営に対しても，汚水処理施設からの処理済み排水について，家畜1頭1日当たりに換算した化学的酸素要求量，生物学的酸素要求量，固形物残渣，総窒素量に関する基準が定められている．これらは週1回の測定を行い，その結果は指定施設監視官の求めに応じて提出されなければならない．

(9) Schwarzamann *et al.*〔32〕．

(10) Larrue〔23〕．

(11) Commission of the European Communities〔10〕．欧州委員会の提案に基づく理事会指令については後述．ただ，一方で欧州委員会の提案にある家畜頭数は，現状に照らして非常に少ないため，提案に沿う家畜頭数密度は実現困難との見方もあった〔32〕．

(12) Larrue〔23〕．

(13) ENESAD〔16〕．

(14) 1964年に制定された水資源法の中に，海外県を除く領土を水系別に6分割した集水流域を設定し，管内の水系を管理する行政機関（Agences de l'eau，流域管理局）が設置された。汚染者に対する課徴金や産業用水等の利用料を徴収し，それを原資に飲料水供給の改善や汚染防止投資に対する助成を行う。また，水系利用管理に関する5カ年計画を策定する。この制度について，山地〔34〕の研究がある。
(15) 1991年に，汚染に関する流域管理局の汚染者課徴金と，この課徴金を原資とした浄化奨励金の制度に農業部門を組み入れることについて，大きな議論が戦わされた経緯がある。翌年には，省際レベルの会合において，流域管理局の新プログラムの中で農業生産を起源とする水質汚染問題に取り組んでいく方針が打ち出された。農業職能団体との協議を経て，環境省と農業省の間で，10年程度かけて農業部門を課徴金制度へ取り込んでいこうとの同意がなされた。2003年まで課徴金に対し軽減率を乗じるとともに（1995年0.40から2003年1.00），適用飼養頭数についても1998年まで段階的に下げていくことになった（豚の場合，1995年800頭以上の経営，1998年450頭以上）。さらに，糞尿貯蔵管理や施肥の方法（施肥に関する記帳や面積当たりの家畜頭数など）に応じた評価を行い，課徴金が軽減される仕組みもある。なお，投資助成は農業起源の汚染削減プログラム（programme de maîtrise des pollutions d'origine agricole : PMPOA）として，1994年から実施された。

　課徴金―浄化奨励金制度は，「汚染者負担の原則」を農業部門へ適用する第1歩である。農林省などに対して行った聞き取りによれば，農業者に適用される場合，97年までは負担金免除となる模様である。また，助成金交付との差引は，農業部門では持ち出しになるであろうとのことである。糞尿貯蔵管理や施肥の方法の優劣をつけ課徴金を軽減する措置にみられるように，「汚染者負担」というよりも「汚染していない者は負担しない（Non-pollueur non-payeur principe）」という点を，農林省担当者は強調している。これは農業者団体を懐柔する意味も込められていよう。
(16) FNSEA〔20〕。
(17) 1993年に硝酸塩，リン酸塩に加えて，農薬類がもたらす水質汚染についても対象とすることになり，併せて名称も変更された。
(18) CORPENは職能団体，技術普及，研究，住民，行政など，次のような機関の代表者で構成されている。

　農業職能団体代表（FNSEA，APCA），全国肥料工業組合，関連の深い農業技術関連組織（農業技術調整部門，果実・野菜部門，油糧種子部門，飼料穀物部門，ビート部門，肉牛部門，養豚部門），消費者・利用者，地方議員，研究所（CEMAGREF，INRA，鉱山・地質関係，水産関係），流域管理局，各省庁（農林，環境，予算，水産，産業，厚生），専門家等である。
(19) 1989年には，中央政府，地域圏，県，流域管理局などにより「きれいな水ブルターニュ（Bretagne eau pur）」プログラムが実施された。これは，排水収集・浄化施設関連の整備，自然環境保全を目的とした下水施設の修繕・再編，汚染調査事業など，

包括的な水質汚染対策事業であり，1990－96年の7年間で87.5百万フランを投じることが決定された。農業部門については，施設型畜産部門から発生する汚染が対象となり，「農業者啓発，教育」，「家畜糞尿集団処理施設」，「試験・研究」，「個別経営レベルの汚染防止投資補助事業」を柱とした事業が実施される。

(20) Larrue〔23〕。

(21) Water-nitrate mission〔33〕。

(22) 先に触れたブルターニュを対象としたプログラムにおいても，集団糞尿処理施設については，農業会議所，農業技術普及機関等の試験研究部門や，民間企業の有望なアイディアについて助成を行いながら，様々な企画開発を奨励している。処理コストの問題については，現時点ではかなり試行錯誤の状況にある。

(23) Schellenberger, Soulard〔31〕。

(24) Brossier, Chia〔6〕。

(25) Bonny, Carles〔5〕。

(26) Brossier, Chia〔6〕。ヴィッテル社が提示した買い取り価格を地代換算すると，この地域のセットアサイドの年次奨励金額にほぼ相当しているという。さらに，企業にとって，どの程度の面積を取得すればミネラルウォーターの品質を保てるかは，土壌の性質，水流や河川氾濫等の要因を考えれば，正確に把握するのは困難であるとされている。なお，この場合に硝酸塩濃度は，EUのEC指令等に見られる基準値よりも，はるかに厳しい値を満足することが要求されている。

(27) Commission of the European Communities〔10〕。

(28) デンマークでは，1987年に糞尿貯蔵能力を9カ月分（フランスの場合には4カ月）とし，ha当たりの家畜頭数制限（牛2.3大家畜単位，豚1.7大家畜単位）を設けた〔10〕。

(29) 第2次世界大戦後，「効率的で安定的な農業の確立を目指そうとした」イギリスが，農業者の一般的な活動準則として「適切な農業活動準則（Code of good agricultural practice）」を定めている。しかし，農業生産活動が環境汚染の原因となっていても，この「適切な農業活動準則」に従う限り，国の方針に従ったまでであり，農業者自体には汚染者負担の原則は適用できないという考え方がある〔21〕。

(30) 硝酸塩指令では，優良農法規程の中に盛り込む事項として以下の10項目が提示されており，CORPENの提案もそれに沿って基準や留意事項が示されている。

①肥料散布が不適当な期間。
②急傾斜地の肥料散布条件。
③浸水，滞水，凍結，積雪した土壌の肥料散布条件。
④表流水付近の肥料散布条件。
⑤家畜排泄物の貯蔵施設の能力と形式：特に表流水，地下水への家畜排泄物を含む液体やサイレージ汁の流出防止。
⑥肥料の散布方法：特に表流水，地下水への流出窒素量が許容範囲内に納まるよ

うな散布量。
⑦ 圃場管理：輪作体系の導入と単年作物に対する永年作物の割合。
⑧ 冬期におけるカバークロップによる被覆割合。
⑨ 各経営における施肥計画の作成と肥料散布に関する記帳。
⑩ 灌漑農業において植物根が届かない深さの水の流出と浸透による水質汚染の防止。

　硝酸塩指令では，これらのうち①〜⑥までは優良農法規程に盛り込まなければならないものとされ，⑦〜⑩は優良農法規程の中に盛り込むことができるとしているものである。優良農法規程はアレテ（政令）のかたちで立法化され，全国版硝酸塩対策ガイドラインの性格を持つ。これに基づいて県レベルにおいて，より地域の実状に即した優良農法規程（県知事令）が作成され，脆弱地域においては一定の拘束力を持つ。これらのうちの多くは，これまでにCORPENの作業部会等で検討されてきたものであり，施肥計画手法，肥料散布記帳様式など程度の差こそあれ，ローカルレベルの取り組みで，すでに試みられているものもある。なお，フランスでは硝酸塩指令中の記載の通り，地下水硝酸塩含有量50mg/lを超える地域，もしくは超える恐れのある地域が指定される。

(31) オランダでは，家畜飼料に課徴金をかけ，それを原資に研究・技術普及に対する助成を行っている他，フィンランド，スウェーデン，オーストリアではすでに肥料，農薬に対する課税が行われている〔34〕。

(32) 「Ferti-Mieux」の「Ferti」は「fertilisation（施肥）」，「Mieux」は英語では「better」を意味し，「よりよい施肥」程度の意味が込められている。

(33) フェルティミュー事業の基本方針は，以下の6点に集約される。
　　① 事業の当事者と組織：地域レベルの事業の運営委員会や専門委員会に硝酸塩汚染問題にかかわる関係組織を結集して，共通の目標を目指す。
　　② 事業区域：汚染された取水源に対して事業区域の的確なゾーニングを行う。
　　③ 農学的診断：土壌の性質，水の循環，気象条件等を考慮し，リスクの高い作付体系，施肥法について評価する。
　　④ 指導：生産体系固有のリスクに応じた指導が必要であり，施肥だけにとどまらず，汚染を減らしていくためにあらゆる作付体系を再検討する。
　　⑤ コミュニケーション戦略：農作業体系の変更に対する農業者の対応や地域の多様な当事者の懸念が払拭されるような指導を実施する。そのために，指導内容の決定や農作業体系の修正に影響を行使していく上で，地域の指導員間のコンセンサスが肝要となる。
　　⑥ 評価：農作業体系の変更度合，汚染の危険性の低下を評価基準とする。

　これらの基準をもとにラベルの認定が行われるが，認定を受ける場合にも科学技術委員会からそれぞれの事業の長所，短所について意見が出される。また，科学技術委員会の分析に基づいて，運営委員会から当面改善して行くべき点が提示される。ラベ

ル認定期間は2年間であり，再認定に際しては指摘された改善すべき点がどのように考慮されてきたかがその条件となる．一定の基準を満たせばすむというものではなく，ローカルレベルの事業が常に発展過程にあることが示されなければならないわけである．

(34) 農業団体代表11名，政府11名（農林省8名，経済・予算省3名）で構成される理事会を持ち，年間7億フランの農業振興基金の運営管理にあたる．この農業振興基金は，研究，開発，普及に関連するプログラムに対し資金を供給するもので，フランスの農業研究開発投資の19％をカバーする．

(35) CORPENで検討された農業者指導事業では，農業者の所得の維持を図りながら，過剰施肥対策に焦点が当てられた．この背景には，農学的な視点から，明らかに農業者の肥料投入量は過大であるという認識がある．作物の吸収可能な施肥量を正確に把握し，その普及に努めることを通じて，地下水の汚染削減に取り組もうとするものである（CORPEN〔12〕）．

(36) 各経営に協同組合や卸売業者が肥料を供給する際に，肥料の使用法，成分等に関する技術指導が伴う．国立農学研究所のアンケート調査によれば（Bonny, Carles〔5〕），施肥に関する知識は，自らの経験58％，協同組合や商系54％，農業技術指導員51％となっており，肥料販売に技術指導が伴っていることを示している．このため，これら肥料供給者側の事業参加は，合理的な施肥を指導する上で重要なファクターであり，ラベル認定の際にも一定の評価を受ける．

(37) 対象区域は総農地面積2,700ha，うち有機肥料の投入が問題とされるのは丘陵部の約800ha，区域内40経営と小規模である．酪農を基本にした畜産と穀物，飼料作の複合経営で構成されている．作付体系は，トウモロコシ―トウモロコシ―穀物―穀物の4年輪作が47％，トウモロコシ単作が23％，トウモロコシ―トウモロコシ―穀物の3年輪作が20％，トウモロコシ（3年）―穀物（3年）が10％である．硝酸塩の溶脱は冬期に著しく，穀物を生産しない年の冬期に裸地状態となるのが，汚染を引き起こしやすくしている．また，800haの農地に対して，平均して33t/haのスラリー，窒素換算で183kgN/haが投入されている．これに加えてトウモロコシの場合，およそ90kgN/ha，穀物（冬小麦）の場合，50〜60kgN/haの無機肥料が投じられている（Kung-Benoit〔22〕）．

(38) ANDAが主催するフェルティミュー事業は，92年に最初の審査が行われ，93年6月にラベル認定第1号が生まれた．ヴォージュ県，ムルト・エ・モゼール県の事業を含めて，ローカルレベルの取り組みはフェルティミュー事業に先行している．事業が進むにつれ，優良事例の紹介などの公報活動により，フェルティミュー事業自体がローカルレベルの取り組みの契機となる場合が出てこよう．しかし，先にも述べたようにフェルティミュー事業は，安全な飲料水を求める住民と，所得低下をもたらすような防止対策に不安を持つ農業者双方に対して，妥当な事業が実施されていることを保証する役目を持つに過ぎない．

(39) 全国農業会議所〔35〕。
(40) Kung-Benoit〔22〕。
(41) 数年来、ミネラルウォーター産出地での農業生産体系の修正の方向性について、国立農学研究所の研究者らで研究が進められており、各経営について、圃場別、作物別に窒素溶脱量を分析し、硝酸塩濃度 1mg/l 減当たりの限界費用を計算している。一定程度の農産物の新たな付加価値を見込んだ上で、相当程度の硝酸塩濃度の軽減と所得の増加をシミュレーションしている。利害関係者らの協議の材料として、このシミュレーション結果を利用しているという (Chia et al.〔9〕)。
(42) Ministère de l'agriculture et de la pêche〔25〕。

〔参 考 文 献〕

〔1〕 ANDA, *L'opération Ferti-mieux; Rapport d'activité*, 1992.
〔2〕 ANDA, *Label Ferti-mieux; présentetion de 7 actions*. septembre 1993.
〔3〕 ANDA, *Pré-Label Ferti-mieux; présentation de 13 actions*. septembre 1993.
〔4〕 Association pour les espace naturels, *Aménagement et nature*. n.105, printemps 1992.
〔5〕 Bonny, S., Carles, R., "Perspectives d'évolution de l'emploi des engrais et des phytosanitaires dans l'agriculture française", *Cahiers d'économie et sociologie rurales*, n.26, 1993.
〔6〕 Brossier, J., Chia, E., "Pratiques agricoles et qualités de l'eau -Construction d'une recherche-développement dans le cas d'un périmètre hydrominéral", *Economie rurale*, n.199, 1990.
〔7〕 CEE, Directive du Conseil du 12 décembre 1991 concernant la protection des eaux contre la pollution par les nitrates à partir de sources agricoles (91/676/CEE).
〔8〕 Chambre régionale d'agriculture de Bretagne, *Agriculture et environnement: Le challenge des années 90*. juillet 1990.
〔9〕 Chia, E., Brossier, J., Benoit, M., "Recherche - action: Qualité de l'eau et changement des pratiques agricoles". *Economie rurale*, n.208-209, 1992.
〔10〕 Commission of the European Communities, COM(88) 708 final, Brussels, 22 December 1988.
〔11〕 CORPEN, *Fertilisation azotée et lutte contre la pollution des eaux par les nitrates. Situation du problème, orientaion pour l'action*. octobre 1990.
〔12〕 CORPEN, *Cahier des charges des opération de conseil aux agriculteurs en vue de protéger l'eau contre la polution nitratée*. avril 1991.
〔13〕 CORPEN, *Proposition du CORPEN pour le code de bonne pratique agricole*

(91/949/CEE), avril 1993.
[14] CORPEN, *Amélioration des pratiques agricoles pour réduire les pertes de nitrates vers les eaux*. 2ème édition, juin 1993.
[15] EEC, Council Directive of 15 July 1980 relating to the quality of water intended for human consumption (80/778/EEC).
[16] ENESAD, *Evaluation des mesures agri-environnementales: Programme regional Bourgogne. Rapport final*. 1998.
[17] Ferti-mieux/ANDA, *Just'azote Drôme -Action labellisée*. juin 1993.
[18] Ferti-mieux/ANDA, *Vicherey-Beuvezin Plateau du Haut Saintois (Vosges, Meurthe-et-Moselle) - Action labellisée*. juin 1993.
[19] FNSEA, *L'information agricole*. n. 621, mars 1990.
[20] FNSEA, *Rapport d'activité - La situation de l'agriculture et l'activiétes syndicale en 1991*. avril 1992.
[21] 福士正博「イギリス農業環境政策と環境保護団体――『適切な農業活動原則』をめぐって――」(『レファレンス』, 国立国会図書館, 1990年7月号)。
[22] Kung-Benoit, A., "Réduction de la pollution nitirique: exemple d'un diagnostic en Lorraine", *Fourrages*, n.131, 1991.
[23] Larrue, C., "Le comportement des agriculteurs face aux mesures de protection de l'eau", *Economie rurale*, n.208-209, 1992.
[24] Ministère de l'agriculture et de la forêt, Ministère de l'environnement, *Valoriser les déjections animales; Un enjeu pour l'agriculture, une nécessités pour l'environnement (Programme d'action en Bretagne)*. septembre 1990.
[25] Ministère de l'agriculture et de la pêche, *Potentialités - Premier maillon d'une agronomie appliquée-*. 1993.
[26] Mission Eau-Nitrate, *Programme pour la réduction de la pollution des eaux par les nitrates et les phosphates provenant des activités agricoles*. octobre 1984.
[27] Mission Eau-Nitrate, *Bilan de l'azote à l'exploitation: programme d'action en Bretagne*. novembre 1988.
[28] Mission Eau-Nitrate, *Bretagne Eau Pure - Programme cadre pluriannuel pour la qualités de l'eau en Bretagne 1990-96*. avril 1990.
[29] Mission Eau-Nitrate, *Lutte contre la pollution azotée des eaux en zone d'élevage excédentaire - Programme d'action en Bretagne*. octobre 1987.
[30] Morand-Deviller, J., *Le droit de l'environnement*. PUF, avril 1987.

〔31〕 Schellenberger, G., Soulard, C., "Nitrates et agriculture - Du blocage à l'assimilation", *Economie rurale*, n.213, janvier/ février 1993.

〔32〕 Schwarzmann, C., Mahé, L., Rainelli, P., "Environnement et agriculture. Une comparaison France-Allemagne", *Cahiers d'économie et sociologie rurales*, n.17, 1990(「環境と農業　フランスとドイツの比較」〔『のびゆく農業』817号, 農政調査委員会, 1993年4月〕).

〔33〕 Water-Nitrate Mission, *French Policy in combating the pollution of water by nitrates*. june 1988.

〔34〕 山地康志「経済的手段を用いたEC諸国の環境政策」(『レファレンス』, 国立国会図書館, 1992年1月号)。

〔35〕 全国農業会議所「フランスの農業会議所 —— 解説と翻訳 —— 」1993年9月。

終章　補助金政策の論理と地域, 環境

経営補助金がもつ所得政策上の含意をどう汲み取ることができるであろうか。また, 環境保全に対する経営補助金をはじめ, 現行の経営補助金の問題点は何か, こうした問題を整理しながら本書の結びとしたい。

1. 経営補助金の論理

(1) 経営補助金導入の背景

所得政策の手段としての経営補助金の最大の長所は, 特定の区域や部門に対象をしぼることができる点であり, 92年のCAP改革以前から実施されてきた。92年CAP改革の主要な対象は穀物であったが, 早くから経営補助金の対象部門となったのは, 牛や羊の畜産部門であった。条件不利地域に対する補償金をはじめ, 20余年にわたる実績がある。

経営補助金には, 自然災害に対する補償金のように一時的に支給されるものもあるが, その多くは, 毎年, 特定の給付対象に対して単価が設定されて支払われる補助金である。

その第1は, 自然条件に起因する生産条件の不利に対する恒常的な年払いの経営補助金である。生産条件が不利な地域では, 傾斜による機械化作業の制約, 排水不良や低温による作物の生育の制約により, 生産に要する費用が高い。そして, 農業所得は生産物価格の低落にいっそう影響されやすい。EU諸国における条件不利地域は, 地中海諸国を除くと, 気象条件や土壌の特性から, 耕種作物の生産性が低く, 草地飼料基盤に依存した繁殖肉牛生産, 羊肉生産および酪農を主体とした粗放的な生産構造を有している。

1960年の農業基本法によって成立した一連の構造政策は, 経営規模の拡大

や集約化による農業の近代化を促すものであった。農業生産の立地に起因する技術的な制約により，とりわけ集約化が著しく制約される農業生産形態があった。それは山間地域における粗放型の畜産や酪農である。経営規模の拡大はありえても，そもそも集約化によって得られる生産性の向上は，粗放型の畜産や酪農には期待できなかったのである。生産物は集約的な畜産や酪農経営におけるそれと同じであるから，集約化可能な経営に費用低下が生じれば，両者の格差は拡大することになろう。このような格差は60年農業基本法下における近代化政策により広げられるのである。ハンディキャップ補償金は，近代化政策の推進が生み出す格差の補填であったと捉えられる。

　第2は，粗放型畜産を対象とした繁殖メス牛に対する経営補助金である。条件不利に対して講じられる措置は特定の地域を対象とするが，生産条件の不利と部門政策には密接な連関がある。条件不利地域においても，輸送費用が極めて高価な時代には，地域内で消費する穀物等を生産していたのであり，草地型畜産の展開は比較優位に基づき地域的に特化したためである。

　1980年に開始された繁殖メス牛生産補償金の政策的な意図は，牛乳を販売しない畜産経営の所得支持を行うことであった。すなわち，酪農経営から副産物として産出される肉牛の生産と，肉専用の繁殖メス牛による肉牛生産の差別化である。価格支持を基本として酪農経営の所得を維持しつつ，肉牛価格については市場の需給関係をより反映したものとされた。このことが，繁殖メス牛による肉牛専門経営の所得を，価格下落に伴う所得補償で補填する措置が講じられたことの背景をなす。

　第3は，1992年のCAP改革で実施された穀物の政策価格の引下げを期に，自給飼料用のトウモロコシを穀物生産補償金の給付対象としたことである。これは，サイレージトウモロコシを自給生産する畜産経営と，購入穀物飼料に依存する畜産経営のバランスをとるためであった。すなわち，穀物価格の引下げにより後者の生産費が低下するからであり，政策変更が両者の競争条件を変えてしまうからであった。このときに導入された草地奨励金には，農業環境プログラムの一環として実施されつつも，サイレージトウモロコシを自給飼料とし

て活用する集約的な畜産経営に対して，草地酪農や草地畜産経営が被る相対的な補償格差の補填する意味があった。

さらに，99年CAP改革により，油糧種子の補償金単価が穀物のそれと一致するように引き下げられたが，これに伴い導入されたのが菜種に比べて生産性の低いヒマワリ生産に対する生産奨励金である。これはヒマワリ生産が菜種に比し，低投入低産出型であることを根拠に，農業環境プログラムの一環として実施されることになった。

このように導入時期や，変更される政策の性格が異なったとしても，経営補助金はいずれも何らかの政策変更が，直接的な所得の低下や，競争条件が変化することによって生じる所得の低下をもたらすであろう時に導入されてきたことがわかる。

(2) 政策転換の背景

1992年のEU共通農業政策（CAP）改革や，1994年のGATTウルグアイラウンド合意に見られるように，先進国農政の趨勢は，生産刺激的な価格支持による農業所得政策から，農業者に直接給付される経営補助金を用いた農業所得政策へ大きく舵が切られた。

このような大きな政策転換の背景の第1は，供給過剰に起因する公的歳出の膨張であり，輸出補助金による過剰農産物の処理がもたらした貿易摩擦であった。補助金による国外もしくは域外への過剰農産物の放出は，国際市場における需給を緩和させ，国際価格の低下を生み，輸出国の利益を損なうからである。

1992年のCAP改革により導入された経営補助金は，政策価格の引下げにより生じる所得減少の一部，もしくは全部を補償するものである。

第2は，農業者団体の農産物価格決定に対する政治的影響力の低下である。その要因はまず，農業者数が構造調整の過程で絶対的に少なくなったことがあげられよう。

第3は，行政システムが発展し行政費用が低くなったことが，経営補助金に

よる所得政策への転換を可能にしたと考えることができる点である[1]。特に，情報技術の発達とともに，政策手段の実現費用は小さくなると想定されよう。

　一方，農産物価格支持の政策目的は，適正な農産物の価格により農業者の所得を維持し，経営の発展を円滑にすることにある。価格支持にかかる政策的費用の中で行政費用は比較的低い。しかし，農業所得政策が優先される余り，供給過剰下において限界的な農業経営の費用構造から政策価格を導き出すならば，政策的な所得補填を必要としない経営群への所得移転がロスとなる。また，過剰処理にかかる費用の増大や市場の歪曲により他の競争者の損害を発生させることになろう。こうした経済的な歪曲効果として表れる費用は，経営補助金を活用した場合よりも高い。農業所得政策の転換を可能にしたのは，歪曲効果に表れる政策費用の増大と経営補助金を活用したときの行政費用が低下した結果である。農業者の数が減少したことも行政費用を下げる要因を構成するであろう。

　こうして，価格支持中心の所得政策から，経営補助金による所得政策へ転換することにより，農政の透明性は向上した。政策がもたらす利益の帰属が少なくとも，個々の農業者に対する金額として表れるからである。1992年のCAP改革の際に，政策価格が引き下げられたにもかかわらず，市場価格は追随せず結果的に「過剰補償」を招いたことは，社会的な批判の原因ともなった。

　また，農業財政が所得分配上，逆進的に働いていることが，やはり金額で明確に捉えられるようになった。価格支持政策がこのような効果を持ったことは明らかではあったが，農産物の政策価格の防衛は，たとえ大規模経営の利益が大きくとも農業者の共通の利益であり，政治的目標であった。価格支持から直接支払いへ移行しても，価格支持によって得られたであろう所得を補償するため，政策がもたらす所得分配の偏りを是正するものではなかった。しかし，現行制度における豊かな農業者に対する手厚い補助金は，農業政策において社会的公正をいかに保つかという問題を提起した。

（3） 経営補助金にみる補償の考え方

　経営補助金を政策手段とした農業所得政策には，どのような補償原理が働いていると解釈すべきであろうか。

　農政が安定的な農業所得を維持しようとするのは，農業者が安定的な投資資金を準備し，一定の生活水準を確保するために他ならない。しかし，92年のCAP改革のように，政策価格が引き下げられることによって発生する所得の損失は，恒久的に補償されなければならないだろうか。これは大規模経営に対する手厚い所得分配を継続することであり，社会的な公正は保たれないであろう。

　第1の補償原理は，92年CAP改革の際に見られた補償の考え方であり，変更前の政策下において行った投資から得られるであろう所得を補償すること，と捉えられる。農業者は政府が標榜する農政に対応して，有形，無形の投資を行ってきたわけだから，価格支持政策の大幅な見直しは政策の継続性の破棄であり，農業者に対する政府の「契約破棄」[2]にあたる。

　このように解釈すると，投資に対する償却が終われば補償の根拠を欠くため，CAP改革に伴う所得補償は恒久的である必要はない。この補償期間の間に農業経営は新たな政策に適応することになる。仮にこのような補償原理がなければ，今日においても支配的な家族経営にかかる投資のリスクは膨大であり，安定的な投資の継続は脅かされることになろう。

　第2の補償原理は，社会的な分配の正義から導かれるそれで，農業者の就業期間について一定の所得を補填するという補償原理である。農外部門において雇用機会を得ることができるのは若年層に限定され，ある時期を過ぎれば，年金を得られる年齢まで農業就業にとどまらざるをえないからである。

　しかし，経営の継承までもが保証されるわけではない。社会政策的な所得補償が得られたとしても，経営投資が行われ経営環境に十分適応できた経営でなければ，継承されずに規模拡大を志向する経営に吸収されるからである。このような状況が可能なのは，序章で触れたように，生産要素には，農地価格や地代は農業外の要因の影響を比較的受けずに形成されること，農業労働は専業労

働的性格が強いこと,農業生産資本の形成は私経済の領域に属すること,という特徴があるためである。構造調整と調和した補償原理とは以上のようになろう。

このように経営補助金にみる補償の背後には,経済政策的な補償原理,すなわち,投資リスクを増大させないための補償と,生存権を補償するような社会政策的な補償原理の二つの考え方を捉えることができる。

2．経営補助金の課題

（1） 環境保全と経営補助金

第3の補償原理は,農業生産活動により正の外部経済,すなわち,景観保全やビオトープの保全,自然災害の防止などの効果が発生するときのそれである。

この背景には,農業の集約化や営農放棄により,営農行為によって生産される環境財の供給が低下したこと,他方で1人当たりの国民所得の上昇により環境財に対する新たな需要が喚起されたことがある。ところが,農業者が営農活動を通じて,伝統的な景観保全や自然災害のリスク軽減に寄与しても,それらは公共財としての特性が極めて強いため,市場が成立せずその対価は評価されない。農業環境政策における経営補助金は,このような公共財の生産に対する報酬もしくは対価として農業者に給付されるものである。

このときの単価の設定は,環境保全にかかる営農手法により被る損失,もしくは営農行為がもたらす追加的な費用を補填する水準を原則とし,経済的な誘因として20％まで加算されることが認められている。

このような経営補助金が給付されるケースは,3通り考えられる[3]。

第1は,従来の営農行為を維持することに対する給付である。将来,農業者が圃場の集約的な利用を行ったり,逆に圃場の生産的利用を放棄するとき,環境への悪影響が引き起こされる場合である。飼養密度を引き上げたり,土壌改良を行い生産性を高めたり,または限界農地の放棄などを念頭に置けばいいだ

ろう。このときの給付水準は，土地利用の集約化により期待される所得増分であり，生産的利用により得られる収益とその放棄により生じた経営資源の活用から得られる収益の差額分になる。

　第2は，農業からの汚染を軽減することに対する給付である。従来の農法が環境に悪影響を引き起こしており，農法の変更が必要とされる場合である。肥料や農薬などの投入を減らし水質汚染を防止する措置や，耕地を草地に転換する措置における給付の根拠であり，農法の変更により生じる収入減分が給付水準となる。

　第3は，新たな環境サービスを提供する際の給付である。農業生産上の利益はないが，環境保全の観点から必要な農法を取り入れる場合である。例えば，野鳥の営巣を促すために，草地の刈り取り時期を遅らせたり，ビオトープの保全管理のために，適度な放牧を実施するなどの場合がある。また，景観の美化に寄与したり，雪崩や山火事の延焼を防止するために，放棄された放牧地を再利用する措置も実施されている。環境サービスを提供することによる所得減分や費用増分が給付水準となる。

　ところが，このような単価設定の原則は，営農を継続し環境財・サービスを安定的に供給する条件にはなっていない。営農を継続するための所得の形成が，所与の農業生産物から得られる所得と，環境保全的行為に対する報酬からなっており，農業生産物の価格が低落傾向にあれば，営農の継続が保証されないからである。生産物価格の形成を市場にゆだね所得の減少を容認するのであれば，環境報酬に対する政策介入を強めなければならない。しかし，このことは，環境保全的行為によって生じる費用増分，もしくは所得減分が補償単価を決定するという現行のルールに反するのである。

　条件不利地域等補償金の単価は，平坦地域と山間地や条件不利地域の生産費格差を基礎に算定され導入された。しかし，その後の運用の経緯をみると，生産物価格の変動が政治的活動を媒介に，補償金単価の引上げに反映されてきた。環境保全行為に対する報酬の決定に際しても，営農行為と不可分の環境保全行為に対して，正当な労働報酬の原理が確立されない限り，このような政策

基準のぶれは解消されないだろう。

　環境保全的行為による環境財の供給は，営農行為と不可分である。このことを念頭におけば，営農行為から特定の環境保全行為を切り離し，給付単価を設定することは便宜的のそしりを免れない。経営の持続性を確保するために，農業所得とリンクした報酬決定が可能な政策設計が必要になる。このように考えると，環境政策的な補償原理は構築途上であるといえるのではなかろうか。

（2） 補償から報酬へ

　1980年代前半に一連の地方分権化法が整備され，90年代になると国の地方行政機関の権限を高める地方行政制度改革が実現していった。これらにより，地方における公共政策の企画立案機能が整備される過程にある。政策設計の地域化は，一連の地方制度の改革と密接に連関しながら展開するであろう。これまでに，第2章では農村地域政策の展開や農業振興における「集団的取り組み」について述べた。また，農業環境プログラムの適用の実態や集約的農業による汚染削減対策として，ローカルレベルの役割について述べた。「経営地方契約」もこれらの動きと重層的に展開していくことは間違いない。

　しかしながら，農業環境政策における経営補助金は，環境保全に寄与する行為により生じる所得の損失，もしくは費用の増分に限定されるべきものであった。また，「経営地方契約」における投資助成は農業経営の展開を付加価値型に方向付ける一方，投資助成を介した所得補填を回避する仕組みになっている。このように「経営地方契約」は，所得を補填もしくは補償するという位置付けにはなっていない。したがって，「経営地方契約」の枠組みをもって，農業所得問題に対する処方箋が準備されたとはいえない。

　現在，農業経営が給付を受ける経営補助金の大半が，CAP改革による生産補償金である。この生産補償金が恒久的に給付され続ける必然性はない。しかし，上述したように比較的高い所得をあげる穀物経営や，所得の低い草地型の畜産経営の農業所得は，生産補償金に大きく依存している。とりわけ，畜産部門の生産補償金なくして，条件不利地域や山間地域に立地する草地型の畜産経

営や酪農経営の存続は極めて困難である。

　面積当たりもしくは頭数当たりの単価により給付される生産補償金には，かつての所得を補償することが目的であるから，蓄積された生産資本量とそれが生み出しえた価値に応じて所得を分配する性格がある。穀物部門に対して成り立つ経済政策的な補償原理は，草地型の畜産部門には成り立たない。経済政策的な補償原理に基づく畜産部門の生産補償金は，従来の投資の償却が終われば補償の根拠を失うからである。かつての所得が補償されることが既得権化する前に，営農活動に投下される労働の量や性格に応じて報酬が分配されるような政策設計が必要とされている。

注(1)　Guyomard *et al.* 〔2〕。
　(2)　Bergmann, Baudin〔1, p.118〕。
　(3)　Jauneau, Rocque〔3〕の整理を参考にした。

〔参　考　文　献〕

〔1〕　Bergmann, D., Baudin, P., *Politique d'avenir pour l'Europe agricole*, INRA/Economica, 1989.

〔2〕　Guyomard, H., Mahé, L.-P., Munk, K., Roe, T., L'agriculture au GATT et la réforme de la PAC: L'eclairage de l'économie politique et de l'économie publique. *Economie rurale*, n.220-221, mars-juin 1994.

〔3〕　Jauneau, J.-C., Rocque, O., Quel mode de calcul pour les primes agri-environnementales ? De l'expérience des MAE aux questions soulevées par les CTE. *Le courrier de l'environnement de l'INRA*, n.36, 1999.

図および表一覧

第1-1図	農地面積の集積	19
第1-2図	農業経営者の年齢構成	21
第1-3図	EU主要国におけるFEOGA保証部門歳出	29
第1-4図	FEOGA保証部門の歳出構成	31
第2-1図	コミューン人口別の累積コミューン数と人口	55
第3-1図	フランスのハンディキャップ地域と地帯区分	87
第3-2図	規模と集約度（1991年）	88
第3-3図	フランスにおける実質生産者価格の推移	89
第3-4図	経営当たり経営所得の推移（1980年を基準とする実質所得）	92
第3-5図	農業経営の三層構造モデル	94
第3-6図	フランス農業の構造調整メカニズム	95
第3-7図	農業所得に対する補助金割合	97
第3-8図	経営規模と補助金受給額（1995年）	105
第3-9図	牛肉価格引下げによる減収と各種奨励金引上げ等による所得補填	109
第4-1図	経営補助金の歳出の推移	137
第4-2図	投入量削減の助成単価とCAP生産補償金	144
第4-3図	農地荒廃の過程と利用管理	157
第補-1図	モルヴァン地方の経営規模別農地集積	170
第5-1図	地下水の硝酸塩濃度（1981 − 86）	188
第1-1表	各経営規模の農地集積速度（年農地増減率）	18
第1-2表	経営地を拡大した経営の規模	19
第1-3表	高齢経営の農地保有	21
第1-4表	経営当たりの各種経営補助金の内訳	25
第1-5表	農業所得に対する経営補助金の割合（農業所得階層別，1995年）	26
第1-6表	農業所得に対する経営補助金の割合（経営組織別，1995年）	27
第1-7表	フランスにおける領域別農林公的供与	32
第1-8表	生産補償金の減額措置	34
第1-9表	生産補償金の減額措置（経営組織別）	34
第2-1表	市町村憲章の範囲と人口（憲章成立数上位10県）	61

第2-2表	ブルゴーニュにおける農村区域振興プログラム（PDZR, 1991 - 93）の事業プログラム	65
第2-3表	ブルゴーニュにおける農村区域振興プログラム（PDZR）における農業支援の実績	66
第2-4表	ブルゴーニュにおける構造政策関連補助金の受給者数	71
第2-5表	ブルゴーニュにおける構造政策関連歳出（1991 - 93年実績）	72
第3-1表	各地帯区分の特化係数	87
第3-2表	農業経営の減少率	90
第3-3表	農業利用面積の減少率	91
第3-4表	農業経営面積の平均規模	91
第3-5表	ハンディキャップ地域補償金単価の推移	101
第3-6表	肉牛・羊生産に対する補助金単価の推移	103
第4-1表	農業環境プログラムの実績（1997年までの累積）	136
第4-2表	生産条件別の経営当たり経営補助金（1995年）	139
第4-3表	地域圏別にみた農業環境プログラム	139
第4-4表	経営組織別にみた農業環境プログラム	141
第4-5表	農業環境プログラムの参加経営の特徴	141
第補-1表	モルヴァン地方の経営組織	168
第補-2表	モルヴァン地方6郡（ニエーヴル県）の農業指標	170
第補-3表	モルヴァン地方6郡（ニエーヴル県）の経営主年齢と経営規模（1993年）	171
第補-4表	モルヴァン地方（ニエーヴル県）の経営所得	173
第補-5表	調査経営の概要と補助金構成	174
第5-1表	飲料水中の硝酸塩濃度（1981年）	189
第5-2表	硝酸塩濃度計測点の濃度別比率	189
第5-3表	指定施設規制の対象となる家畜頭数規模	191
第5-4表	水質保全と両立する農業生産手法	201
第5-5表	フェルティミュー事業のラベル認定を受けたローカルレベルの硝酸塩汚染対策事業	208
第5-6表	ムルト・エ・モゼール，ヴォージュ県の硝酸塩汚染対策事業の関係機関	211

あ と が き

　本書は，私が農業総合研究所（現農林水産政策研究所）に入所して以来，プロジェクト研究等に従事しながら執筆した論文や研究調査報告をまとめたものであり，10年余りを研究所で過ごしたその成果である。修士課程に在籍した学生時代から，一貫してフランスの農業や農業政策の研究に携わることができたことを幸運なことと思っている。このような環境が与えられたことに，まず感謝したい。

　各章を構成する初出論文のいくつかは，当研究所における日欧の条件不利地域政策をテーマとした秋季特別研究会の報告や，「中山間」や「農業と環境」をテーマとしたプロジェクト研究の一環として執筆された。わが国の農村振興や環境問題に関する研究に取り組む同僚や，イギリス，ドイツ，アメリカといった他の欧米諸国の農政を専門分野とする同僚に囲まれたことは非常に幸いであった。というのも，わが国との比較や他の欧米諸国との比較を意識しながら，フランス農政を研究対象とすることができたように思う。また，同じ西ヶ原界隈にある農政調査委員会の研究員の方々と交わした議論や与えてくれた調査研究の機会も，大いなる糧となった。記して，感謝申し上げたい。

　私は1994年7月から翌年12月までフランス政府給費留学制度により，国立農学研究所（INRA）社会経済部で研究する機会を得ることができた。全国数カ所に分散配置されているINRAの中で，ワインで名高いブルゴーニュの中心都市であるディジョンの研究所に滞在した。ここはブルゴーニュ大学の敷地に隣接しており，わが国の大学の農学部に相当するディジョン国立高等農学教育機関（ENESAD）と施設面で融合している。このため，多くの研究者や学生にめぐり合うことができるとともに，興味を持っていた分野に関する講義やセミナーへの参加を許された。

　現在でも，研究調査に出向くたびに，INRAやENESADの研究者から助言を受けたり，現地調査の設定の便宜を図って頂いている。フランス農業，農政

の具体的な姿に触れると同時に，それらの全体像を自分なりに描くことができたのは，INRA や ENESAD の研究者らとの出会いなくしてありえなかった。感謝の気持ちでいっぱいである。

　各章の初出は以下に掲げる通りであるが，それぞれに大幅な加筆と修正を加えた。

　　序　章　　書き下ろし
　　第1章　　「フランス農政の変革とその背景」（大内力編集代表『新基本法—その方向と課題』日本農業年報46，農林統計協会，2000年1月）154〜165ページ。
　　第2章　　「フランスにおける農村地域政策と農業」（田畑保編著『中山間の定住条件と地域政策』研究叢書第121号，農業総合研究所，1999年2月）325〜358ページ。
　　第3章　　「フランスの条件不利地域における直接所得補償—粗放型畜産を中心に—」（『農業総合研究』第52巻第1号，農業総合研究所，1998年1月）1〜50ページ，および「酪農，肉牛生産をめぐる経営構造と直接所得補償—フランスの場合—」（『EUにおける直接支払いの実際について』平成10年度畜産経営安定化指導事業報告書，農政調査委員会・中央畜産会，1999年3月）79〜110ページ。
　　第4章　　「フランスにおける環境支払いの展開」（合田素行編著『農業環境政策と環境支払い』研究叢書第124号，農業総合研究所，2001年3月）105〜142ページ，および「直接支払いによる農業環境政策の限界と課題—フランスにおける農業環境プログラムをめぐって—」（『農業問題研究』第48号，2001年4月）35〜46ページ。
　　補　論　　第3章の初出論文の一部に大幅な加筆を加えた。
　　第5章　　「フランスにおける農業環境問題—農業生産がもたらす硝酸塩汚

染の問題から―」(『農総研季報』No.22, 農業総合研究所, 1994年6月) 19〜42ページ。

　終　章　　書き下ろし

　本書は2001年3月に東京農工大学より学位の認定を受けた学位請求論文をもとに, 大幅な加筆と修正を施し, 再構成しなおしたものである。論文審査に際して, 主査の倉内宗一教授（東京農工大学）, 副査の是永東彦教授（宇都宮大学）をはじめ, 審査委員の津谷好人教授（宇都宮大学）, 矢口芳生助教授（東京農工大学）, 柏雅之助教授（茨城大学）から示唆に富む指摘を頂いた。さらに, 本書を当研究所の研究叢書として刊行するにあたって, 元明治大学教授の津守英夫氏, 環境評価研究室長の合田素行氏からは, 細部にわたり目を通していただき, 適切な助言と励ましを頂いた。そして, 当研究所の編集委員の皆さんからも多くのアドバイスを頂くとともに, 本に仕上がる段階では, 広報課の皆さんや農文協の編集担当の方々にたいへんな尽力を頂いた。記して, 厚く御礼申し上げたい。

　2002年1月

石井　圭一

フランス農政における地域と環境

2002年3月31日　第1刷発行

著　者　石井　圭一
編　集　農林水産省　農林水産政策研究所

発 行 所　社団法人　農山漁村文化協会
郵便番号　107-8668　東京都港区赤坂7丁目6－1
電話　03(3585)1141(営業)　03(3585)1145(編集)
FAX　03(3589)1387　　　振替　00120-3-144478
URL　http://www.ruralnet.or.jp/

ISBN4-540-01254-1　　　DTP制作／吹野編集事務所
〈検印廃止〉　　　　　　　　印刷／藤原印刷(株)
ⓒ石井圭一 2002　　　　　製本／(株)石津製本所
Printed in Japan　　　　　定価はカバーに表示
乱丁・落丁本はお取り替えいたします。

― 農文協・図書案内 ―

OECDリポート 農業の多面的機能
OECD著　空閑信憲・作山巧・菖蒲淳・久染徹訳
「農政研究センター国際部会リポート」No47
◎4600円

「多面的機能」という用語は、国際的には、国やそれが議論される文脈に応じ、異なった意味合いで使われてきた。OECDは99年から多面的機能について本格的に議論を開始、1年間かけ合意された。その文書の訳書。

OECDレポート 環境と農業
OECD環境委員会編　嘉田良平監修　農林水産省国際部監訳
◎1740円

成長一辺倒から環境との両立へ政策転換を開始した「先進国クラブ」OECDがまとめた報告集。それはどのように可能か、解決すべきは何かを、先進各国の政策変化の潮流にさぐる。

EU共通農業政策の歴史と展望
ローズマリー・フェネル著　荏開津典生監訳
◎8600円

EU統合の要は共通農業政策にある。その経済・政治・歴史にわたる多角的分析で、所得・価格・市場政策・構造政策の諸問題を追究し、最近の課題にも言及。付録「アジェンダ2000」について」

ECの農政改革に学ぶ
是永東彦・津谷好人・福士正博著
「全集 世界の食料 世界の農村」第14巻
◎3200円

英・独・仏の条件不利地域対策の背景にある思想を学び、日本農政の地道な改革を考える。環境や農村社会への配慮という今日的要請を満たすべく進められたECの共通農業改革の理念を歴史的に説き明かす。

日本農業・農村の史的展開と農政
第2次大戦後を中心に
「年報」村落社会研究—37
日本村落研究学会編
◎5800円

第2次大戦後の50余年で大きく変貌した日本農業・農村・農政を、地域別・作物別に総括。新「農基法」の形成プロセスや条件不利地域への直接支払制度を分析・総括し、21世紀日本農業・農政を展望する。

（価格は税込。改定の場合もございます。）